U0334298

国家“十二五”重点图书出版规划项目

城市地下空间出版工程·规划与设计系列

城市地下交通设施规划与设计

范益群　张　竹　杨彩霞　主编

图书在版编目(CIP)数据

城市地下交通设施规划与设计/范益群,张竹,杨彩霞主编. —上海:同济大学出版社,2015.12
(城市地下空间出版工程/钱七虎主编.规划与设计系列)
ISBN 978-7-5608-6162-3

Ⅰ.①城… Ⅱ.①范…②张…③杨… Ⅲ.①城市交通—城下工程—交通设施—交通规划—研究 Ⅳ.①TU984.191

中国版本图书馆CIP数据核字(2015)第318661号

城市地下空间出版工程·规划与设计系列

城市地下交通设施规划与设计

范益群　张　竹　杨彩霞　主编

出 品 人：支文军
策　　划：杨宁霞　季　慧　胡　毅
责任编辑：胡　毅
责任校对：徐春莲
封面设计：陈益平

出版发行　同济大学出版社　www.tongjipress.com.cn
　　　　　(上海市四平路1239号　邮编:200092　电话:021-65985622)
经　　销　全国各地新华书店、建筑书店、网络书店
排版制作　南京新翰博图文制作有限公司
印　　刷　上海中华商务联合印刷有限公司
开　　本　787 mm×1092 mm　1/16
印　　张　13.25
字　　数　331 000
版　　次　2015年12月第1版　2015年12月第1次印刷
书　　号　ISBN 978-7-5608-6162-3
定　　价　138.00元

内 容 提 要

本书为国家“十二五”重点图书出版规划项目、国家出版基金资助项目。

本书在国内地下交通设计现状调查的基础上，总结现有工程取得的经验教训，对地下交通工程设施规划与设计进行系统研究，重点是地下交通设施中的轨道交通、地下停车库、地下公交枢纽以及地下步行系统等的规划与设计。

本书可供从事地下交通设施规划、设计、施工、管理的设计师、工程师，以及高等院校相关专业的师生参考阅读。

作者简介

范益群　工学博士，教授级高级工程师，英国皇家特许工程师，上海市政工程设计研究总院(集团)有限公司城市交通与地下空间设计研究院副总工程师，中国岩石力学与工程学会地下空间分会理事、上海市土木工程学会地下工程专业委员会理事、上海市勘察设计标准化专业委员会委员。作为专业负责人、负责人或审核人承担过多项大型项目的规划设计工作，同时参与主持国家、住房和城乡建设部、上海市科委及国资委等多项科技攻关项目，包括科技部“863”项目2项、住房和城乡建设部项目2项、上海市科委项目6项、上海市国资委项目1项等。编制国标、行标和上海市地方标准4部，参编国家、行业和地方标准6项，另编写专著2部，参编1部。曾获得中国土木工程学会第五届优秀论文一等奖、上海市科学技术协会第八届青年优秀科技论文二等奖，多次获得华夏建设科学技术奖，参与负责的项目获全国优秀工程勘察设计行业奖三等奖、上海市优秀工程勘察设计二等奖、上海市优秀工程咨询成果一等奖等数项。

张　竹　国家一级注册建筑师，高级工程师，上海市政工程设计研究总院(集团)有限公司城市交通与地下空间设计研究院副总工程师。作为专业负责人、负责人或审核人长期从事地下空间建筑设计及研究，设计的作品多次获得国家和省部级奖项。参与编制上海市工程建设规范《城市地下综合体设计规范》(DG/T 08—2166—2015)，在国内外核心学术期刊发表论文10余篇。先后荣获冶金工业部优秀工程设计一等奖1项、上海市优秀城乡规划设计二等奖1项、上海市优秀工程勘察设计三等奖3项、山东省优秀城市规划设计二等奖1项、济南市优秀工程勘察设计一等奖1项、沈阳市优秀工程设计三等奖1项，以及“上海市重大工程立功竞赛优秀建设者”称号。

杨彩霞　国家一级注册建筑师，教授级高级工程师，上海市政工程设计研究总院(集团)有限公司城市交通与地下空间设计研究院副总工程师，长期从事轨道交通及相关工程的建筑设计工作。参与编写《上海轨道交通2号线东延伸工程建设技术》总结1部。主持上海轨道交通多条线路工程的车站设计，以及杭州、无锡、武汉、郑州、宁波等城市轨道交通车站及相关工程设计。荣获全国优秀工程勘察设计行业奖二等奖2项、三等奖1项，上海市优秀工程咨询成果一等奖1项，上海市优秀工程勘察设计一等奖1项、三等奖1项，以及“上海市重大工程立功竞赛记功个人”。

总 序

PREFACE

国际隧道与地下空间协会指出，21世纪是人类走向地下空间的世纪。科学技术的飞速发展，城市居住人口迅猛增长，随之而来的城市中心可利用土地资源有限、能源紧缺、环境污染、交通拥堵等诸多影响城市可持续发展的问题，都使我国城市未来的发展趋向于对城市地下空间的开发利用。地下空间的开发利用是城市发展到一定阶段的产物，国外开发地下空间起步较早，自1863年伦敦地铁开通到现在已有150年。中国的城市地下空间开发利用源于20世纪50年代的人防工程，目前已步入快速发展阶段。当前，我国正处在城市化发展时期，城市的加速发展迫使人们对城市地下空间的开发利用步伐加快。无疑21世纪将是我国城市向纵深方向发展的时代，今后20年乃至更长的时间，将是中国城市地下空间开发建设和利用的高峰期。

地下空间是城市十分巨大而丰富的空间资源。它包含土地多重化利用的城市各种地下商业、停车库、地下仓储物流及人防工程，包含能大力缓解城市交通拥挤和减少环境污染的城市地下轨道交通和城市地下快速路隧道，包含作为城市生命线的各类管线和市政隧道，如城市防洪的地下水道、供水及电缆隧道等地下建筑空间。可以看到，城市地下空间的开发利用对城市紧缺土地的多重利用、有效改善地面交通、节约能源及改善环境污染起着重要作用。通过对地下空间的开发利用，人类能够享受到更多的蓝天白云、清新的空气和明媚的阳光，逐渐达到人与自然的和谐。

尽管地下空间具有恒温性、恒湿性、隐蔽性、隔热性等特点，但相对于地上空间，地下空间的开发和利用一般周期比较长、建设成本比较高、建成后其改造或改建的可能性比较小，因此对地下空间的开发利用在多方论证、谨慎决策的同时，必须要有完整的技术理论体系给予支持。同时，由于地下空间是修建在土体或岩石中的地下构筑物，具有隐蔽性特点，与地面联络通道有限，且其周围临近很多具有敏感性的各类建(构)筑物(如地铁、房屋、道路、管线等)。这些特点使得地下空间在开发和利用中，在缺乏充分的地质勘察、不当的设计和施工条件下，所引起的重大灾害事故时有发生。近年来，国内外在地下空间建设中的灾害事故(2004年新加坡地铁施工事故、2009年德国科隆地铁塌方、2003年上海地铁4号线事故、2008年杭州地铁建设事故等)，以及运营中的火灾(2003年韩国大邱地铁火灾、2006年美国芝加哥地铁事故等)、断电(2011年上海地铁10号线追尾事故等)等造成的影响至今仍给社会带来极大的负面效应。因此，在开发利用地下空间的过程中需要有深入的专业理论和技术方法来指导。在我国城市地下空间开发建设步入“快车道”的背景下，目前市场上的书籍还远远不能满足现阶段这方面的迫切需要，系统的、具有引领性的技术类丛书更感匮乏。

目前，城市地下空间开发亟待建立科学的风险控制体系和有针对性的监管办法，《城市地下空间出版工程》这套丛书着眼于国家未来的发展方向，按照城市地下空间资源安全开发利用与维护管理的全过程进行规划，借鉴国际、国内城市地下空间开发的研究成果并结合实际案例，以城市地下交通、地下市政公用、地下公共服务、地下防空防灾、地下仓储物流、地下工业生产、地下能源环保、地下文物保护等设施为对象，分别从地下空间开发利用的管理法规与投融资、资源评估与开发利用规划、城市地下空间设计、城市地下空间施工和城市地下空间的安全防灾与运营管理等多个方面进行组织策划，这些内容分而有深度、合而成系统，涵盖了目前地下空间开发利用的全套知识体系，其中不乏反映发达国家在这一领域的科研及工程应用成果，涉及国家相关法律法规的解读，设计施工理论和方法，灾害风险评估与预警以及智能化、综合信息等，以期成为对我国未来开发利用地下空间较为完整的理论指导体系。综上所述，丛书具有学术上、技术上的前瞻性和重大的工程实践意义。

本套丛书被列为“十二五”时期国家重点图书出版规划项目。丛书的理论研究成果来自国家重点基础研究发展计划(973计划)、国家高技术研究发展计划(863计划)、“十一五”国家科技支撑计划、“十二五”国家科技支撑计划、国家自然科学基金项目、上海市科委科技攻关项目、上海市科委科技创新行动计划等科研项目。同时，丛书的出版得到了国家出版基金的支持。

由于地下空间开发利用在我国的许多城市已经开始，而开发建设中的新情况、新问题也在不断出现，本丛书难以在有限时间内涵盖所有新情况与新问题，书中疏漏、不当之处难免，恳请广大读者不吝指正。

钱七虎

2014年6月

前　言

FOREWORD

随着我国国民经济的快速增长和城市化进程的不断加快，城市地上空间日趋拥挤，与此同时，近年来我国汽车数量成倍增长，据统计，截至2013年底，全国汽车保有量突破1亿辆，由此造成城市交通拥堵、城市停车难等"城市病"。

由于城市用地有限，城市轨道交通、地下车库、地下人行通道等以其节约建筑用地和便于集中管理等优势而越来越受到人们的青睐。目前我国对地下交通工程设施尚缺乏相关指导，随着地下交通工程设施新技术、新材料和新方法越来越多，设计人员往往无所适从，甚至错误应用，对地下交通设施的设计如何应用新技术，如何设计得更科学、合理，已显得十分重要与迫切。

本书重点针对地下交通设施中的轨道交通、地下停车库、地下公交枢纽及地下步行系统等的规划设计展开详细论述。全书由5章内容组成：

第1章由范益群、游克思等执笔。分析了城市地下交通设施基本概念，提出了城市地下交通设施的分类体系，并分别针对每种设施类型展开论述。最后分析了地下交通设施的综合效益。

第2章由杨彩霞、张旭东、杨震、岳莉华执笔。论述城市轨道交通车站的规划设计，在分析轨道交通现状及发展趋势基础上，提出车站建筑设计基本原则、设计标准等，重点对车站建筑设计、换乘设计等进行展开。最后以上海轨道交通部分站点建筑设计为例进一步说明了交通车站的规划设计。

第3章由张竹、林路、胡书友执笔。论述了地下停车库的规划设计，从不同角度对地下停车库进行了系统分类，提出了地下停车库规划步骤、要点与选址，并对地下车库建筑设计重点展开。最后介绍了上海科技大学地下车库等多个工程案例。

第4章由张竹、胡书友、林路执笔。论述了地下公交枢纽的规划设计，包括地下公交枢纽的规划设计原则、平面布局、设计标准及与其他交通接驳、消防设计。

第5章由范益群、游克思执笔。论述了地下步行系统的规划设计，分别介绍了地下步行系统的规划与建筑设计，以及轨道交通车站与地下步行系统的连通设计。其中在规划方面，论述了步行系统组成、系统布局及规划要点等；对于建筑设计，论述了人行出入口、人行通道、集散大厅、下沉式广场等方面的设计。最后介绍了上海虹桥商务区地下步行系统与中央轴线地下步行道等两个案例。

在本书的组织和编写过程中，得到了各单位的大力支持和帮助，限于篇幅，不一一列出，在此谨表谢意。

感谢同济大学出版社对本书出版发行的大力支持以及所做的辛勤工作。

书中不足之处，恳请读者批评指正。

范益群

2015年6月于上海

目 录

CONTENTS

1 绪　　论

1.1 概述

人类早期从事狩猎、捕捞、采集和农业种植，过着原始的穴居生活，此时对地下空间的利用，只是对既有空间的不自觉利用，后期则是有意识地修筑洞穴以满足自身所需。早期人类面临严酷的自然条件和生存条件，出于御寒、御敌、保卫等需要，从“穴居”到“半穴居”再到地面生活，经历了漫长的历史时期。

在18世纪以前，人类利用地下空间创造了居住空间，同时利用地下空间的物理特性起到安全、保存作用；开发地下自然资源并利用地下空间，如窑洞、宗教建筑、陵墓、采矿场、水利建筑、仓库、军事地道等。这些基本都是属于单一功能的地下空间开发利用。

19世纪后，尤其是第一次工业革命以后，城市化水平迅速提高，对城市基础设施建设的需求大幅增加，工业化较早的伦敦、巴黎等城市开始了以建设现代城市交通及基础设施为主的地下空间开发利用，如地铁、给水管道、煤气管道等。

20世纪初开始，日本开始出现地下街，将大规模人的活动引入地下；第二次世界大战以后，世界经济秩序得到迅速恢复和发展，城市化水平极大提高，城市交通成为这一阶段主要的城市问题，为此一些经济发展迅速的城市开始大规模建设城市快速轨道交通系统和地下综合体，形成了世界范围内的地下空间综合性开发利用高潮。

在我国随着“建设资源节约型、环境友好型社会”战略的确立，城市地下空间的资源优势凸显，得到了快速发展。近年来城市地下空间开发呈现出“规模大、速度快以及类型多”等关键特征。首先是规模大，近十年建设总面积超过前46年的3倍，结合地铁建设和旧城改造及新区开发，我国建设了北京中关村、上海世博轴、广州珠江新城等一大批超大规模的地下综合体，单体规模在数十万至数百万平方米。速度快，以北京市为例，截至2013年底，建成地下空间面积已接近6 000万m^2，预计2020年将达9 000万m^2，平均每年以300万m^2速度增加；郑州市“十二五”期间地下空间开发总量超过2 000万m^2。其次是类型多，许多城市开发新建了多种形式的地下空间：地下交通设施（地下步行道、地铁、地下道路、地下停车场）、地下综合体（交通、市政、商业、娱乐一体）、地下市政设施（共同沟、垃圾处理系统、雨洪储集系统）。

1.2 地下交通设施分类

地下交通设施是指利用城市地下空间资源解决城市人和货流动的交通基础设施。

从古巴比伦时期和罗马时期的人造地下通道，到18世纪早期出现的运河隧道、铁路隧道，再到1863年伦敦地铁隧道，直至如今发达的地下轨道交通网络、城市地下快速路等，地下交通系统经历了漫长的发展历程，且其内涵也越来越丰富。

总体上城市地下交通设施可分为客运和货运两大类型，狭义上的地下交通设施一般只是针对城市客运系统，解决城市人的流动问题，如图1-1所示。对于客运系统，根据出行方式不同，可分为地下步行系统、地下公共交通系统和地下机动车系统。

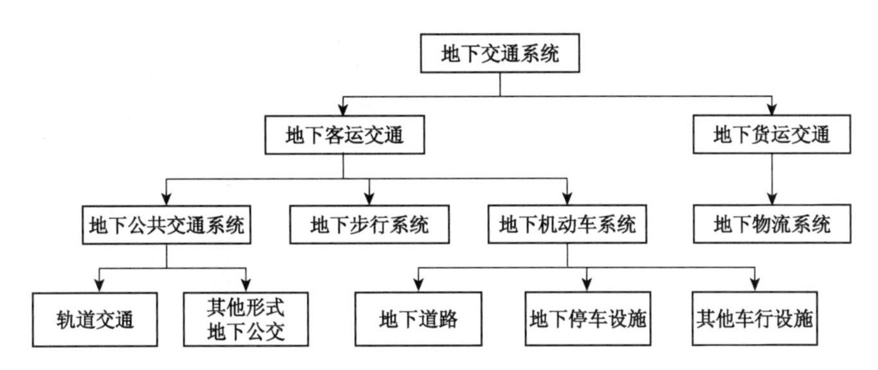

图 1-1　城市地下交通设施分类

1. 地下公共交通系统

地下公共交通系统包括轨道交通和其他形式的地下公交或捷运系统。从 19 世纪 60 年代世界修建第一条地下铁道以来，地铁解决了大量人群出行问题，其运送能力强，单向最大高峰小时客流量为 3 万～6 万人次，轻轨单向最大高峰小时客流量也达到 1 万～3 万人次。

图 1-2　早期的伦敦地铁

世界上第一条地铁是在 1863 年开通的伦敦大都会铁路(图 1-2)。随后巴黎、维也纳、斯德哥尔摩、纽约等城市也开始了地铁建设。亚洲最早的地下铁路在日本东京，于 1927 年开通，中国内地第一条地下铁路在 1969 年于北京开通，中国香港地铁在 1979 年开始投入服务运营，中国台湾的第一条轨道交通是于 1996 年开通的台北捷运木栅线。

地下轨道交通以其运量大、占地少、速度快、能耗低、安全可靠的优势成为城市公共交通的骨干基础设施，有效解决了城市交通存在的拥堵、污染、安全等三大难题。中国已经进入城市轨道交通快速发展期，上海是其中的代表性城市(图 1-3)，预计建设热潮还将持续至少 10 年以上。

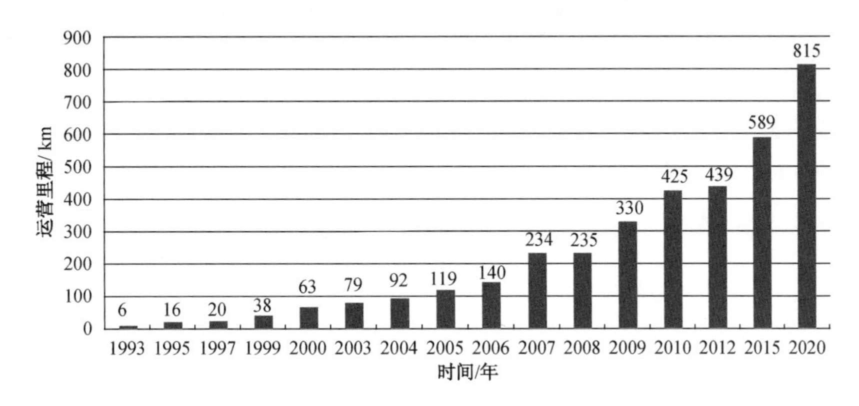

图 1-3　上海轨道交通运营线路增长情况(单位:km)

除地下轨道交通外，也有其他公共交通采用地下形式，如在地下建造适合公交车运营的专用道路与车站设施，形成地下公交快速通道（图 1-4）。地下公交快速通道造价相对昂贵，至今为止，世界上投入营业运营的道路极少，比较出名的是美国西雅图地下快速公交系统，全长 3.4 km，位于西雅图市中心商业区。

图 1-4　地下公交快速通道

地下快速公交适合用于一些高密集、面积较小的市中心商业区或其他公交出行集中区域或路段，在这些区域或路段上，由于受道路条件制约无法实施地面快速公交系统；或适用于线路长度较短、客流量偏低，建设轨道交通可能导致经济效益偏低或缺乏足够资金来建设轨道交通项目，这种前提下，决策部门可以考虑修建地下快速公交系统。

2. 地下步行交通系统

地下步行系统是将多条供公共使用的地下步道有序组织在一起的交通系统（图 1-5）。主要包括两种形式：地下步行街和地下行人过街通道。地下步行街，又可分为快速和慢速两种。快速地下步行街可借助于一些自动输送设备保证行人的快速、较长距离流动；慢速地下步行街主要满足近距离步行交通，并常兼有购物商业功能。地下行人过街通道，主要是为解决行人过街而建造的单建式地下交通设施。

图 1-5　地下步行设施

地下步行系统常通过逐步发展、相互连通，尤其是以轨道交通站点为主导，与周边商业人行通道的连接，形成复杂的人行通道网络，如日本大阪梅田（图 1-6）、东京银座，以及加拿大蒙特利尔等的地下人行网络系统。

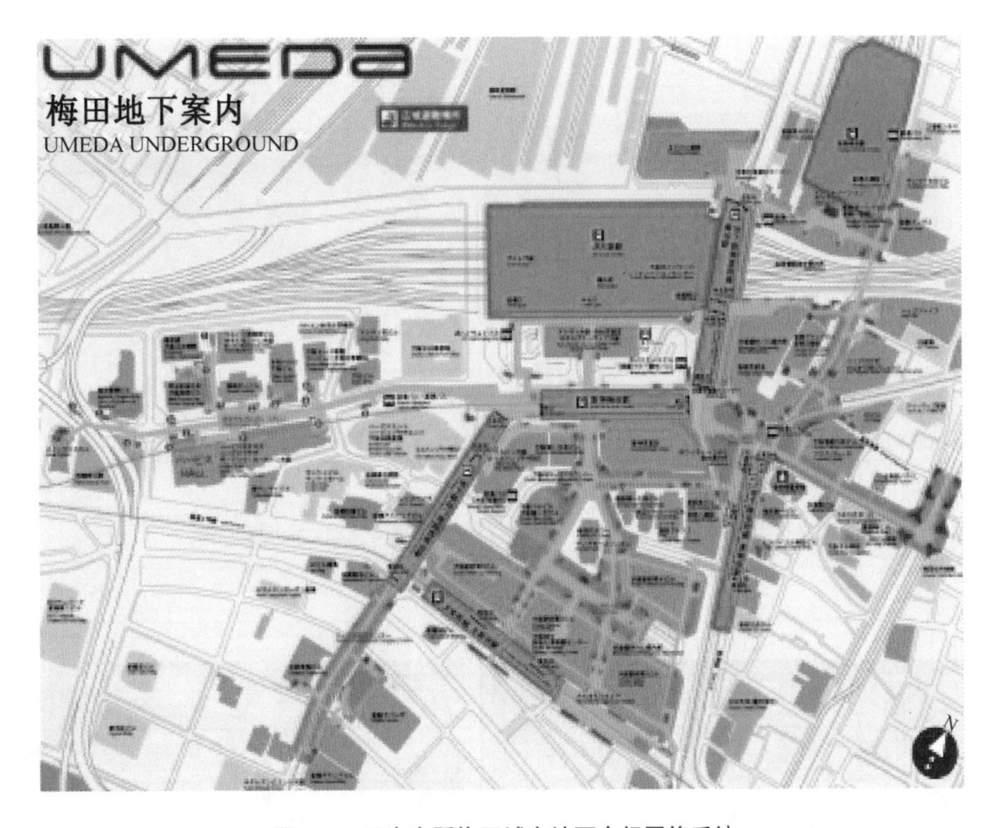

图 1-6 日本大阪梅田城市地下人行网络系统

3. 地下机动车交通系统

地下机动车交通系统包括地下道路及地下停车设施等。

早在 1910 年,法国欧仁·艾纳尔就提出了“多层叠加道路系统”,设想将交通系统转入地下,置换出大面积城市土地用于种植绿化,改善城市环境;1922 年,法国勒·柯布西耶提出了“多层交通体系”设想;1925 年,美国哈维·威利·科贝特提出了“多层街道的奇迹之城”设想(图 1-7)。从早期伦敦建设的穿越泰晤士运河的隧道到如今体现城市地下交通最新技术发展水平的波士顿中央大道、法国 A86 公路、东京中央环线以及澳大利亚地下快速路等,城市地下道路建设已有百余年的建设发展历程。

土地资源紧缺、城市地面空间资源的限制、征地拆迁困难与道路建设需求始终存在矛盾,采用地下道路(图 1-8),将车辆置于地下,则既可解决交通问题,又可避免上述矛盾。此外,将大部分机动车交通引入地下,更多的地面道路资源可以得到释放,用于非机动车与行人,使之更加便捷、安全,或用于布置绿化景观,改善环境。

地下停车场是指利用地下空间来停放各种车辆的建筑物或构筑物(图 1-9),修建于地下,用于解决城市停车问题的基础设施。它属于静态交通,对于用地紧张的大城市中心城区,停车位普遍供不应求,“停车难”已成为严重的社会问题,规划建设公共地下停车库成为一种理想和必然的选择,能够满足停车需求,节省城市用地,净化交通环境。

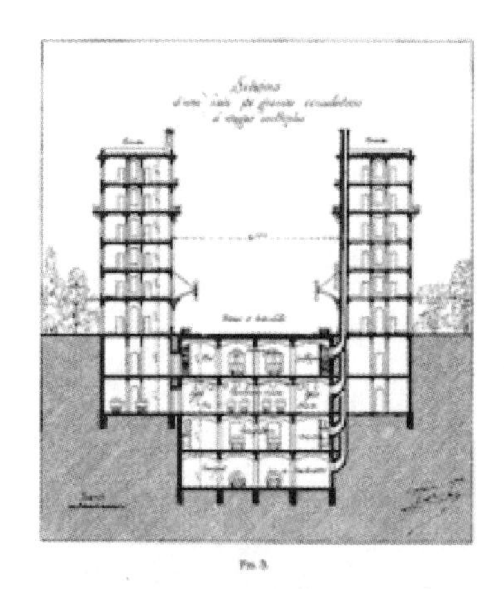

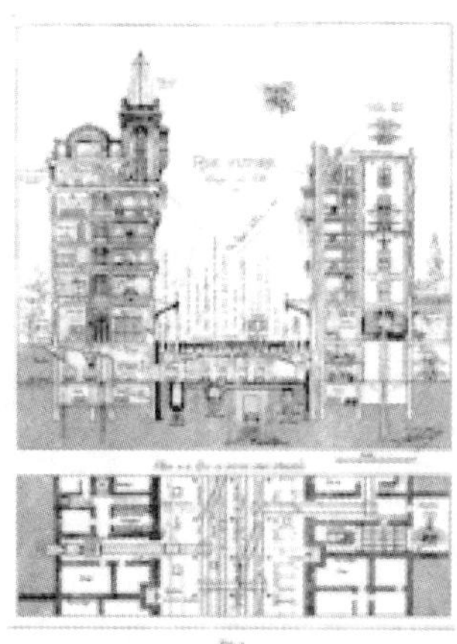

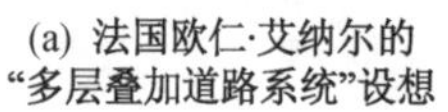

(a) 法国欧仁·艾纳尔的
“多层叠加道路系统”设想

(b) 美国哈维•威利•科贝特的
“多层街道的奇迹之城”设想

图 1-7 历史上对立体交通的设想

图 1-8 城市地下道路

图 1-9 地下停车库

世界上最早的地下停车场是美国旧金山联合广场地下停车场。1917 年 Anderew Pansini 看到了人们对远离街道的停车场的需求，成立了 Savoy 公司，1942 年 Savoy 公司在旧金山开挖了联合广场地下车库，这是世界上第一个地下停车场。

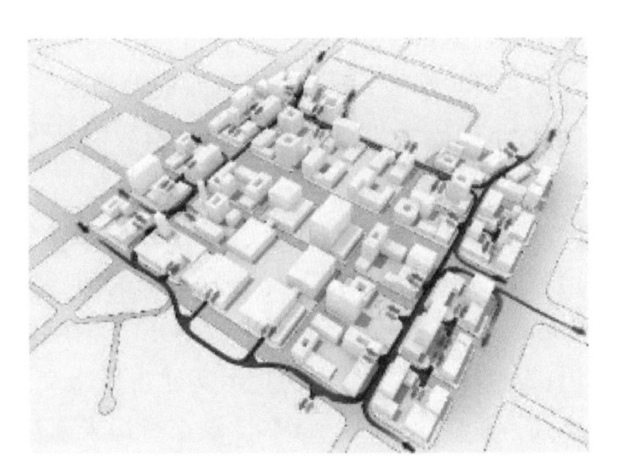

图 1-10　武汉王家墩 CBD 地下停车系统与地下车库联络道

随着机动车保有量的不断增长，中心城区 CBD 区域停车问题日益突出，一方面各地块的停车设施利用率存在差异，另一方面进出停车库交通对地面道路的交通影响较大，为减少对地面动态交通的影响、整合车库资源、提高停车效率，出现了采用专用地下通道将区域地下停车库进行连接而形成的地下停车系统（地下车库联络道），如图 1-10、图 1-11 所示。目前，武汉王家墩 CBD，北京中关村、金融街，无锡高铁商务区等地都已建成该类地下停车系统。

图 1-11　北京金融街地下停车系统与地下车库联络道

然而对于目前停车问题严重的地区，通常区域开发已比较成熟，土地资源相对紧张或地价昂贵，再进行大规模的停车设施建设可行性较小，如何在现有区域内既有效增加停车供给，同时又不过多占用地面资源、节约投资是迫切需要解决的问题，为此国内外开发了智能式地下立体停车库系统（图 1-12）。

图 1-12　智能式地下立体停车库

与传统停车库相比，其基本特征是“绿色”、“节地”、“智慧”、“节能”、“安全”。该类型车库通过升降机、行走台车及横移装置输送载车板实现车辆存取，整个过程用户只需刷智能卡，安全可靠。其中,“绿色”、“节地”是指全地下、高度集约化利用地下空间,通过地面景观布置,可与周边环境形成一体,占用地面资源极小。“智慧”是指全自动、智能化、高效率存取,远程控制,存取便捷。“节能”、“安全”是指后期运营费用低、车辆存取安全可靠。

4. 地下物流系统

在当前城市交通日趋紧张情况下,城市货运带来了降低道路通行能力、交通拥堵、破坏城市道路、影响城市交通安全等一系列问题。世界经济合作组织(Organization for Economic Cooperation and Development, OECD)在2003年《配送:21世纪城市货运的挑战》报告中指出:发达国家主要城市的货运交通占城市交通总量的10%~15%,而货运车辆对城市环境污染则占总量的40%~60%。城市货运未来对城市环境影响的问题不可回避,未来需要新型的可持续发展的货运形式——地下物流系统,它是指城市内部及城市之间通过地下管道、隧道等运输固体货物的一种全新概念的运输和供应系统,可将物流基地或园区的货物通过地下物流系统配送到各个终端。

地下物流具有如下特点:减少道路、货运场站、停车及配送设施的土地占用。货运效率方面:减少城市货运成本,提高货运服务水平。交通安全方面:减少由于城市货运引起的交通事故发生。城市社会环境方面:减少货运车辆能源消耗及尾气排放。图1-13所示为比利时安特卫普港区地下物流系统运输集装箱方案。

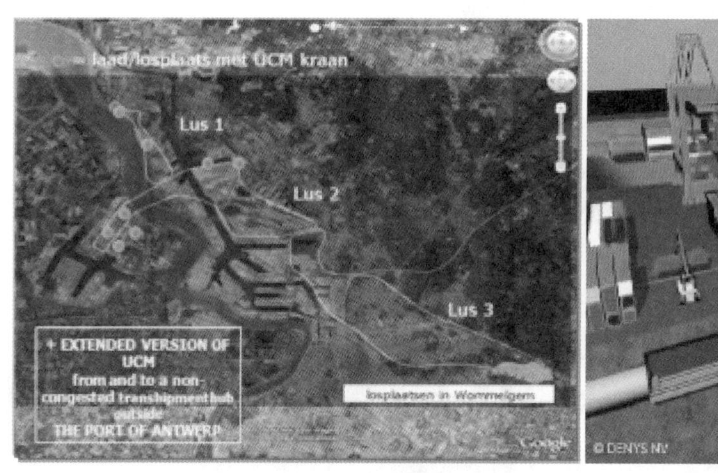

图1-13 比利时安特卫普港区地下物流系统运输集装箱方案

1.3 地下交通设施功能效益

地下交通设施已成为城市地下空间开发利用的重要组成,是推动城市地下公共空间发展的重要动因,在提升城市的服务功能和水平及缓解城市交通拥堵、空气污染等城市病问题方面发挥着越来越重要的作用。

城市地下交通设施功能效益根据受影响主体不同，可以分为交通效益、环境效益、经济效益和社会效益四类，共同构成地下交通设施的综合效益。

交通效益主要是指为道路使用者提供了高质量的交通运输服务、缓解城市交通压力、提高出行效率等方面的贡献。一方面轨道交通承担着大城市公共交通的骨干作用，其运量大，在发展公共交通，缓解交通拥堵方面起着关键作用；另一方面通过建设地下交通，实施人车分流，且位于地下，受行人、非机动车辆干扰少，不受雨雪等恶劣气候条件影响，行车条件好，能够保证较高的运行速度，这可有效地减少人们的出行时间，提高出行效率。

环境效益主要是指地下交通设施在提升环境品质，改善城市环境质量方面的贡献。一方面可利用城市交通设施封闭的空间特点，收集尾气，集中处理，直接减少有害气体排放。另外，将城市交通设施转入地下，可释放出更多的地面资源布置公共绿地，为居民提供更多休憩空间，创造更美好、宜居的生活环境，如图 1-14 所示。

(a) 城市交通设施转入地下前

(b) 城市交通设施转入地下后

图 1-14　波士顿中央大道环境改善对比

经济效益是指在城市地下进行交通设施建设，通过改善交通的可达性，增强区域的联动，节省交通的时间成本，诱发沿线土地的开发和地价的变化以及由此带来的商业活动的聚集，带动主要产业发展等经济方面的贡献。

社会效益则是指城市地下交通设施在提升城市品质，改善人们生活环境，促进城市可持续发展及重要的国防军事意义等方面的贡献。

2　城市轨道交通车站

2.1 城市轨道交通概况

2.1.1 城市轨道交通现状

随着我国城市化进程的加快以及经济的快速发展，各大城市的规模不断扩张，城市人口急剧增加，交通问题已经成为制约我国城市发展的瓶颈。而城市轨道交通以其大中运量、快速便捷、安全舒适、环保节能等特点逐步成为城市快速公共交通的骨干和改善城市交通结构、缓解日趋严重的交通需求矛盾的有力工具。优先发展轨道交通，是促进我国城市健康发展的重要战略，许多城市正在进行各种类型的轨道交通建设，我国正在进入一个城市轨道交通高速发展的时期。

根据城市轨道交通协会的最新统计数据，截至 2014 年底，我国累计有 22 个城市投入运营共 101 条城市轨道交通线路，运营线路长度达到 3 155 km。根据城市轨道交通协会 2014 年 4 月的统计，城市轨道交通在建城市增加到 40 个，2020 年规划运营线路达 1.4 万 km 左右，远景设想达 3 万 km 左右。综上所述，我国城市轨道交通涉及的城市之多、总里程之长，都是举世无双的，也将使我国城市轨道交通规模在十年之内成为世界之最。

2.1.2 城市轨道交通发展趋势

1. 城市轨道交通网络化建设，呈现换乘站越来越多的趋势

当前，城市轨道交通已经成为各大城市交通系统的主体，上海、北京及广州等特大城市的轨道交通已经进入网络化建设和运营的时代。轨道交通网络化建设必然形成越来越多的换乘车站，两条线路进行换乘的车站比较多、且较为常见，三条线路及以上进行换乘的车站在特大城市中也屡见不鲜，上海轨道交通远景规划中的车站一半以上为换乘站，见图 2-1。

规划设计层面应充分考虑换乘模式、站位布局及出入口布置等因素，为良好的换乘功能和安全的客流组织提供基础条件。

2. 城市轨道交通与综合开发一体化发展，功能越来越复合的趋势

随着城市土地资源集约化利用的要求越来越高，轨道交通车站已经不是单一的交通功能体，车站已呈现综合化、多样化和复杂化的特点，同时目前国内许多城市的轨道交通建设中对车站与周边土地综合开发利用提出了需求，也进行了大量成功的实践。

城市轨道交通规划呈现出土地利用规划与交通规划一体化的趋势，通过轨道交通车站与交通枢纽、商业商务、居住等设施的一体化设计开发，可显著提高土地资源的综合利用率，优化轨道交通与城市空间形态、产业功能布局和交通容量及建筑容量等因素的关系。借此可以利用轨道交通的可达性，以及由此衍生的公共活动与区位经济优势，推动旧城更新与城市开发，并带来大量稳定客流及商机反哺予轨道交通，从而实现城市及轨道交通的可持续发展，见图2-2、图 2-3。

结合轨道交通站点综合开发，将由轨道交通车站扩展而成的综合体通过轨道交通、步行系统与地面重要建筑相互连接，共同形成公共空间网络，有利于城市功能的高效发挥，有利于城市经济的繁荣和发展，从而有利于城市的可持续发展。

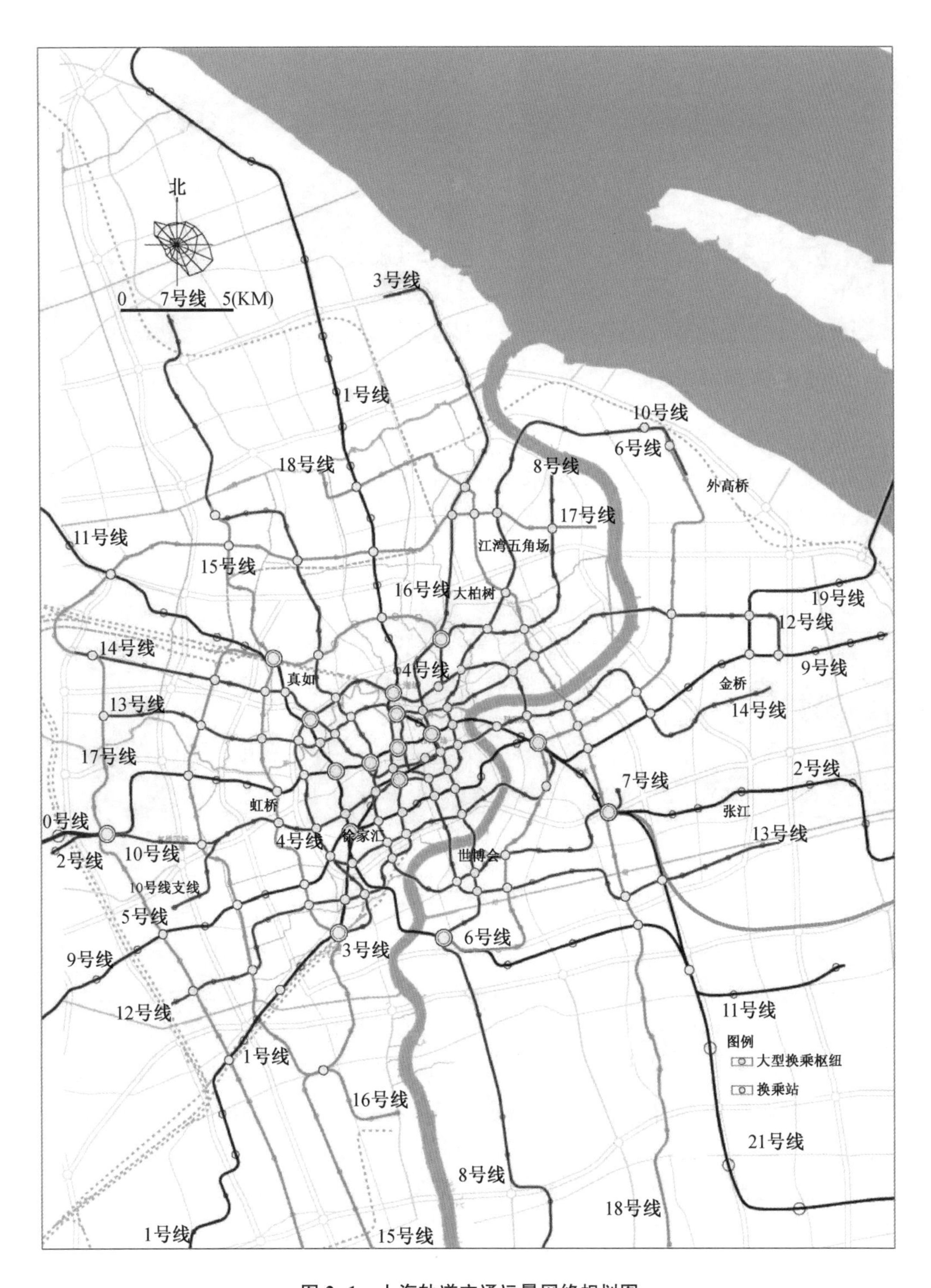

图 2-1　上海轨道交通远景网络规划图

图 2-2　上海市轨道交通 11 号线南翔站一体化开发

图 2-3　重庆市轨道交通 2 号线新山村站一体化开发

3. 城市轨道交通多种制式发展，车站形式多样化的趋势

城市轨道交通制式较多，技术比较成熟的包括：地铁和轻轨钢轮钢轨、磁悬浮、跨坐式单轨、现代有轨电车、旅客自动捷运系统（Awtomated People Mover System，APM）、悬挂式空中列车等制式，见图 2-4。

(a) 有轨电车

(b) APM

(c) 悬挂式空中列车

图 2-4　有轨电车、APM、悬挂式空中列车

地铁和轻轨作为公交网络的骨干，较好地适应了我国城市大客流的特点，大多数城市已建和在建的轨道交通采用地铁和轻轨钢轮钢轨制式，重庆采用了跨坐式单轨制式。目前，北京、上海、广州等城市已经形成轨道交通骨干网络，也初步形成轨道交通＋常规公交的公共交通系统，正在寻求在轨道交通与常规公交之间建立中间层次的公共交通系统。而现代有轨电车、APM 等系统客运量小，可作为中心城区轨道交通的延伸和补充，弥补轨道交通线网的不足，亦可作为某一区域的骨干公共交通模式或者旅游特色功能的线路制式。因此，现代有轨电车在各大城市已经呈现出快速发展的势头。APM 为胶轮路轨系统，在广州、北京等城市已有尝试，上海轨道交通 8 号线三期也采用了 APM 制式。

为适应城市轨道交通多种制式，车站形式与规模也呈现出不尽相同的情况。地铁、轻轨、单轨因为客运量大、系统复杂，因而车站规模较大、接口专业较多、比较复杂。而现代有轨电车、APM、悬挂式空中列车等制式客运量较小、系统相对简单，因而车站规模较小，功能较为简单。

2.2 城市轨道交通系统规划

2.2.1 城市轨道交通系统组成

城市轨道交通是一种集多专业技术的系统工程，属于专用车辆、轨道和信号的独立系统，其系统组成主要包括：线路及轨道系统、土建系统、设备系统、车辆检修及停放基地、运营管理等。

1. 线路及轨道系统

城市轨道交通线路包括高架、地下及地面三种形式。地下线具有对城市环境影响小、造价高的特点，一般城市核心区及比较繁华地区以地下线路为主。高架线、地面线对城市环境影响较大，但是造价低，因此一般城郊结合带等较为偏僻区域采用高架线、地面线较多。

2. 土建系统

土建系统主要包括车站、区间，分为高架、地下及地面三种形式。车站作为城市轨道交通系统中最为重要的组成，它是供旅客乘降、换乘和候车的场所。区间指各联系车站之间的工程。见图 2-5。

3. 设备系统

设备系统主要包括供电、通信信号、通风空调、给排水及消防、火灾自动报警系统(FAS)、设备监控系统(BAS)、自动售检票系统(AFC)、电扶梯、控制中心、人防等系统，见图 2-5。

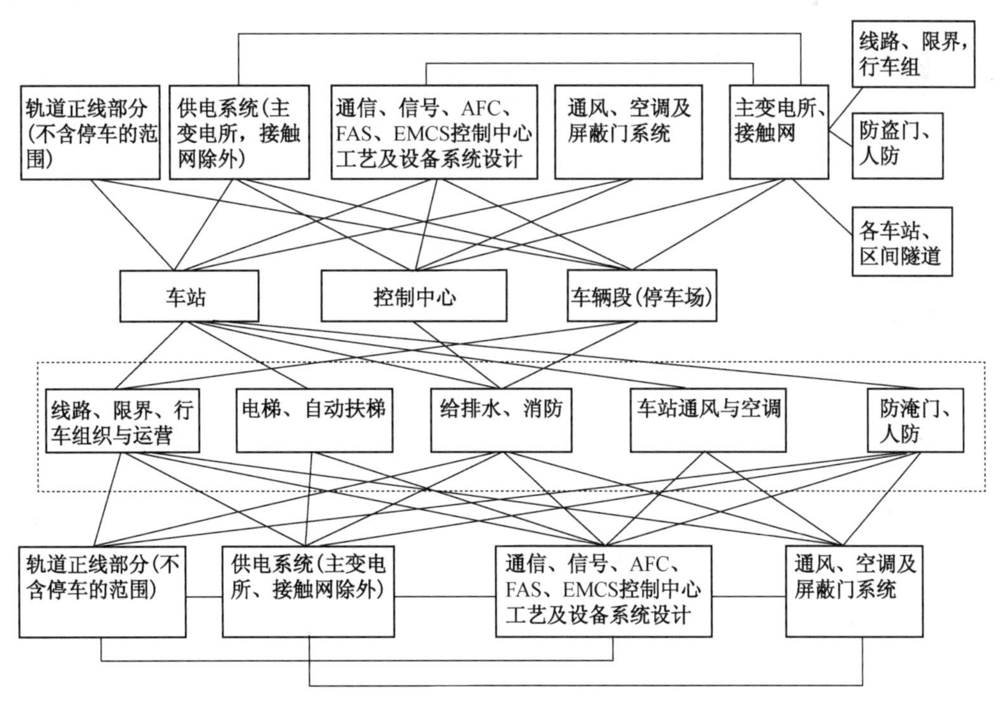

图 2-5 城市轨道交通系统组成关系示意图

2.2.2 城市轨道交通网络规划布局

城市形态与城市交通网络形态，二者相辅相成，存在着天然的匹配关系，客观上要求轨道交通网络形态与城市形态相互适应及协调，才能促进城市发展。因此城市轨道交通线网规划应结合城市特点、体现城市特色、吻合城市形态及其演变。

城市轨道交通网络的基本形态即线网结构，一般与城市道路网的结构形态相适应。首先应考虑城市主要客流方向，以便服务更多乘客，其次要兼顾城市具体的人文地理环境等条件，最终形成适合城市特点的线网结构。尽管各城市的线网构架各具特色，但是目前基本的线网结构可归纳为以下几种类型：放射形、方格网、放射＋环形、组合结构形态，见图 2-6。

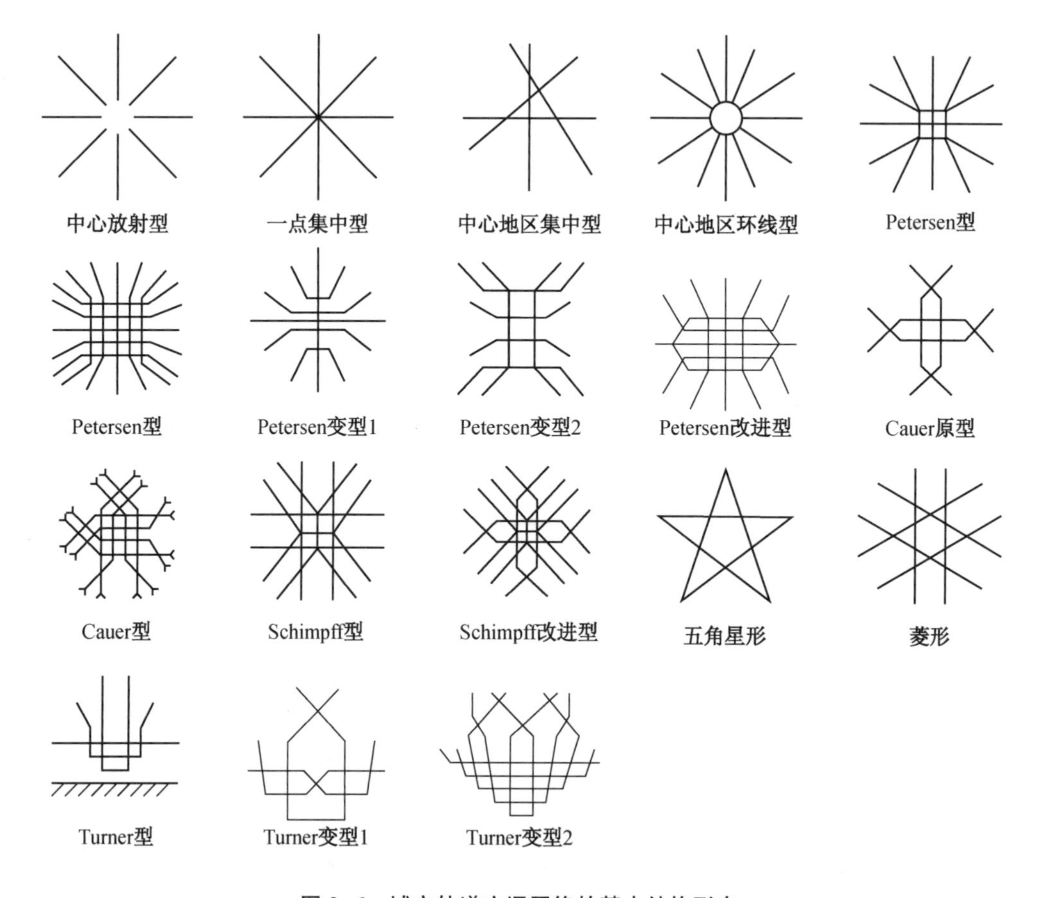

图 2-6　城市轨道交通网络的基本结构形态

1. *放射形结构形态*

放射形结构形态是以城市中心某一区域为核心，线路对称或不对称地呈放射状布设，交汇于一个节点或一个中心的结构。此种形态市中心线路密度、市中心区域的可达性较高，有力地支撑了市中心区域的高强度开发；但同时会造成城市中心区域交通拥堵、人口集中、环境恶化。同时，从市中心向市郊延伸的放射线路能够促进沿线的土地开发，引导城市轴向发展。此外，中心区换乘相对集中，外围区域之间联系和换乘不方便。

放射形结构形态适用于单中心、组团式、轴向发展，同时组团之间联系不太紧密的中等规模城市。

2. 方格网形结构形态

方格网形结构形态是指线路呈正交或近似正交、构成四边形的方格结构，线网结构形同棋盘。这种结构形态线路密度分布较为均匀，方格网状结构连通性好，换乘节点多，站点客流及换乘客流分布均匀。这种形态的线网结构使得各区域的可达性差异不大，引导城市结构趋于均匀分布，不易形成明显的市中心，同时导致城市用地效率降低。

方格网形结构形态比较适用于人口分布均匀、市中心不凸显的城市。

3. 放射＋环形结构形态

放射＋环形结构形态是在放射网状结构的基础上增设环形线路而形成的线网结构，其环线一般与所有径向线路相交。这种结构具有放射网状结构的优点，同时由于环线与所有径线都能直接换乘，整个网络的通达性更好，线路之间换乘较为方便；而且可以适当缓解市中心区域的交通拥挤状况，还能提供市中心与市郊之间的便捷联系，引导城市形态的发展和城市次级中心的形成。

放射＋环形结构形态适用于具有地位鲜明的城市中心并趋向形成多个城市副中心、组团式发展的大型城市。

4. 组合结构形态

放射形线网结构、方格网形结构、放射＋环形结构是具有较为明显特征的少数城市轨道交通网络结构形态，而实际当中，大多数城市的轨道交通网络形态较为复杂，不是简单地呈现单一的特征结构，而是两种或两种以上几何图形组合而成的一个整体线网结构形态。

2.2.3 城市轨道交通规划要点

1. 城市轨道交通线网规划要点

(1) 积极适应城市总体规划，促进城市发展。以轨道交通为骨架，促进城市空间的形成与拓展，并积极引导产业布局的发展。通过构建轨道交通多层次、便捷高效的服务网络，增强城市经济社会凝聚力；保障城区各功能组团之间、与新区之间的便捷通达度。

(2) 根据市区轨道交通、市域轨道交通、城际铁路的不同服务水平和特点进行合理定位，注重各种不同轨道交通方式在城市空间的整合。

(3) 轨道交通规划线路走向应与城市交通中的主客流方向一致，方便市民出行，充分发挥轨道交通大运量快速输送的作用。线网规划布局应均匀、密度适当，换乘便捷。

(4) 规划线路应连接城市各类重要的功能区，如城市主(副)中心交通枢纽、商业中心、文化娱乐中心及居住区等客流集散量大的场所，实现城市轨道交通与重要城市节点的衔接，体现城市轨道交通在现代化综合交通运输体系中的骨干地位。

(5) 规划选线应注重维护生态网络和保护历史遗存遗迹，同时应尽量避让不良地质地段及重要地下管线。

(6) 线网规划应按照资源共享、节约用地的原则,严格控制停车场、车辆段等规模较大的交通设施用地。

2. 城市轨道交通车站规划要点

车站站位设置应根据规划、客流、工程建设条件等因素进行设置,充分体现"以人为本"的设计理念,并实现客流最大化和轨道交通效益的最大化。

(1) 车站应尽量设在主要客流集散点、主要道路路口、公交枢纽、轨道交通线路交叉处,便于客流吸引、集散及换乘。

(2) 换乘站应遵循"以人为本"的原则,从网络总体上强化线网换乘衔接功能,便捷换乘,研究切实可行的换乘枢纽实施方案。网络内的换乘站尽量满足直接换乘的条件。

(3) 综合考虑车辆运行、旅行速度、客流吸引等几个条件的影响,城市中心区车站间距为800~1 500 m,有条件的地方控制在1 000~1 200 m。

(4) 应充分考虑现有及规划的地面建筑物、地下构筑物、地下管网、工程地质、水文地质等因素对车站设置的影响,尽量减少工程难度,以减少施工难度和运营风险,确保工程质量和安全。

(5) 充分考虑环境保护的要求,尤其应考虑对各级文物、优秀历史建筑的保护,车站布设与历史文化风貌区和城市整体环境相协调。

(6) 站位的选择应与沿线规划和旧区改造相结合,力求综合开发利用土地资源。

2.2.4 城市轨道交通车站与其他地下公共设施的联系

轨道交通车站与周边地下空间的衔接,主要目的是加强轨道交通车站与周边建筑及其地下空间的联系,扩大城市空间容量,提高土地利用效率。通过加强轨道交通车站与周边地下空间的衔接,不仅可以改变居民到达公共空间的出行方式,增加使用轨道交通到达公共空间的选择;还可以增加居民对车站与轨道交通的依赖程度,提高轨道交通的使用率;当车站与公共空间连成一体后,就能逐渐改变居民对车站及交通空间的认知,随着与公共空间的共同发展,轨道交通车站也会被视为一个新的城市公共空间,成为地区生活圈的核心。

轨道交通车站与周边地下空间的衔接,在规划方面大致经历了一个由点状开发、相互独立,到自发建设、通道衔接,再到一体开发、区域连通的更新发展过程。点状开发、自发建设由于缺乏具体的规划控制和引导,衔接通道的建设一般协调实施难度大,而且并不能保证实施良好效果。因此近年来,轨道交通建设和地下空间开发规模和强度越来越大,众多外部的经验、既有的教训和建设条件的制约都促进了各方面对地下空间连通的反思和创新,开始积极创造条件实现地铁车站和周边地下空间的同时规划、同时设计、同时施工、同时管理,从而取得更好的经济和社会效益。

根据轨道交通车站与道路、周边用地及建筑的空间关系,车站与周边地下空间的衔接方式,基本可以分为以下五种:通道衔接、共墙衔接、下沉广场衔接、一体化衔接及垂直衔接。

2.3 城市轨道交通车站设计

2.3.1 车站建筑特征

车站是城市轨道交通路网中一种重要的建筑物。它是供旅客乘降、换乘和候车的场所，应保证旅客使用方便、安全、迅速地进出站，并有良好的通风、照明、卫生、防灾设备等，给旅客提供舒适、清洁的环境。车站应容纳主要的技术设备和运营管理系统，从而保证城市轨道交通的安全运行。

车站又是城市建筑艺术整体的一个有机部分，一条线上各车站在结构和建筑艺术上，应既要有共性，又要有各自的个性。

城市轨道交通车站设计，首先要确定车站在城市轨道交通线网中的位置，然后根据客流量及其站位特点确定车站规模、平面布置、合理的站内客流流线、地面客流吸引、交通方式间的换乘等方案。车站作为城市公共交通建筑，除了结构应有的安全可靠性外，车站建筑的设计中也应考虑所有的安全因素，如出入口、闸机、楼梯和自动扶梯等设施，其数量、位置及宽度的考虑必须满足在灾害情况下的紧急疏散要求，有足够设施设备、清晰详尽的导向标志。

2.3.2 车站形式与分类

车站根据其所处位置、运营性质、埋深、站台形式、结构形式、换乘方式等进行分类。按车站与地面相对位置可分为地下车站和地上车站，本书仅对地下车站进行介绍。

1. 按车站埋深分类

(1) 浅埋车站：采用明挖法或盖挖法施工，轨顶至地表距离在 20 m 以内。

(2) 深埋车站：采用暗挖法施工，轨顶至地表距离在 20 m 以上。

2. 按运营性质分类

车站按其运营性质可分为一般站、折返站、换乘站、枢纽站、联运站和终点站等。

(1) 一般站：仅供乘客上、下车之用，功能单一，是地铁路网中数量最多的车站。

(2) 折返站：是具有行车折返功能的车站，设有折返线和折返设备。折返站兼有中间站的功能。

(3) 换乘站：是位于两条及两条以上线路交汇处的车站。它除了具有一般站的功能外，主要还具有换乘功能，即乘客可以从一条线上的车站通过换乘设施到达另一条线路上的车站。

(4) 终点站：是设在线路两端的车站，就列车上、下行而言，终点站也是起点站(或称始发站)，终点站设有可供列车全部折返的折返线和设备，也可供列车临时停留检修。如线路远期延长后，则此终点站即变为一般站。

3. 按站台形式分类

车站按其站台形式分为岛式车站、侧式车站、岛侧混合车站。

(1) 岛式车站。站台位于上、下行行车线路之间的站台布置形式称为岛式站台。采用岛式站台的车站称为岛式站台车站(简称岛式车站)。岛式车站是轨道交通车站常用的一种车站形式。岛式车站具有站台空间宽阔、站台利用率高、便于乘客调整乘车方向、楼扶梯设施较少、车站管理集中等优点，因此，一般常用于客流量较大的车站。见图2-7。

(2) 侧式车站。站台位于上、下行行车线路的两侧的站台布置形式称为侧式站台。具有侧式站台的车站称为侧式站台车站(简称侧式车站)。侧式车站也是轨道交通车站常用的一种车站形式。侧式车站上下行乘客可避免相互干扰，但是站台空间不及岛式宽阔，站台利用率低，中途改变乘车方向须经地道或天桥，楼扶梯设施多、车站管理分散，因此，侧式站台多用于两个方向客流量较均匀(或流量不大)的车站及高架车站。见图 2-8。

(3) 岛、侧混合式车站。在一座车站内同时设有岛式站台和侧式站台，具有这种站台形式的车站称为岛、侧混合式站台车站(简称岛、侧混合式车站)。岛、侧混合式车站主要用于小交路折返线。岛、侧混合式站台可布置成一岛一侧或一岛两侧形式。见图 2-9。

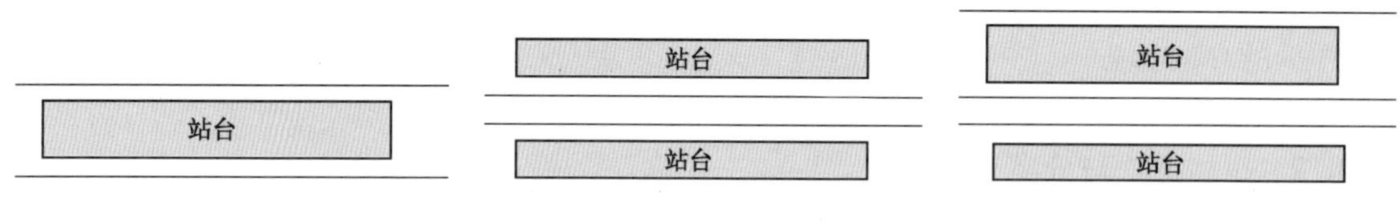

图 2-7 岛式站台示意图　　图 2-8 侧式站台示意图　　图 2-9 岛、侧混合式站台示意图

4. 车站按结构形式分类

地下车站结构横断面形式主要根据车站埋深、工程水文地质条件、施工方法、建筑艺术效果等因素确定。在选定结构横断面形式时，应考虑到结构的合理性、经济性、施工技术和设备条件。

车站结构主要横断面形式有：

(1) 矩形断面。这是车站中常选用的形式，一般用于浅埋车站。车站可设计成单层、双层或多层，跨度可选用单跨、双跨、三跨及多跨的形式。见图 2-10。

(2) 拱形断面。拱形断面多用于深埋车站，有单拱和多跨连拱等形式。单拱断面由于中部起拱，高度较高，两侧拱脚处相对较低，中间无柱，因此建筑空间显得高大宽阔，如建筑处理得当，常会得到理想的建筑艺术效果。见图 2-11。

(3) 圆形断面。圆形断面用于深埋盾构法施工的车站。

(4) 其他类型断面。其他类型断面有马蹄形、椭圆形等。

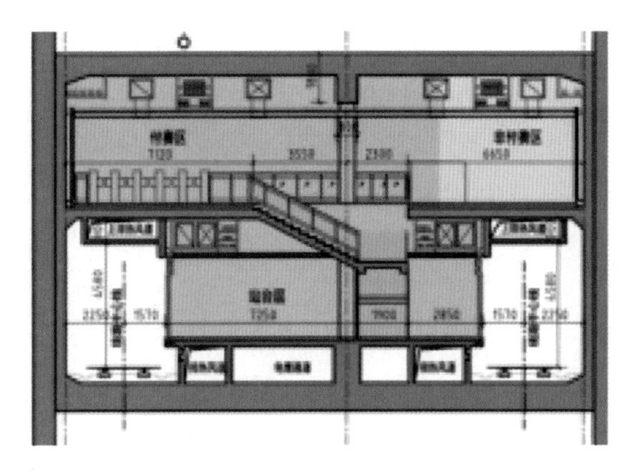

图 2-10　矩形断面车站示意图

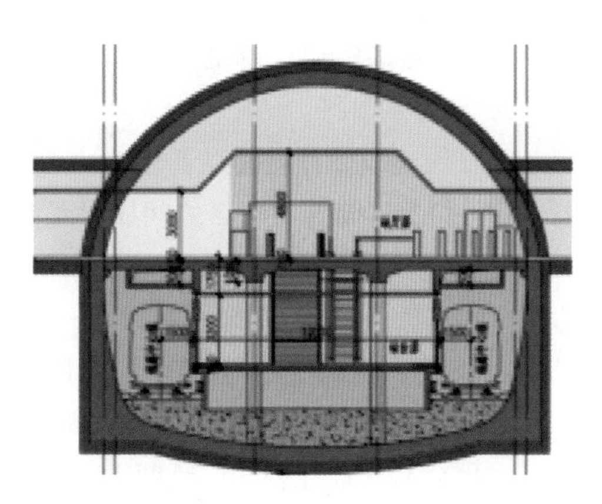

图 2-11　拱形断面车站示意图

2.3.3　车站建筑设计原则

车站建筑设计应遵循以下原则：

(1) 车站设计应符合政府主管部门批准的城市总体规划、交通规划及轨道交通线网规划的要求，按照安全、适用、技术先进、经济合理的原则，妥善处理与城市交通、地面建筑、地面与地下管线、地下构筑物之间的关系，尽量减少房屋拆迁、管线迁移和施工时对地面建筑物、地面交通及市民生活的影响。

(2) 车站设计应满足客流需求，并应保证乘降安全、疏导迅速、布置紧凑、便于管理，具有良好的通风、照明、卫生、防灾等设施。

(3) 车站的设计规模应满足初、近、远期超高峰设计客流量的需要。超高峰设计客流量为该站预测远期高峰小时客流量或客流控制期高峰小时客流量乘以超高峰系数(1.1～1.4)。

(4) 车站设计应合理组织客流，减少进、出站流线的交叉，保证乘客方便进站、迅速出站；车站的站厅、站台、出入口通道、楼梯和自动扶梯、售检票口等各部位的通过能力应按该站超高峰设计客流确定，并相互匹配。

(5) 车站站台公共区的楼梯、自动扶梯、出入口通道，应满足当发生火灾时在 6 min 内将远期或客流控制期超高峰小时一列进站列车所载的乘客及站台上的候车人员全部撤离站台到达安全区的要求。

(6) 车站设计应满足系统功能要求，合理布置设备与管理用房，宜采用标准化、模块化、集约化设计，考虑节能，节省投资。

(7) 换乘车站应根据线网规划、线路敷设方式、站址环境及换乘客流量等因素，选择合理的换乘方式；不能同步实施的换乘车站，应预留换乘接口。

(8) 车站的地下、地上空间宜综合利用。

(9) 地下车站、区间应满足人防要求。

(10) 车站装修宜体现交通性，导向设施应完整、无盲点。

(11) 车站应设置无障碍设施。

2.3.4 车站建筑设计标准

1. 站厅层

站厅层建筑设计遵循以下标准：

(1) 付费区与非付费区之间应设置高度不小于 1.1 m 的隔离栅栏；

(2) 防静电架空地板高 300 mm(用于通信信号等设备用房)、450 mm(用于车控室、站长室)；

(3) 环控机房、卫生间、茶水间等用水房间装修厚度低于公共区地面 20 mm；

(4) 主要技术标准：

站厅公共区地坪装饰层厚度 120～150 mm；

地坪装修面至吊顶底净高≥3 000 mm；

地坪装修面至结构顶板底净高(地下车站)≥4 500 mm。

2. 站台层

站台层建筑设计遵循以下标准：

(1) 地坪装修面至吊顶底净高≥3 000 mm；

(2) 地坪装修面至结构顶板底≥4 500 mm；

(3) 轨顶面至结构底板面、站台边缘到线路中心线、线路中心线到侧墙净距、站台装修面至线路轨顶面高的取值，应符合车型及其建筑限界的规定。

3. 车站主要设备和设施

1) 自动扶梯

(1) 公共区到站台和地面到公共区，应按远期高峰小时设计客流量设置或预留足够的自动扶梯和楼梯。车站站台上各台自动扶梯的汇集客流量应尽可能均衡。自动扶梯的设置应根据客流量和工程的具体条件确定。

(2) 公共区站台至站厅应至少设置 1 处上、下行自动扶梯，在设置双向自动扶梯困难且提升高度不大于 10 m 时，可仅设上行自动扶梯。

(3) 自动扶梯穿过楼面(或平台)时，自动扶梯边至开孔边沿的交叉处，为避免人、物被卡住，除应保持一定的安全距离外，还应加设保护装置。

(4) 自动扶梯的倾斜角宜采用 30°。自动扶梯踏步面至上部任何障碍物高度应≥2 300 mm。

(5) 车站土建设计，应满足自动扶梯吊装路线、安装空间和维修人员工作条件的要求；在自动扶梯下端应有良好的排水条件，必要时加设集水坑，坑内应有良好的排水条件。

(6) 主要布置要求：

① 相对方向运行的自动扶梯工作点之间净距≥21 000 mm；

② 自动扶梯与步行楼梯相对应时，其工作点与楼梯之间净距≥12 000 mm；

③ 自动扶梯工作点与前面影响通行的障碍物净距≥8 000 mm。

2) 电梯

车站宜采用残疾人和车站工作人员合用一台电梯，电梯宜设于车站客流量较小端的公共区与设备管理区之间或设于付费区内。

3）楼梯

（1）车站每个付费区内均应设有楼梯，以便在自动扶梯检修时仍能保证站内乘客的疏散。

（2）当车站设备管理区分为上下层时，应有一部净宽不小于 1 200 mm 的楼梯，供工作人员和消防人员使用。

（3）主要设计标准：

① 公共区楼梯每个梯段的踏步级数应不小于 3 步，不大于 18 步；

② 乘客使用的楼梯，其踏步尺寸原则上采用 150 mm×300 mm；

③ 楼梯休息平台宽 1 200～1 800 mm；

④ 楼梯宽度：单向楼梯净宽≥1 800 mm，双向楼梯净宽≥2 400 mm；

⑤ 当楼梯净宽大于 3 600 mm 时，应在中间增设一道扶手；

⑥ 楼梯口部栏杆高 1 100 mm；楼梯梯段栏杆高 900 mm；

⑦ 楼梯台阶装饰面至上部障碍物的最小净空≥2 300 mm。

4）检票口（机）

（1）检票口（机）的位置，应避免设在进出站人流交叉的地方，并要有足够的空间来保证检票口（机）前客流的集散。

（2）进站检票口（机），应设在售票处至候车站台的人流流线上；出站检票口（机），应设在站台至出站通道的人流流线上。

（3）检票机的数量除应满足该站超高峰设计客流的需要外，还应与楼梯、自动扶梯的通过能力相匹配。

（4）主要设计标准：

① 检票机距步行楼梯第一级踏步之间净距≥4 000 mm（进站）、≥5 000 mm（出站）；

② 检票机距自动扶梯净距≥7 000 mm（进站）、≥8 000 mm（出站）；

③ 检票机距售票机净距≥5 000 mm；

④ 检票机前的通道宽度≥4 000 mm；

⑤ 相对布置的检票机其净距≥8 000 mm。

5）售票机（处）

（1）售票机（处）应设在客流交叉少且干扰小的地方，售票机（处）前应留有足够的空间，满足乘客查询、排队购票及工作人员使用。

（2）售票机的数量应能满足该站超高峰设计客流量的需要，并留有备用量。

（3）售票机应结合该站的客流方向进行布置，宜沿进站客流方向纵向排列，每座车站应设不少于 2 处售票机。

4. 出入口通道

车站出入口通道及其他部位最大通过能力见表 2-1。

表 2-1　　　　车站出入口通道及其他部位最大通过能力

部位名称		每小时通过人数
1 m 宽通道	单向通行	5 000
	双向混行	4 000
1 m 宽楼梯	单向下楼	4 200
	单向上楼	3 700
	双向混行	3 200
1 m 宽自动扶梯	输送速度 0.5 m/s	6 720
	输送速度 0.65 m/s	8 190
自动检票机	三杆式	1 200
	门扉式	1 800
	双向门扉式	1 500
自动售票机		300
人工售票口		1 200
人工检票口		2 600

5. 车站各部位最小宽度和最小高度

车站各部位最小宽度和最小高度应符合表 2-2 的规定。

表 2-2　　　　车站各部位最小宽度和最小高度　　　　(m)

名称		最小净宽	最小净高
岛式站台		8.0	
岛式站台的侧站台		2.5	
侧式站台的侧站台	长向范围内设楼梯		
	垂直于侧站台开通道口设梯	3.5	
站台计算长度不超过 100m 且楼扶梯不伸入站台计算长度	岛式站台	6.0	
	侧式站台	4.0	
通道或天桥(地面装饰层面至吊顶面)		2.4	2.4
单向公共人行楼梯		1.8	2.3
双向公共人行楼梯		2.4	2.3
与上、下行均设自动扶梯并列设置的人行楼梯(困难情况下)		1.2	2.3
消防专用楼梯		1.2	
站台至轨道区的工作楼梯(兼疏散楼梯)		1.1	
站厅公共区	地下车站(地面装饰层面至吊顶面)		3.0
	高架车站(地面装饰层面至梁底面)		2.6

续表

名称		最小净宽	最小净高
站台公共区	地下车站（地面装饰层面至吊顶面）		3.0
	地面、高架车站 （地面装饰层面至风雨棚底面）		2.6
站台、站厅层管理用房（地面装饰层面至吊顶面）			2.4

2.3.5 车站建筑功能组成

地下标准车站由车站主体（站台、站厅）、出入口及通道、通风道及地面通风亭等三大部分组成，见图 2-12、图 2-13。

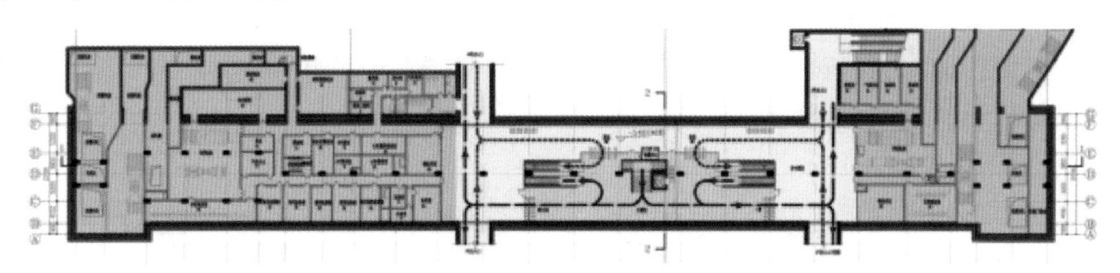

图 2-12 站厅层平面示意图

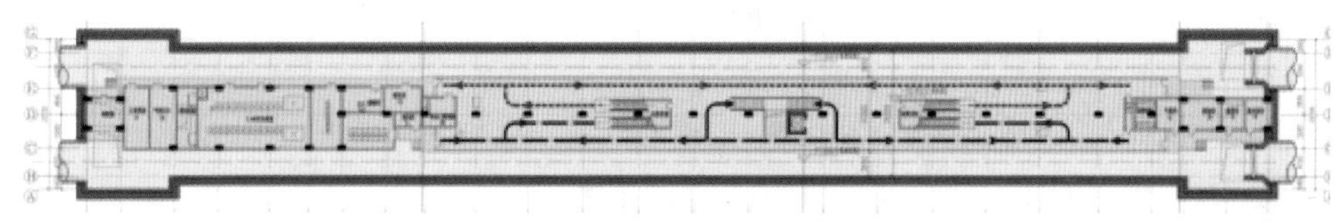

图 2-13 站台层平面示意图

车站主体是列车在线路上的停车点，其作用是供乘客集散、换乘，同时它又是地铁运营设备设置的中心和办理运营业务的地方。

出入口及通道是供乘客进、出车站的建筑设施。

地下车站需要考虑通风道及地面通风亭，其作用是保证轨道交通车站具有一个舒适的地下环境。

1. 车站主体

车站主体根据功能的不同，分为两部分空间：车站公共区和车站配套用房区。

1）车站公共区

车站公共区为乘客使用空间，划分为非付费区和付费区。非付费区是乘客未购票正式进入站台前的流动区域，一般应有一定的空间布置设售检票设施，还可以根据需求设银行、公用电话、小卖部等小型便民服务设施。非付费区的最小面积一般参照能容纳高峰小时 5 min 内可能聚集的客流量的水平来推算。付费区是乘客购票进入站台的流动区域，包括部分站厅、站台、楼梯和自动扶梯等，它是为停车和乘客乘降提供服务的设施。

车站公共区人流线路清晰、车站设施设备设置合理是车站设计的重点，公共区布置应综合考虑车站类型、总平面布局、车站平面布置、结构断面形式、空间尺度等因素。

2）车站配套用房区

车站配套用房区包括运营管理用房、设备用房和辅助用房三部分。

(1) 运营管理用房：为保证车站具有正常运营条件和运营秩序而设置的供车站日常运营的工作人员(部门)使用的办公用房，是直接或间接为列车运行和乘客服务的，主要包括行车值班室、业务室、车站控制室、站长室、站务员室、收款室、交接班室、公安值班室、清扫室等。

(2) 设备用房：为保证列车正常运行、保证车站及地下区间内具有良好环境条件、满足车站和区间防灾要求的设备用房，是直接或间接为列车运行和乘客服务的，主要包括环控机房、区间通风机房、变电所、控制室、通信设备室、信号设备室、消防泵房、工区用房、附属用房等。

(3) 辅助用房：为保证车站内部工作人员正常工作生活所需的辅助用房，是直接供车站内部工作人员使用的，主要包括厕所、盥洗室、更衣室、休息室、茶水间、储藏室等。这些用房均设在站内工作人员使用的区域内。

2. 出入口通道设计

车站出入口通道是乘客进出车站的咽喉，其位置的选择、规模大小，应满足城市规划和交通的要求，并应便利乘客进出站。

出入口平面形式一般有一字形、L 形、T 形三种基本形式和由基本形式变化的其他形式。

(1) 一字形出入口：指出入口、通道呈一字形布置。这种形式人员进出方便。

(2) L 形出入口：指出入口、通道呈一次转折布置。

(3) T 形出入口：指出入口、通道呈 T 形布置。这种形式人员进出方便，由于口部比较窄，适用于路面狭窄地区。

(4) 其他形式：一般由出入口位置要求、地面交通换乘要求具体确定，常用的有 n 形和 Y 形出入口。n 形出入口指出入口、通道呈两次转折布置，一般情况是由于车站周边环境条件所限，出入口设置困难时，可采用这种布置形式。Y 形出入口布置常用于一个主出入口通道有两个及两个以上出入口的情况，这种布置形式比较灵活，适应性强，人员进出方便。

3. 通风道及地面通风亭

1）车站通风道

车站通风道的数量取决于当地条件、车站规模、温湿度标准等因素，按环控要求计算确定。轨道交通车站一般设两处风道，新风道、排风道及活塞风道集中布置。如轨道交通车站附设有地下商场等公用设施，应根据具体情况增设通风道。

车站通风道的平面形式及断面尺寸应根据环控要求、车站所在地的环境条件、道路及建筑物设置情况等因素综合考虑决定。

车站内通风管道位置一般设在车站吊顶内或站台层站台板下的空间内。车站附属用房设局部通风。

2）地面通风亭

地面通风亭是通风道在地面口部的建筑物，作用是新鲜空气采集及排风。地面通风亭一般均设有顶盖及围护墙体，墙上设一道门，供运送设备使用。通风亭上部设通风口，风口外面设金属百叶窗。通风口下缘距地面的高度一般不小于 2 m，特殊情况下通风口可酌情降低，但不应小于 1 m。

地面通风亭的大小主要根据通风量及风口数量决定。地面通风亭位置应选在空气良好无污染的地方，可设计成独建式或合建式，并尽量与周围环境相协调。城市道路旁边的地面通风亭，一般应设在建筑红线以内。地面通风亭与周围建筑物的距离应符合防火间距的规定，其间距不应小于 6 m。进风口和排风口之间应保持一定距离。

2.4 地下车站建筑设计

2.4.1 总平面设计

车站总平面设计首先是结合线路敷设情况、市政交通情况及周边建筑物概况确定车站的站位，然后是结合站内建筑布置及周边建筑物拆迁情况确定出入口、风亭的初步布置。

1. 总体布局原则

（1）车站的总体布局应符合城市规划、城市综合交通规划、环境保护的要求。应对车站所处站位及周边的场地工程地质、水文地质条件、既有和规划的地下管线、地面公交线路等进行详细调查和排摸工作，尽量减少对既有建筑物的拆迁、施工影响和管线改移，尽可能减少施工对行人和地面交通出行的影响。

（2）需根据车站的特点、场地的地形、地理环境、地面规划，因地制宜地以灵活多样的形式布置车站，合理利用地下、地面空间进行综合开发。

（3）车站总平面设计应符合城市规划的要求，合理布置车站出入口、风亭、冷却塔的位置，达到充分吸引和疏散客流量的目的。有条件时应尽量优先与沿街建筑相结合。现状无法结合的，可设部分临时出入口或预留接口，待规划实施时续建。

地面上建筑物、构筑物应与城市景观相协调，尤其沿道路中间及两侧绿化带的建筑物、构筑物与设备更应充分考虑与城市环境的关系。同时也要兼顾市民过街的要求。

（4）应充分考虑车站与其他轨道交通线路、地面公交及出租车等的换乘与衔接，设计中应本着“以人为本”的原则，选择合理、便捷的换乘方式。近、远期工程统一规划，统一设计，分期实施，预留切实可行的换乘土建接口。

（5）换乘站应根据线网规划，对换乘方式、换乘距离和换乘时间等方面进行综合比选。依据线网规划，对近期建设的换乘车站，土建工程宜同步建设，实现两站地下空间和设备资源共享。对远期建设的车站，宜预留换乘条件和后期施工条件。

（6）各车站均要考虑相应的市政配套设施，如自行车棚、停车位等。

(7) 出入口风亭建筑应后退道路红线布置，一般后退不小于 3 m，位于城市主干道的后退不小于 5 m。特殊地段经规划同意可贴近红线。风亭的设置应尽量远离居民、学校等建筑，并征得环保等部门的同意，排风口不应面向建筑。

(8) 车站出入口布置应与主客流方向相一致。客流量大的出入口应设小型集散广场，设自行车停车场。

(9) 在建设条件许可的情况下，车站出入口应与相邻建筑物合建。出入口规模宜按初、近、远期中最大分向客流乘以 1.1～1.25 的不均匀系数计算确定。特殊情况不能满足时，则所有出入口总规模应满足初、近、远期中总客流最大值的需要。

(10) 应根据站位所处的具体位置、周边建筑规划要求，来确定车站地面出入口的建筑形式。位于广场、绿地上的出入口优先考虑作无盖敞开式出入口。

(11) 地面出入口应有明显的引导标志，便于乘客识别，出入口外应有客流集散场地。

(12) 独立修建的出入口、风亭与周围建筑物之间的距离应满足防火要求。

(13) 当采用低风亭(顶面开设风口)时，风井底部应有排水设施。风亭周边应有宽度不小于 3 米的绿篱。风亭的开口处应有安全防护措施。

(14) 风亭应设在空气洁净的地方，任何建筑物距风亭口部的直线距离应满足地铁风亭的技术要求。

(15) 一条线路的车站统一考虑无障碍设计，设置垂直电梯、无障碍专用厕所及盲道等无障碍设施。

(16) 地下车站及区间设计应满足人防的设防要求。

2. 总平面设计前期

设计前期工作包括调查、收集资料、分析设计资料和功能要求，构思、落实设计方案，是做好车站总平面布局的关键。

收集设计资料主要包括：

(1) 地铁线路、车站位置的地形、地貌图及该站的客流资料；

(2) 相关城市道路、公交站点的资料；

(3) 相关规划资料；

(4) 相关城市地下过街道或天桥的位置；

(5) 相关城市地下管网、地下建筑物、地下构筑物的资料；

(6) 相关地区内的文物古迹、古木及有保留价值的建筑物、构筑物和其他有关资料。

3. 总平面设计要点

1) 站位选择

车站站位的比选、确定是总平面设计的首要任务。站位比选涉及很多方面，首先就是前面已经提到的资料收集，对收集到的资料应进行必要的核对和调查。

在对基础资料进行分析后，应按照车站所处区域的条件，对车站站位、主体工程建筑布置、出入口通道、风道风亭位置以及车站结构形式和初步的施工方法进行综合研究，以保证车站的站位选择既满足功能要求，也能照顾到周围条件的实际情况，既满足车站各方面的客流需要，方便乘客乘坐及换乘，也要注意地铁建设与城市规划、建设的协调发展，充分发挥地铁建设对城市发展的推动作用；站位选择时，不仅要合理地考虑拆迁工程，还要统筹兼顾施工期间的地面行人和车辆的出行需求；在统一考虑工程地质、水文地质和地下管线条件的前提下，尽量减少车站埋深，以减少乘客进出站时的高程和降低工程造价。对建设条件较为复杂的车站，除进行多方案比选外，还应征求相关主管部门的意见和建议。

一般来讲，地铁车站都建在城市道路和城市公共建筑较密集地带，以便充分发挥地铁工程的功能，吸引、疏解地铁客流。同时，还可兼备城市其他功能，如人行过街以及起到连接车站周围公共建筑的桥梁作用。这样，地铁才能更好地发挥其综合效能，改善本区域城市市政建设的条件和标准，最大限度地方便乘客乘降地铁。

根据地铁建设一般特点，地铁车站站址与城市道路的关系主要以设于道路交叉口、横跨道路、平行道路(或斜交道路)三种情况为主要特征。其中，最为复杂、最不易处理好的就是设于道路交叉口(或横跨道路)的车站。

(1) 车站站址若定在城市交叉路口，尤其处在城市主要交叉路口时，应尽可能地首选跨路口设站或尽量向路口延伸设站。这样，车站不仅能在交叉路口处均匀、有效地吸引和疏解乘降地铁的客流，还可在很好地解决地铁功能的前提下，兼作该路口的行人过街通道，以达到利用地铁建设，综合治理城市交叉路口行人混乱或高架过街天桥对城市景观的影响，提高地铁站的综合社会效益的目的。但是，行人利用地铁站过街又会给运营管理(特别是夜间地铁站要关闭，与行人过街的矛盾)和客流集散带来不便，必须权衡利弊。

地铁跨路口设站在车站施工期间对本区域的地面交通会带来较大影响，对市民、城市机动车的交通组织带来很多不便。然而，地铁是一项投资多、功能强、影响大的城市交通动脉，虽然在短期内对城市交通和市民有很大影响，但从长远利益分析，跨路口设站所得到的效益和创造的使用条件是相当明显的。至于施工期间对地面交通的影响可以在工程结构、施工组织等方面进行多方案比较、研究和论证，以寻找出影响最小、投资最省、又能保证车站功能的最佳方案。甚至，通过努力可以完全避免或对交通的影响程序降至最低，如采用盖挖筑、分条倒边，明暗挖结合等多种结构体系。

(2) 对于部分路段交通特别繁忙，同时又极难搬迁的市政管线的情况，也经常采用车站站址平行道路，但不过路口的车站布置方式。至于市政过街功能，可以考虑通过市政天桥、地道等方式来解决。

(3) 部分换乘站设计时，受换乘条件影响，或是线路走向受限制时，存在车站站址横跨道路、切入地块的情况，该种布置方式将对周边地块建设产生较大的影响，车站设计时需要充分考虑。

(4) 除了以上三种布置方式外，还有一种较方案(3)更极端的布置方式，即车站位于地块内，该类方案布置需要考虑车站与地块同步规划、同步设计、同步施工才可既保证车站功能，又保证地块开发的顺利实施。

2）出入口、风亭位置选择

在车站站位基本确定后，就要重点考虑出入口通道、风道与风亭位置的协调。对周边环境的现状和规划，要深入调查、研究、落实，避免实施过程中的突然变化，造成位置变动，影响设备功能和运营功能。

确定车站出入口、地面风亭位置前，应先根据规划、消防疏散、环控专业的要求确定其数量。出入口、风亭实施时应尽量少拆除建筑物，以减少拆迁费用。

（1）出入口位置的选定。

① 出入口上盖的位置，一般应选在城市道路两侧、交叉路口及客流较大的广场附近，并尽量与地面交通站点相结合，客流量较大的车站应配置一定面积的站前广场。出入口宜分散均匀布置，在满足消防疏散距离的前提下，出入口之间的距离应尽量拉开，使其能够最大范围地吸引客流。出入口宽度应根据该站超高峰设计客流预测值确定。

② 出入口上盖应尽量与邻近建筑物合建，合建时应考虑防火措施。独立修建的出入口与相邻建筑物之间的距离应满足当地规范要求及防火要求。

③ 车站出入口布置应与主客流方向相一致。各类居住区、大中型商业、办公集聚区、公交枢纽、大型公交站点、文体中心等均为车站乘客的主要来源地和主客流方向。

④ 一般情况下，地面厅宜与道路红线正交或平行，尽量避免将人行出口正对车行道。出入口设置应方便各个方向乘客进出车站。地面出入口（或地面站厅）应有明显的标识和引导标志，便于乘客识别和导引，出入口外应设客流集散场地。每个车站至少应在一个出入口地面附近考虑设置自行车停放场地。

⑤ 设敞开式出入口时，要考虑防淹并采取防水、排水措施。

⑥ 在车站适当位置处应考虑设置垂直电梯，满足残疾人进出车站的基本功能需要。其位置宜选在交通方便、少干扰、靠近车站出入口处，便于使用和统一管理。

⑦ 出入口的布置位置应考虑城市规划要求和利于客流的吸引和疏散，出入口上盖部分的进出方向应考虑城市风向和季节的因素，尽量不要正对常年主风向，以免站内结露滴水。

（2）风亭位置的选定。

① 风亭的设置应尽量考虑与地面建筑合建，合建时应考虑防火措施。独立修建的风亭与周围建筑物之间的距离应满足防火要求。

② 当采用低风亭（顶面开设风口）时，风井底部应有排水设施。风亭的开口处应有安全防护措施。风亭周边应有宽度不小于 3 m 的绿篱。

③ 风亭应设在空气洁净的地方，任何建筑物距风亭口部的直线距离应满足地铁风亭的技术要求。敏感性建筑距离风亭口部的直线距离应满足国家和当地环保部门的相关要求。

2.4.2 平面设计

车站的平面设计应充分借鉴先进的轨道交通运营管理经验，结合当地轨道交通车站的特点，综合协调好车站的系统功能要求，设计出合理、明确、高效、经济的建筑布局，为乘客提供适宜的乘车环境。车站规模应在满足客流和功能的前提下，对车站的平面进行布置，力求做到功能分区明确、合理，布置紧凑，便于运营及管理。

1. 站厅层

1）站厅层功能分析

站厅层由公共区、车站运营设备区域组成。

站厅层设计应根据车站情况进行合理的功能分区。站厅公共区是供乘客完成售检票到达乘车区及进出站的区域，应综合考虑安检、售检票等因素，合理组织客流，尽量避免进、出站及换乘客流路线之间的相互干扰；站厅层的设备管理用房和站台层设备用房区的布局应统一考虑，使车站的布局达到经济、合理，控制车站长度和规模的目的。

2）站厅层布置

(1) 公共区功能布局。站厅层应根据客流组织流线和售检票方式布置售检票设施，将公共区划分为非付费区和付费区。付费区是指乘客需经购票、检票后方可进入的区域(包含站厅和站台)。非付费区是指站厅付费区以外的，可以连通站厅公共区至地面出入口的自由通行区域。

站厅公共区一般被视作集散厅，除考虑乘客正常需要的购票、检票及通行空间外，尚应考虑乘客作短暂停留及特殊情况下紧急疏散的情况，集散厅容量以容纳高峰小时 6 min 的双向客流集聚量为度(按 0.5 m^2/人计)。

设计上一般采用不低于 1.1 m 的由不锈钢管材和钢化玻璃做成的可透视栅栏，将付费区与非付费区分开，并应设置向疏散方向开启的平开栅栏门。同时结合客流流线分析，在两区分界线的交点处设置进、出站检票机。售、检票口及栅栏的位置设置应合理，使进、出站客流的相互干扰减小到最小程度。

付费区内设有通往站台层的楼扶梯、残疾人电梯等。为了保证车站的服务功能，站厅至站台间应至少设置一处上、下行自动扶梯。

非付费区内设有售票、问询、公用电话等，个别车站设有便民服务设施，其设置位置应区别对待。与乘车活动直接关联的设施和用房(如售票、问询)，应设在客流流线附近。而与乘车活动无直接关联的设施和用房(如公用电话、银行)，应充分利用站厅非付费区死角设置，这也是公用电话、银行需要的相对安静环境。

设于站厅两端的非付费区，宜用通道沟通。关于这点岛式车站比较容易做到，侧式车站由于楼扶梯在两侧，两侧非付费区的连通难度较大。

(2) 设备及设施。楼梯宽度、自动扶梯数量既要满足该站超高峰设计客流集散要求，又要满足事故情况下紧急疏散要求。同时，出入口通道，进、出站闸机，楼扶梯的通过能力应相互协调匹配。

售票机前应留有购票乘客的聚集空间，聚集空间不应侵入人流通行区。

2. 站台层

站台是供乘客上、下车及候车的场所，站台层设有楼扶梯及站内设备用房，站台按形式不同，有岛式站台、侧式站台、混合式站台等形式。

1）站台长度

站台长度为站台有效长度和有效站台以外的附加站台长度之和，是指整个车站站台的总长度，根据车站有效站台长度和站台层设备管理用房布置需要确定。

有效站台是乘客等候列车和上、下列车的公共区域，其计算长度由列车最大编组数的有效长度与停车误差之和确定。有效站台长度满足乘客上、下车和列车停站的需要。

2）站台宽度

站台宽度主要应满足乘降区宽度和楼梯、自动扶梯的布置要求，还应综合考虑站台层设备用房布置对车站长度以及车站总体规模控制的影响。

岛式站台宽度一般为 8～14 m，侧式站台宽度一般为 4～6 m。站台宽度由侧站台宽度、柱子宽度和楼扶梯宽度组成。

侧站台宽度计算公式如下：

$$B_{岛} = 2b + n \cdot z + t$$

$$B_{侧} = b + z + t$$

式中 $B_{岛}$，$B_{侧}$——岛式站台、侧式站台侧站台宽度，m；

$n \cdot z$——横向柱数×纵梁宽度（含装饰层厚度），m；

t——每组人行楼梯＋自动扶梯宽度（含与纵梁间所留空隙），m；

b——乘降区站台宽度，$b=\frac{Q_{上}\rho}{L}+b_a$ 和 $b=\frac{Q_{上、下}\rho}{L}+M$，取大者；岛式车站乘降区站台宽度≥2.5 m，侧式车站乘降区站台宽度≥3.5 m；

ρ——站台上人流密度，取 0.33～0.75 m^2/人，建议取 ρ=0.5 m^2/人；

L——站台计算长度，m；

M——站台边缘至站台门立柱内侧距离，m；无站台门时取 0；

$Q_{上}$——远期或客流控制期每列车超高峰小时单侧上车设计客流量，人；

$Q_{上、下}$——远期或客流控制期每列车超高峰小时单侧上、下车设计客流量，人；

b_a——站台安全防护宽度，取 0.40 m，采用站台门时用 M 替代 b_a 值，m。

侧站台宽度除了通过上式计算得出外，还应考虑侧站台吊顶内管线敷设的需要，减少未来设备施工的难度。

站台总宽度除涉及侧站台宽度外，还与楼扶梯宽度有关。因此，在设计过程中对站台楼扶梯的布置也应仔细考虑。常规设计时楼扶梯是并排布置的，但当车辆编组长度大于 6 节，且车站的客流量不大时，可将楼扶梯错开，采用单排布置的形式。这样可以有效地减少站台宽度，从而降低车站的土建费用。

3. 车站设备管理用房

设备管理用房是车站重要的组成部分，保障车站及区间正常运营、设备正常运作。管理用房供车站日常运营的工作人员使用；设备用房应根据相关工艺、相关专业或系统要求，结合线路及车站特点确定。车站各类管理及设备用房设置要求见表 2-3、表 2-4、表 2-5。

车站设备管理用房设计布置时，应注意以下几点：

(1) 地下车站的设备、管理用房布置应在满足功能要求的基础上紧凑合理，有人值班的主要设备、管理用房应集中一端布置。消防泵房宜设于管理用房区的主通道或消防专用通道附近。

(2) 一般车站环控用房布置在站厅，占用站厅层大多数设备用房空间；变电所用房布置在站台，占用站台层绝大多数设备用房空间；可灵活调剂站厅、站台空间的房间数量少，面积也较小。由表 2-2 可以看出站厅长度受制于环控用房、站台长度受制于变电所，因此设计时这两类设备管理用房的组合与均衡布置是控制车站规模、优化设计的关键。

(3) 根据设备工艺要求预留好各种孔洞，并考虑主要设备至吊装孔的运输通道。

(4) 变电所、车站控制室和通信、信号设备用房不允许有与之无关的管线（尤其是水管）穿过，并不应布置在轨道层、厕所、泵房的下部或贴邻，不得已布置时，应有可靠的防渗漏措施。

表 2-3　　车站行车管理用房表

用房名称	参考面积/m^2	设置要求
车站控制室	30～45	应设在站厅层客流多的一端，地坪比站厅抬高 0.45 m，宜能直接观察站厅层客流情况
服务中心	15/20	设于站厅付费区、非付费区交接处
站长室	20	应设在车控室附近，便于相互联系
区域站长室	12	根据运营要求设，与站长室相邻设置
合建站长室	30	区域站长办公区域应能独立分隔
交接班室（兼会议室、餐厅）	30	设置在站厅层管理区内较安静的部位
警务室	12＋15	靠近站厅公用区集中设置
更衣室	12×2	设在站厅管理区内，放置更衣柜
男女公厕	18/15	男厕设置 3 个小便斗、2 个蹲坑、2 个洗手盆；女厕设置 5 个蹲坑；一个无障碍厕所
工作人员男女厕所	10	设于站厅主要管理区，男厕内 1 个小便斗、1 个蹲坑；女厕设置 2 个蹲坑，各设洗手盆 1 个
茶水间	8	管理区内设置，宜靠近餐厅，内设开水机、蒸饭箱、水槽，考虑上下水管位
清扫间	4×2(3)	站厅层、每个站台层各设一间，站厅层设在靠近公用区位置，站台层尽量利用楼扶梯下部空间；清扫间内应设洗涤池，考虑排水

续表

用房名称	参考面积/m²	设置要求
垃圾堆放点	2	设置在出入口附近靠近无障碍电梯，有条件的结合公厕
收款室	15～20	设于管理区，车站票务室应采用套间设计，外间考虑堆放票款箱、推车，内间采用银行柜台式设计，安装安全栅栏，外间考虑夜间金柜的设置条件。不采用架空地板
通信仪表室	12×2	设在站厅层
车站检修和备品用房	10×2	站厅站台各1间，区别于维保检修备品用房
维保检修和备品	8×3	废水池上方，有岔车站30 m²
条线备用房	40	每条线选择有条件的车站设置一处
站务员室	4～5	设在每个站台公共区，原则上设置于楼梯下
爱心小屋	30	在枢纽站站厅非付费区设置
司机交接班室		每条线设置一处，面积根据条线司机配置数量定
岔区司机室	10	仅设在折返站站台层靠近道岔区
列检室	10	仅设在折返站站台层靠近道岔区
备用	20	按实际情况可调整

表2-4 车站设备用房表

用房名称		参考面积/m²	设置要求
信号设备室(集中站)		80	近车控室布置
信号设备室(非集中站)		40	近车控室布置
弱电综合室		80	近车控室布置(含通信、综合监控)
民用通信室		100	近弱电综合室布置。如分设房间应相邻设置
UPS电源	通信电源	30	靠近通信机房，包含FAS，BAS电源
	信号电源	36	靠近信号机房
公安设备室		20	近弱电综合室
屏蔽门设备室		21	设在站台层，车控室一端(不小于3.5 m×6 m)
信号电缆引入室		15	近信号用房布置
通信电缆引入室		15	近通信用房布置
区间通风机房		根据工艺布置	
环控机房		根据工艺布置，在相关设备基础四周设排水沟，需做好地面防水处理	
冷水机组、水泵房		面积根据工艺布置，在相关设备基础四周设排水沟，需做好地面防水处理	

续表

用房名称	参考面积/m²	设置要求
环控电控室	69+50	靠近环控机房，两端各设一间
小通风机房	靠近新风道及排风道，可以与环控机房合并布置。在相关设备基础四周设排水沟	
降压变电所	140+25+10	设在站台层冷水机组一端
牵引变电所	220	尽量设在站台层，设备运输通道畅通。牵引、降压混合变电所为320 m²（含控制室、值班室）
消防泵房	40	有水喷淋，带防污等装置
高压细水雾泵房	20	预留位置
污水泵房	18	在厕所下方
废水泵房	20	设在站台层最低端
气瓶室	根据计算布置	近变电所及通信、信号设备用房设置，按最大保护房间控制规模
AFC设备	15～20	近弱电用房布置
AFC工区	15～20	每3～4个站需设一间
配电室	15×4	站厅站台各两间，靠近公共区，其中一间可与AFC配电合并

表2-5　车站维保用房表

用房名称	参考面积/m²	设置要求
供变电值班室	15	每座车站
供电巡检值守点用房	25	每隔5～6座车站设置一处
接触网工区	35	有岔站站室
转辙机备品库房	8	有岔站站台
通号值班室	20	折返站，靠近信号机房
信号工区	50	线路上每隔15 km设置一处
通信工区	50	线路上每隔17 km设置一处
车载值班室	20	折返站，靠近信号设备室
综合监控工区	50	当设置综合监控时，靠近弱电室综合布置
轨道工区	20/30	有岔站20 m²，此外每隔10 km设置一处30 m²

2.4.3　剖面设计

除了换乘站及部分特殊车站，一般车站的埋深主要受市政公用管线及内部竖向布置控制。

1. 市政公用管线

一般车站均是布置在道路下方，其在平面位置上与道路下方的各类市政公用管线不可避免地将有重叠，为保证管线的覆设要求，车站剖面设计时顶板上方需要考虑设置覆土层。覆土层的厚度一般控制在 2.5～3.0 m，可以满足对于压力管及电缆管线的敷设要求。

对于雨污水等重力流管线，平行于车站的可考虑复位至车站出入口通道上方（通道处覆土较主体结构处深 1.0 m）；垂直于车站的，则可考虑在车站中部设置管廊供管线复位用。

如设计时遇到埋深特别大的重力管，也不宜无限制地加大车站埋深，可考虑平衡掉部分车站功能，对车站站位进行调整，避让管线。

2. 内部竖向布置

常规的车站竖向布置为地下 2 层结构：地下一层为站厅层，地下二层为站台层。

1）站厅层竖向布置

站厅层的高度一般由以下内容组成：120～150 mm 装修面＋3 000～3 200 mm 吊顶净高＋1 500～1 700 mm 高的吊顶内管线空间（包括了 200 mm 高的吊顶结构高度）。

同时应注意顶纵梁的上下翻处理：设备区及公共区临近设备区的一跨范围内的顶纵梁上翻，以保证站内管线布置的空间要求。

2）站台层竖向布置

站台层的高度一般由以下内容组成：560 mm 轨道高度＋4 600 mm 接触网限界控制＋900 mm的上排热风道高度，或 560 mm 轨道高度＋1 050～1 080 mm 站台面至轨面的高度＋3 000 mm的吊顶净高＋1 400～1 500 mm 高的吊顶内管线空间（包括了 200 mm 高的吊顶结构高度），二者间取大者，并应尽量满足站台站厅间公共区楼梯的模数要求。

同时设计时应注意楼扶梯洞孔处中板横梁对管线布置的影响。

3）排水设计

为了排除地下结构渗漏水，车站剖面设计时需考虑一定的排水坡度，一般车站考虑整体按 0.2%的坡度进行设计，在最低点处设置废水泵房。如遇到配线站等规模较大的车站，在单向 0.2%的坡度无法保证排水顺畅的情况下，可考虑线路平坡，底板双向坡，两端设两个废水泵房的排水方式。

2.4.4 防灾设计

1. 车站建筑消防

车站建筑消防系指完整可靠的风、水、电消防设施以外的在建筑范围内所采取的措施。

（1）一座换乘车站及其相区间应按同一时间内发生一次火灾考虑。

（2）车站内的商场及车站周边联体开发的商场等公共场所，应与车站做防火分隔，并应符合民用建筑、人防工程相关的防火规定。车站站厅站台和出入口通道的乘客疏散区域不得设置商业用房。

（3）地下车站主体工程及出入口通道、风道的耐火等级应为一级；地面出入口、风亭等附属建筑的耐火等级不得低于二级。除敞开式车站外，承重结构采用钢结构时，其柱、梁的耐火极限应分别达到 2.5 h，1.5 h。

(4) 车站按消防要求划分防火分区。两个防火分区之间采用耐火极限不低于 3h 的防火墙及甲级防火门分隔，在防火墙设有防火窗时，应采用甲级防火窗；防火分区的楼板应采用耐火极限不低于 1.5 h 的楼板。除站厅、站台公共区外，设备管理用房区每个防火分区最大允许使用面积不大于 1 500 m^2。

(5) 车站控制室、变电所、配电室、通信及信号机房、通风和空调机房、消防泵房、气瓶间、蓄电池室、屏蔽门设备控制室等重要设备管理用房，应采用耐火极限不低于 2 h 的隔墙和耐火极限不低于 1.5 h 的楼板与其他部位隔开，防火隔墙应砌筑到顶，隔墙上的门应采用乙级防火门。

(6) 车站公共区和设备管理用房区的顶棚、墙面、地面装修材料及垃圾箱，应采用燃烧等级为 A 级的不燃材料，广告灯箱、座椅、电话亭、售检票亭等应采用 B_1 级难燃材料，但不得采用石棉、玻璃纤维等有害人体健康的制品。

(7) 穿越防火墙的管道、电缆、风管空隙处应采用防火封堵材料填密塞实。当风管穿越防火墙时应设防火阀。

(8) 车站按消防要求划分防烟分区且防烟分区不得跨越防火分区，防烟分区间及站厅站台公共区楼扶口，设置挡烟垂壁，挡烟垂壁的高度不小于 500 mm(吊顶面下)，且升至结构顶板底。

(9) 公共区内设于付费区与非付费区间的栏栅应设栏栅门，其与检票口的总通行能力应与站台至站厅的疏散能力相匹配。

(10) 有人值守的设备管理区应设一条直接通地面的消防专用通道，通道宽 1 200 mm，可与乘客出入口合一布置(但需用防火墙隔断)，供消防人员进入车站进行火灾扑救。车控室与消防泵房的布置应尽量靠近此消防专用通道。

(11) 车站设备管理用房区内的步行楼梯在紧急情况下仅供车站工作人员及消防人员用。地下不超过 3 层时，该楼梯间为封闭楼梯间；超过 3 层(含 3 层)时，该楼梯应设为防烟楼梯间。

(12) 车站主要设备管理用房区内应有两条独立的疏散通道，并符合消防疏散距离要求。

(13) 站台上人行楼梯和自动扶梯宜沿站台纵向均匀布置。站台计算长度内任意一点距最近楼梯口(同层时，为最近的疏散通道口或站台与站厅结合口部)的距离应小于 50 m。

(14) 车站站台公共区的楼梯、自动扶梯、出入口通道的通过能力，应保证远期或客流控制期超高峰小时一列进站列车所载乘客及站台上的候车乘客当火灾发生时能在 6 min 内全部疏散至安全区域。

紧急疏散计算时，应考虑一台自动扶梯处于检修状态。车站火灾状况下车站公共区内的上行扶梯继续向疏散方向运行，下行扶梯停运、折减后可作为楼梯疏散。

自动扶梯和楼梯的通过能力均应按正常情况的 90%计；自动扶梯供电等级应按一级负荷设计。自动扶梯下端在人员不能通行处设置房间时，外墙应与其他部位进行防火分隔，房间顶部应与扶梯进行防火分隔。消防专用梯及垂直电梯不计入事故疏散用。

车站通道、出入口处及附近区域，不得设置和堆放任何有碍客流疏散的设备及物品。与车站连通的其他建筑物的客流，均不得考虑通过本站（包括本站通道及出入口）进行事故下的紧急疏散，以确保车站的安全。

提升高度不超过 3 层（含 3 层）的车站，事故紧急疏散时间按下列公式计算：

$$T = 1 + \frac{Q_1 + Q_2}{0.9[A_1(N-1) + A_2B]}$$

式中 Q_1——一列车乘客数（远期或客流控制期中超客峰小时），人；

Q_2——站台上候车乘客数（远期或客流控制期中超客峰小时），人；

A_1——自动扶梯通过能力，人/(min · m)；

A_2——人行楼梯通过能力，人/(min · m)；

N——自动扶梯台数；

B——人行楼梯总宽度，m，每组楼梯的宽度应按 0.55 m 的整倍数计算。

（15）有物业开发的车站，物业开发区应为独立的防火分区，应设两个可直达地面的独立的疏散通道。

（16）站台有效长度以外，应设通往轨道面的人行楼梯（设 4 处），宽度不应小于 1.1 m。

（17）车站内应设置事故照明及紧急疏散诱导指示灯。

2. 车站防淹

（1）车站防洪设计的洪水频率按当地百年一遇的标准设防。

（2）车站地面出入口平台面应高出室外地坪 0.3～0.45 m，门洞两边并设防洪闸槽。风亭风口下沿均应考虑防淹高度（高出室外地坪 1 m），必要时应加设防淹设施。

（3）与地下车站连通的其他开放式孔洞（如直通地面的垂直电梯门洞，敞开式出入口的围墙等），孔底高度应不低于当地最高积水位，且不小于 1.0 m。

（4）地下车站与不满足上述防洪防涝标准的其他地下建构筑物连通时，宜计算可能发生的最大积水量并设置排涝设施，也可采用其他能满足防涝要求的措施。

（5）区间下穿河流、湖泊，且两端相邻车站轨行区底标高低于河面、湖面最高水位时，两端车站与该区间接口的端部，或在区间中部适当的位置，应设置防淹门。

穿越大型河道的区间，如在河道防洪设施区域外设置区间通风井，防淹门应设置在通风井处，相邻一端的车站可不设置防淹门。如区间只设置一处中间风井，则对岸相邻车站应设置防淹门。

2.4.5 出入口及风亭设计

1. 出入口设计

出入口是乘客由地面进出车站的唯一途径，为保证客流吸引及消防疏散能力，出入口设置时应均匀分散。常规一座地下站设置 4 个出入口，结合环境因素，可适当减少，但最少需保证

2 个出入口。

随着我国地铁建设的不断推进，地铁出入口的数量也在不断增加，对周边景观的影响也逐年增加。出入口有独立式和合建式两种形式，见图 2-14、图 2-15，设计时除需满足功能要求外，其设置及造型还需做到协调、美观、易于识别，以满足规划及城市景观的要求。

图 2-14　独立式地铁车站出入口

图 2-15　合建式地铁车站出入口

1）出入口布置原则

出入口设置以方便客流吸引、便于与其他公共交通换乘为基本原则，位于路口的车站出入口应考虑兼顾市政过街功能。具体设置时因结合站点所在位置的现状环境及未来规划来统筹考虑。

出入口布置应与主客流的方向相一致，有条件的情况下宜与过街天桥、过街地道等相结合或连通，统一规划，同步或分期实施，可节省造价。如兼作过街地道或天桥时，其通道宽度应考虑过街客流量。

除以上基本原则外，出入口布置时还需考虑火灾工况下的人员安全疏散及消防救援实施的要求。

2）规模及数量

（1）地铁出入口规模应以满足远期或客流控制期高峰小时的客流疏散为依据。一般情况车站出入口数量为 4 个，但地面环境受限制时，可酌情减少出入口数量，但不得少于 2 个。

出入口通道的总宽同样以远期或客流控制期高峰小时的客流来计算确定，同时其总的通过能力不应小于站内楼扶梯的通过能力。每个出入口的宽度根据车站分向客流计算确定，根据出入口的具体环境因素，取 1.1～1.25 的不均匀系数。

兼顾过街功能的出入口宽度应根据过街客流量适当加宽（如无过街客流量数据，可在车站分向客流量基础上，乘以系数 1.4）。

（2）地铁车站应以地铁功能为主，同时兼顾市政过街功能。凡须纵向穿越车站站厅实现过街功能的车站，可不考虑夜间通行的条件。

当市政过街客流规模较大，或者需提供夜间过街功能时，地铁车站站位选择应适当避开市政过街设施规划用地，并预留将来市政工程的实施条件。为方便乘客进出站，车站设计时应考虑预留与远期市政过街设施设置连通道的条件

当兼顾市政过街功能设站造成地铁车站规模控制不利，工程投资增加量超过独立设置过街设施的投资时，应结合规划重新考虑设置独立的市政过街设施。

（3）每座车站应利用一个出入口设置残疾人用直升电梯。

（4）出入口应通过通道纵向坡度要求尽量减小楼、扶梯的提升高度，保证自动扶梯的标准化设计，楼、扶梯的通过能力应满足疏散要求。每个出入口均应设置楼梯并根据提升高度决定是否和如何设置自动扶梯。

（5）如有条件，出入口应尽量结合建筑设置，特别是地块内车站原则上应与开发结合。近期无条件结合的，可采用设置临时出入口的方式满足乘客进出及疏散要求，远期再结合改建或续建。

合建的出入口，在出入口与合建建筑物间应根据消防要求采取防火分隔措施，确保地铁客流的安全疏散。

独建式出入口与周围建筑物之间的距离应满足防火规范的要求。当紧邻机动车道一侧时，应考虑防撞措施，主要人防出入口在相邻建筑物倒塌范围内时，应设防倒塌措施。

（6）出入口宽度及朝向应满足客流控制期分向客流的需要，地面口部应根据客流大小留有足够的集散面积。

地面出入口设计中，应考虑夜间封闭措施及其对造型设计的影响，造型设计应优先考虑可设置上端封闭的造型。当采用敞开式出入口，或者是封闭设施对造型设计有较大不利影响时，可采用就近下端封闭设施，并设置远程监控设备。

车站出入口设计中，应考虑与市政导向标识系统的有机结合，以保证出入口造型的灵活性与完整性以及导向系统的标准化与规范化，出入口造型应结合地方特点进行设计。

（7）出入口通道应力求短、直，通道弯折不宜超过 3 处，弯折角度宜大于 90°。出入口通道长度大于 60 m 时应设置排烟设施，大于 100 m 时应满足消防疏散要求。有条件时宜设自动人行道。

(8) 出入口平台标高应高出室外规划地面标高 300～450 mm,并应设置防洪闸槽,闸槽高度为平台面以上 800 mm。

(9) 位于道路两侧的出入口宜平行或垂直于道路,并根据规划要求退界。在特殊情况下,出入口可踏红线或设于人行道上,但必须征得规划部门同意。当出入口朝向城市主干道时,其踏步平台前应设客流集散场地。

出入口广场设计应考虑自行车和摩托车停放场地,并根据现状及规划条件尽可能按需设置,条件不满足时,也可以不设置,但应提出需求量,由规划部门统一协调。

出入口平台前方的集散广场,应根据出入口布置方向与开口方向和道路之间的关系综合确定,见表 2-5。

表 2-5　　车站地面出入口布置设计要求

布置方式	示例	设计要求
出入口平行于道路红线布置	人行道 车行道	出入口长边围护结构距人行道路缘小于 3 m 时,不得采用侧开式出入口,并应在端部平台前方,设置进深不小于出入口宽度,长度不小于进深 1.2 倍且不小于 3.6 m 的集散场地。出入口长边围护结构距人行道路缘大于 3 m 时,可采用侧开式出入口,直接通往人行道
出入口垂直于道路红线布置	人行道 车行道	开口朝向道路且为端部开口时,其端部平台前方距人行道路缘的距离不得小于出入口宽度的 1.2 倍,且不小于 3.6 m。开口背向道路时,应采用侧开式出入口,并沿开口一侧长边设置宽度不小于开口宽度 1.0 倍,且不小于 3.6 m 宽的硬地广场(通道)通向人行道
出入口与道路成斜角布置	人行道 车行道	夹角小于 30°时,按平行布置的要求执行;夹角大于 30°时,按垂直布置的要求执行
出入口位于人行道外侧设置	人行道 车行道	在地下管线条件复杂、控制性管线埋深较大且需要改移至道路外侧时,地下车站出入口可以沿人行道路缘一侧设置。应采用端部开口的方式,并在远离道路的一侧设置满足规划宽度要求的人行道。出入口围护结构距机动车车行道的距离不小于 0.6 m,且该长边不宜采用外挑式雨篷

2. 风亭设计

(1) 风道、风亭设计应满足通风空调专业的工艺提资要求。地面部分布置可结合周边现状及规划要求,采用集中或分散等不同的布置方式。

(2) 风道长度、风亭面积及风口高度除应满足通风工艺要求外,还应满足环保要求,风口不得正对邻近建筑,且与建筑物的间距应保证符合环境影响评价的要求;设于路边的风亭,风亭高度不应低于 2m;设于绿地中的风亭,风亭高度不应低于 1 m,且应满足防淹要求。

（3）风亭冷却塔有条件应与建筑结合。目前没有条件结合的可后退红线单独建造或采取过渡性措施。对于单建的风亭，风井内应设置检修钢梯及照明等设施。

（4）附建在规划建筑物内的风井，应考虑今后与该建筑物施工建造的接口问题，以免相互造成功能及景观上的影响。地块内车站风井原则上考虑与地块开发结合，目前没有条件结合的可先设临时风井，以满足近期功能要求，待规划实施时再续建。见图 2-16。

图 2-16　合建式地铁车站风亭

（5）单建风亭的体量应尽量控制，以便与周围环境相协调。对于环境大气质量较差而景观要求较高的地段，风亭设计可采用分散式、透明式等造型处理方式，以降低风亭高度、削弱视觉冲击、减少景观影响。风亭有时也可以考虑与出入口结合设置成一组建筑物，见图 2-17。

图 2-17　独立式地铁车站风亭

如城市环境有要求时，可采用敞顶低风井，应解决排水、人防、安全、挡物措施，且周边宜具备绿地条件。

（6）活塞风道长度不宜大于 25 m。

（7）风亭风口设置及间距要求：

① 风亭进风口应设在空气洁净的地方，当其设于路边时，风口下沿距地面的高度应不小于 2 m；当其设于绿地时，风口下沿距地高度不应小于 1 m。

② 进、排风亭口部距周边建筑物的距离应满足环境影响评价的要求。

③ 当进、排风亭合建时，风口净距不应小于 5 m，且进、排风口部应错开方向布置或排风口部高于进风口部 5 m。

(8) 采用敞顶低风亭时，各风亭间及与敞开式出入口距离要求如下：

① 排风井与新风井净距≥10 m；

② 活塞风井与新风井净距≥10 m；

③ 排风井与活塞风井净距≥5 m；

④ 活塞风井与活塞风井净距≥5 m；

⑤ 排风井与敞开式出入口净距宜≥10 m；

⑥ 活塞风井与敞开式出入口净距宜≥10 m。

(9) 车站冷却塔、膨胀水箱造型、用色、位置应符合城市规划、环保和景观要求。有特殊要求的地段，冷却塔设置的位置可采用下沉式或全地下式，但必须满足工艺要求。

2.4.6 装修设计

作为建筑设计的重要组成的装修设计，是建筑设计的延伸和细化，是为了要达到某一预想的室内外环境和建筑艺术效果而进行的建筑艺术创作。

1. 设计原则

(1) 车站装修设计应以功能为主、适度装饰，并以体现交通性建筑的特点为目的。装修效果要求达到安全、经济、美观、方便乘客集散，利于运营维修。

(2) 车站应处理好车站个性与线路共性的关系。设计应考虑全线的共性统一，同时应结合车站自身特点，适度创造车站的可识别性。

(3) 要求体现以人为本的原则。尽量削弱地下空间的封闭、压抑感，力求创造出安全通畅、简洁明快的地下空间环境。尤其是客流量密集的地点和使用频繁的设施部位，更要注重人性化设计和选材。

(4) 有噪声源的房间，应采用隔声、吸声措施。车站站台层轨行区应加喷具减噪功能的饰面材料。

(5) 车站内应设置各种导向、事故疏散、服务乘客等标志。导向牌尺度、字体及颜色应醒目，内容简洁明了，外观精致、富有时代气息，悬挂位置及高度应符合乘客的视觉要求。

(6) 设置于公共区的广告应模数化布置，便于统一制作和更换。其位置、色彩不得干扰导向、事故疏散、服务乘客的标识。

2. 装修材料

装修材料应符合国家的环保要求，具有不燃(防火等级为 A 级)、耐久、耐潮、耐腐蚀、易清洁、经济等特性。

3. 装修设计要点

(1) 车站装修设计主要包括车站的室内外空间环境的设计、建筑物内外装修设计两部分。

在建筑物内外装修设计中，包括墙、顶、地及柱面装修设计，照明及灯具设计，壁饰、标牌等局部小品设计。

(2) 建筑装修的目的不仅仅是单纯从建筑装修艺术效果方面考虑，更主要是从其功能考虑。目的是方便乘客、增强识别性，在满足功能的基础上，取得一定的艺术效果。

(3) 装修设计应重点突出。第一，在不影响总体装修布局和气氛的情况下，改变局部的吊顶、墙面及灯具的造型与形式，可取得重点突出的效果。第二，提高局部照明亮度。照明设计除提供良好的光照环境外，还应满足来客的视觉心理要求。采取对比提高局部亮度的方式来取得突出重点的效果。

(4) 合理利用建筑小品，可将其与建筑空间有机结合，增强装饰内容与建筑空间的有效联系，以丰富建筑艺术效果。

(5) 色彩在装修设计中的灵活使用，可提高乘客的识别性。在大量浅色墙、柱和顶棚的背景下，用一种纯色做成有规律的图案，可以大大提高车站的可记忆性。见图 2-18、图 2-19。

图 2-18　上海轨道交通 10 号线国权路站站厅

图 2-19　上海轨道交通 10 号线国权路站站台

2.4.7　人防设计

1. 一般要求

(1) 一般情况下地下车站应考虑兼顾人民防空设计。

(2) 地下车站应在不影响平时使用和增加较少投资的条件下，充分利用地铁工程平时已有的结构，对出入口、通风口等关键部位，增加必要的防护设施和防护措施，包括采用防护功能平战转换技术措施。

(3) 地下车站平时以交通运营为主，战时为城市人民防空体系的重要连接线，与人防疏散干道相联，保障人员疏散、物资转移的交通安全，紧急情况下车站可作为临时人员掩蔽部或物资储备库使用。

(4) 轨道交通的防核武器抗力等级应不低于 6 级。一般设防站防化等级为丁级，重点设防站防化等级为丙级。

2. 建筑设计

(1) 防护单元的划分：

① 一个防护单元由一个车站及一个相邻区间组成,防护单元间防护隔断门一般设在车站一端隧道口处。在邻近江河段的车站内该防护隔断门可结合防淹门设置。

② 不同线路相交处的地下换乘车站,宜按同一条线路的一个地下车站加一个相邻。区间作为一个防护单元。当无法分隔时,可合并为一个防护单元。

③ 地下主变电所等地铁附属建筑宜单独作为一个防护单元。

(2) 每个防护单元的战时掩蔽人数,按车站类型及防护单元使用面积确定。

(3) 抗爆单元面积按 800～1 000 m^2 划分。地下二层及以上地铁站,其地下一层公共区部分应划分抗爆单元,其余各层及区间隧道部分不划分抗爆单元。抗爆单元应用抗爆隔墙分隔,抗爆墙高 2.0 m,用 500 mm 厚装粗砂的砂袋堆垒。

(4) 每座地下车站战时出入口应不少于一个,且宜位于防倒塌范围以外;位于周边建筑倒塌范围内的战时出入口应设防倒塌棚架。

(5) 每个防护单元战时人员出入口不应少于两个,且宜设置在不同方向和保持较大距离。战时人员出入口宽度应满足每 100 人出口宽度不少于 0.3 m 的要求。

(6) 战时人员出入口可由平时人员出入口兼顾。当条件受限无法兼顾时,战时人员出入口也可在平时出入口旁单独设置。战时主要出入口防护密闭门外应设防爆地漏及洗消污水池。

(7) 战时人员出入口应设防护密闭门、密闭门一道。地铁隧道出地面口部设防护密闭门一道,临战时另增临时密闭措施一道。防护密闭门应向外开启。平时出入口应采用临战封堵。

(8) 出地面的残疾人电梯井宜设在口部防护密闭门以外,设在防护单元内时应采取临战封堵措施。

(9) 每座地下车站应按人防规划要求在清洁区之内设置不少于两个人防连通口。连通口的位置由市、区民防办公室确定。连通口设于出入口时应一次实施到位。连通口设于主体连续墙两侧时可预留。连通口防护密闭门门洞的净宽不应小于 1.5 m。

(10) 进排风口的设置应按下列原则设计:

① 平时进、排风口兼作战时使用,进、排风口应设防护密闭门两道。设计时应考虑门的开启位置及距离。当平时通风量较大,防护密闭门通过风量面积不足时,可在门框墙上方留通风口,该风口采取临战封堵措施。防护密闭门门框墙应结合主体结构工程同步施工。仅供平时使用的进、排风井口部,采取临战封堵措施。

② 战时进排风口位于周边邻近建筑倒塌范围内时,应采取防倒塌措施。

③ 地下车站两端活塞风井临战时应采取垂直封堵或水平封堵措施,宜以垂直封堵为主。战时活塞风宜采取泄压措施。

(11) 人防设施应按下列原则设计:

① 每个防护单元均应设置人员饮用水间、男女厕所等生活用房。平时已有的房间可平战两用,房间的功能宜与平时一致或相近。

② 车站设战时使用的男、女干厕所一处。干厕所设在战时人员掩蔽区(站厅层公共区)并

远离人员饮水机处，在平时预留位置，在临战前用轻质隔断隔开。干厕所内设置便桶，便桶数量按男干厕每 50 人设一个，女干厕每 40 人设一个（原有水冲厕所蹲位数可以扣除），掩蔽人员中男女比例按 1∶1 计算。按此标准，扣除原有水冲厕所蹲位数后确定。干厕所面积可按每个便桶 0.8 m^2 计算。

③ 车站战时供应饮用水，不供应生活用水。战时设蓄水箱及饮水间，宜设在站台层，其位置应远离干厕所且不影响临战转换期间地铁运行。平时应预留蓄水箱和饮水间位置及预埋件，在临战前安装完善。蓄水箱可采用食品级玻璃钢水箱。人员饮用水也可储存桶装纯净水。

（12）地下车站内部装修应符合防震抗震要求。吊顶及镶嵌的物件应牢固可靠，顶板不应抹灰。预埋或明露的铁、木构件应采取防腐措施。

（13）沉降缝、伸缩缝宜设在防护区外，设在防护区内时应采取相应的防护措施。

2.5 车站建筑换乘设计

2.5.1 换乘的形成与规划

城市轨道交通建设网络化发展的基本特征就是形成越来越多的线网交汇处的换乘节点。其作为轨道交通各线路间的交通转换点，好的换乘站设计有利于乘客在各条线路间进行转换，快速抵达目的地，从而提高整个线网运行性能。

目前我国城市轨道交通建设正从单线建设运营进入到网络化建设运营的关键时期，不仅北京、上海、广州 3 座特大城市，南京、杭州、苏州等城市也已开始逐步进入网络化运营阶段，线路总里程规模大、线网密度高，因此换乘站数量多、换乘客流比例高是轨道交通网络化的重要特征之一。

换乘站或换乘枢纽的规划选址一般位于中心城区内、客流集散量大或换乘需求高的区位。其分布从城市整体位置看，与城市结构特征相吻合；从线网交叉位置看，其分布与线网客流特征相吻合。所以对于整个线网的整体功能来说，换乘点的均匀分布、换乘方式的灵活便捷非常重要。同样轨道交通线网构架的稳定也受控于换乘站的形式选择。

2.5.2 换乘形式与特点

轨道交通车站的换乘方式与线路走向、换乘客流量、线网建设时序、站点周边环境、施工工艺等因素密切相关，其中线路间的交汇形式是换乘方式的首要控制因素，一般常见的有平行、垂直交叉、斜交等形式，但归纳到换乘方式，可分为同台换乘、节点换乘、站厅换乘、通道换乘、站外换乘等基本形式。

1. 同站台换乘

1）同站台水平平行换乘

一般适用于两条线路平行交织，两线站台平行，可以为双岛四线式站台，也可以为一岛双侧式站台。乘客由一侧站台下车后，可直接到另一侧站台上车进行转线换乘，换乘便捷。双岛四线式站台能满足同站台两条线两个方向的换乘。而一岛双侧式站台仅能提供两线一个方向的换乘，另一个方向的换乘仍需采用站厅换乘方式解决。

同站台换乘的基本布局为双岛四线式站台。如香港地铁旺角站与太子站，杭州地铁1号线武林广场站与文化广场站、火车东站至彭埠站。见图2-20、图2-21、图2-22、图2-23。

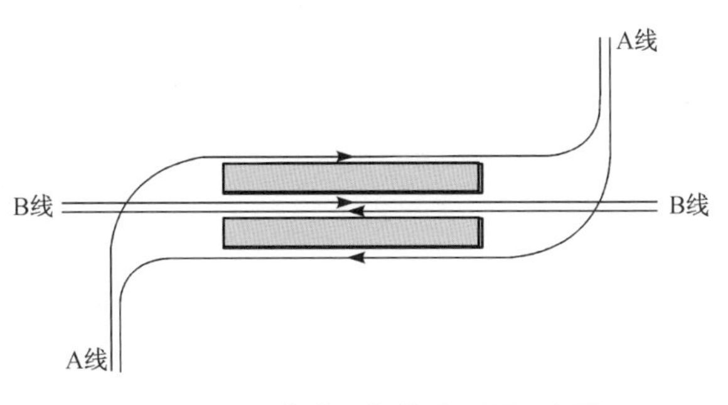

图2-20 双岛式平行换乘平面示意图

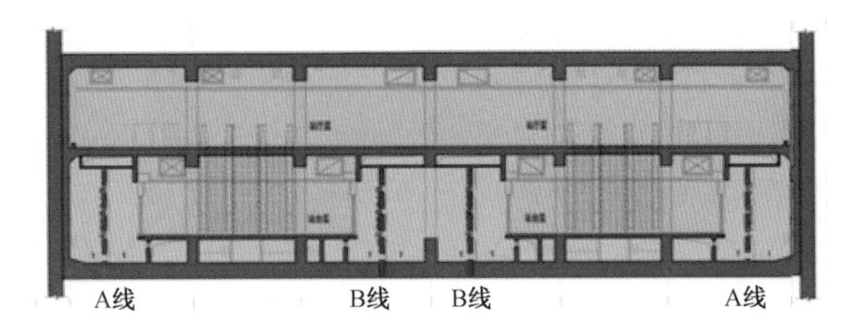

图2-21 双岛式平行换乘剖面示意图

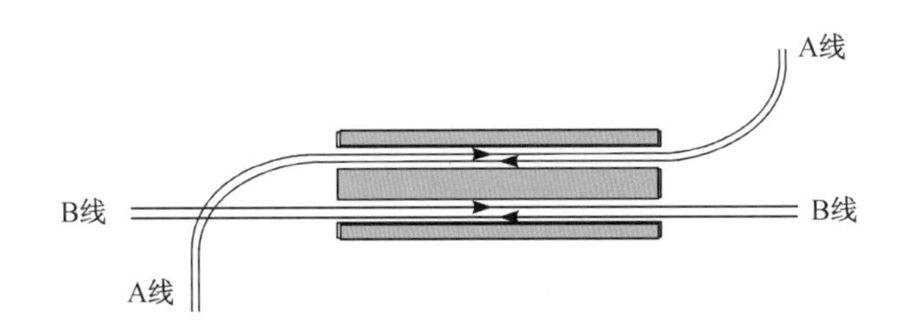

图2-22 岛侧式平行换乘平面示意图

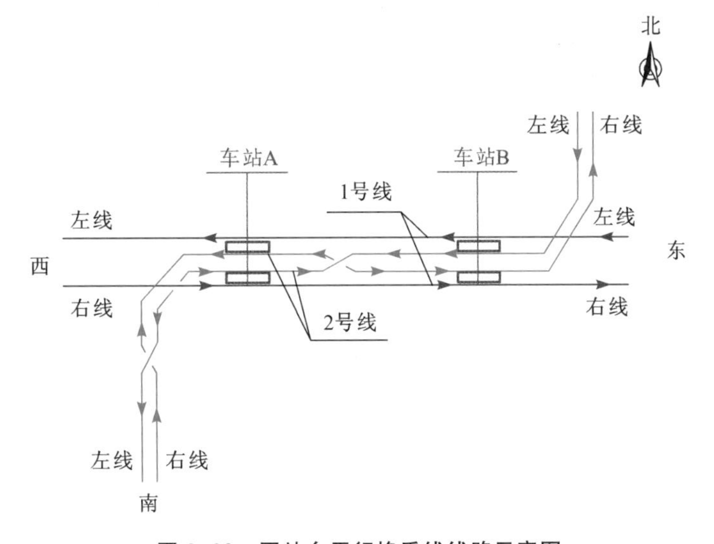

图2-23 同站台平行换乘线线路示意图

同台换乘方式要求换乘线路有相当的平行段，同时两线车站部分需同步设计、同步施工，区间部分需预留交叉条件，近期工程量较大，施工难度相应增加。采用该种换乘方式两换乘线路线站位方案必须稳定且两线建设期限应临近。

2）同站台上下平行换乘

该种换乘采用上下叠岛式的站台布置方式，两条换乘线路的上下行线各自布置在站台的一侧。这种换乘方式能满足同站台两条线的相同方向的换乘，另一个方向的换乘则需要通过一次上下换乘楼梯来完成。见图 2-24。

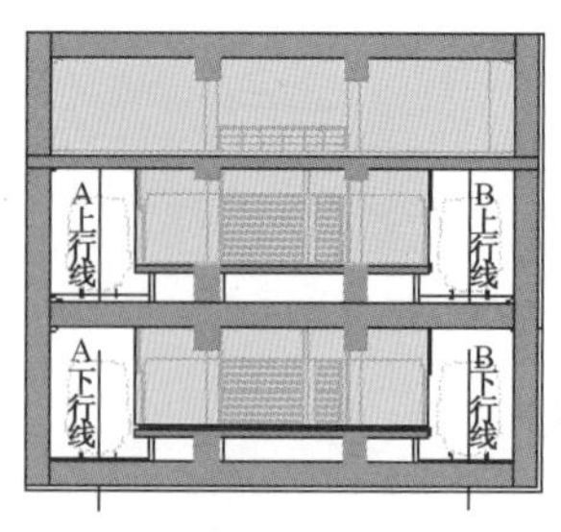

图 2-24　同站台上下平行换乘示意图

这种方式的换乘站平面布置紧凑，占地比较小，换乘量大、换乘方便、快捷。该换乘方式国内香港、深圳、杭州的地铁线路均有采用，在日本、泰国、俄罗斯等国家也均有运用。

2. 节点换乘

该类换乘方式为换乘线路间站台直接相交，并设置站台间的直通楼梯来完成两线间客流换乘，换乘的高程一般在 6～7 m，换乘便捷。但设计时需注意避免换乘客流间的对冲，有条件的情况下可组织单向换乘。按换乘点相交形式，其可分为十字形、T 形、L 形三种形式；按站台布置方式，其又可以分为岛一岛、岛一侧、侧一侧三种形式。以上换乘分类间又可相互组合细化成众多类型的节点换乘方式。节点换乘形式在国内已经运营的轨道交通线网中采用较多，例如：上海西藏南路站为十字形，老西门站为 T 形，马当路站为 L 形等。

相交换乘，两条线一起实施比较有利，如果一条先期实施，则需要将换乘节点处一次施工到位，会加大第一条线的工程量。

1）岛-岛换乘

岛-岛换乘方式换乘便捷，但由于是单点换乘，且站台间的换乘楼梯规模受控，在一定规模客流量的前提下才能取得较好的换乘效果。如果客流过大，该种换乘方式易形成客流对冲、拥堵的现象，需通过管理措施，结合站厅换乘组织单向换乘来解决。见图 2-25。

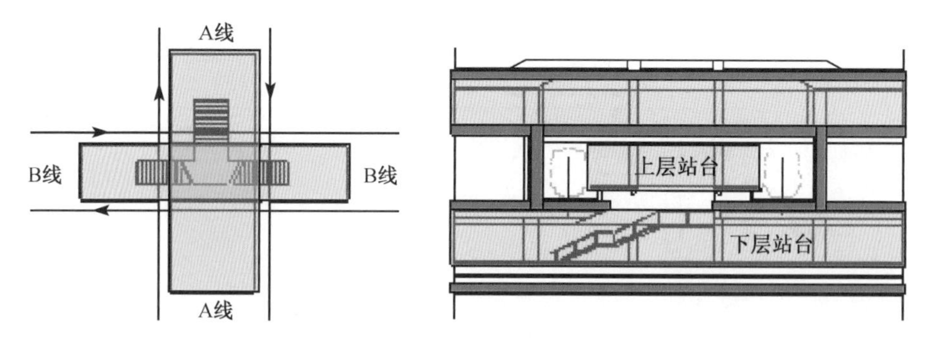

图 2-25　岛-岛式站台换乘示意图

其特点是:站台平面十字交叉,竖向高差 6.6 m 上下,乘客通过换乘楼梯可实现台一台间的直接换乘,换乘点均匀、换乘距离短,但受换乘楼梯的规模控制,换乘能力受限;由于受预留线路的限界、净空及线路位置的制约,要求对预留线有必要的研究并达到一定的设计深度,并须做好站台交叉处的节点预留,为后期车站的建设创造条件。

缺点:十字形换乘车站换乘距离较近,容易瞬间造成换乘节点的客流拥堵,对于客流量较大,高峰客流、突发客流较为集中的车站应考虑回避这种换乘形式。

2)岛一侧换乘

与岛-岛换乘形式相比,此种换乘方式为两点换乘,换乘客流适当分散,但是岛式站换侧式站时容易发生换乘方向错误。见图 2-26。

3)侧式站台与侧式站台之间的换乘

此种换乘方式为四点换乘,换乘直接,换乘量大。见图2-27。

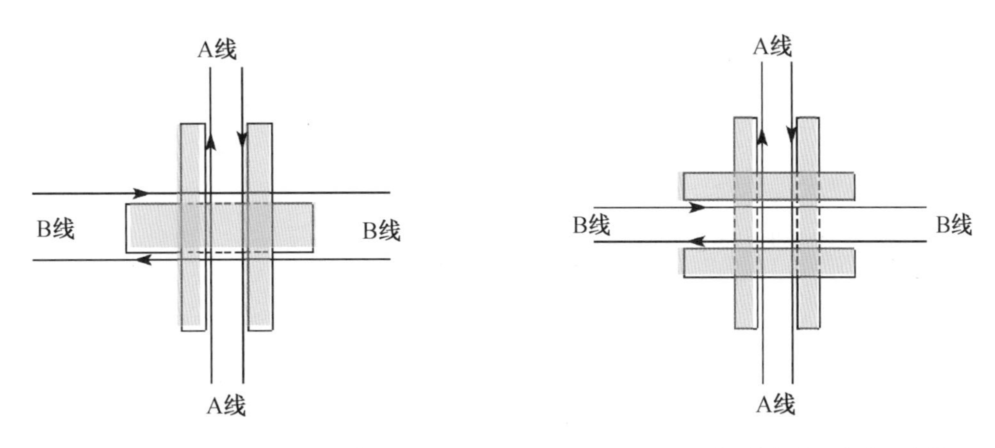

图 2-26　岛-侧式站台换乘示意图　　图 2-27　侧-侧式站台换乘示意图

上述三种换乘方式都属于节点换乘,此类方式的问题在于楼梯宽度往往受站台总宽度的限制,从而会影响换乘客流的通过能力,特别是楼梯半平台处易形成两个方向换乘客流的堆积、对冲,形成客流瓶颈,使得节点换乘的局限性较大。因此一般不太适宜用于较大换乘客流的换乘,但可以与其他换乘方式组合应用,以达到较佳效果。

3. 站厅换乘

这种换乘方式通过换乘线路间的共用站厅或是相互连通形成的换乘大厅来组织客流换乘流线。换乘客流本线下车后,经楼扶梯等设施至站厅,根据导向标志指引下至另一线的站台进行换乘。由于换乘客流与进出站客流均需经过站厅,行经路线重合度较高,可减少进出站流线与换乘流线间的交叉,避免站台的拥堵。同时不需设置独立的换乘楼梯,也可有效地增加站台实际使用面积,有利于站台规模控制。

站厅换乘与同台换乘、节点换乘相比,乘客换乘时需先上(或下),再下(或上),会增加高程损失。这种换乘方式有利于各条线路分期修建,对换乘客流规模的适应性也较强。见图2-28。

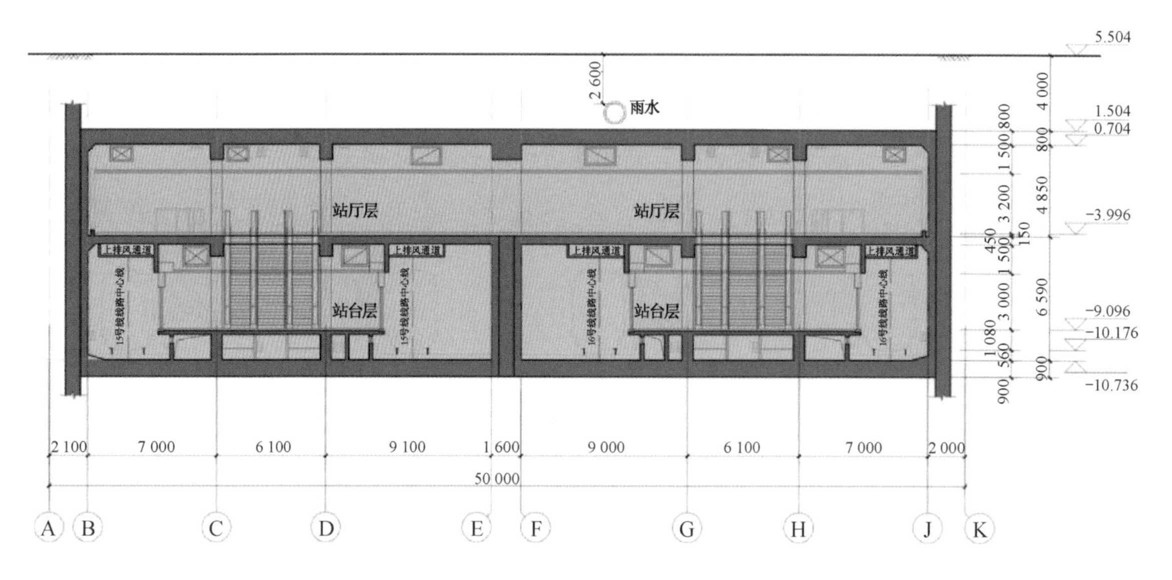

图 2-28　同站厅换乘示意图

4. 通道换乘

这种换乘方式是指线路相交处的两座车站，其主体结构完全脱离，通过付费专用通道将两站的付费区连通，来提供客流换乘路径的换乘方式。

通道换乘方式较之前的三种换乘方式换乘便捷性较差，但其对换乘客流规模的适应性强，专用换乘通道的流线指向性也更明确，故其在国内地铁工程中运用也比较广泛，早期的北京地铁 1 号线与环线复兴门站、上海地铁 1 号线与 2 号线人民广场站都采用了通道换乘方式。

通道换乘方式对换乘线路的线站位关系要求较灵活，对线路交角、站位布置的适应性强。同时换乘车站可分期建设，近期工程的预留项目少，且容错性大，后建线路可调节的灵活性强。换乘通道的宽度可根据换乘客流量计算确定，通道长度不宜超过 100 m。

这类换乘站的缺点是：大量的换乘设施，很长的换乘时间，占用较大的城市用地。

这种换乘方式适用于两座、多座地下车站之间的换乘、地下车站与高架车站的换乘。见图 2-29。

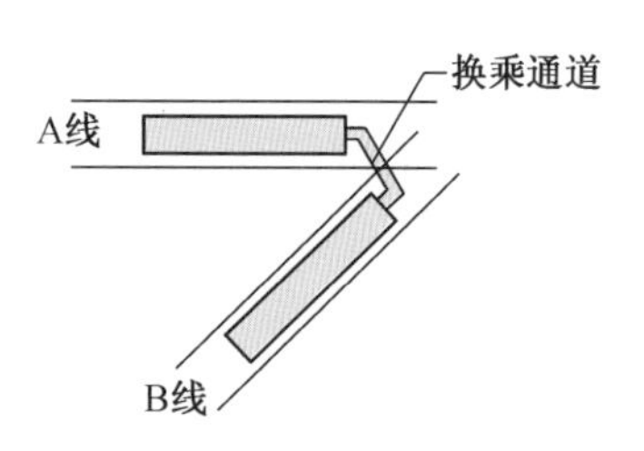

图 2-29　通道换乘示意图

5. 站外换乘方式

这种换乘方式实际上不是真正意义上的换乘，乘客需要通过重新进出站来完成线路间的转换。

该换乘方式需要增加一次乘客进出站手续，站外步行距离长，实际过程极其不便捷。其出现一般是前期线网规划失误或是后期建设拘泥于周边控制因素而导致的，这在之后的轨道交通建设中是需要避免的。

6. 组合式换乘

在实际的设计过程中，各种换乘方式往往不是独立存在的。为了达到更好的换乘效果，经常需要结合现场情况，有机地将两种或几种换乘方式应用在一个换乘节点处。例如：同台换乘辅以站厅或通道换乘，保证满足各线路方向的换乘要求；节点换乘方式，在大客流的情况下，必须辅以站厅或通道换乘方式，才能保证换乘能力的匹配性；站厅换乘结合通道换乘，可减少近期预留量，增加远期线路灵活性。上述各类换乘方式的组合，其出发点首先是方便客流、保证车站换乘能力，其次是减少工程实施难度及近期预留工程，增加后续线路实施的可能性，降低工程废弃风险。

2.5.3 设计原则

轨道交通之间的换乘方式应根据规划线网走向、建设实施时序、站点周边现状建设条件及远景规划、预测换乘量等因素因地制宜合理地确定。主要换乘设计原则为：

(1) 换乘设施(楼、扶梯及通道)的通过能力应满足预测的客流控制期换乘客流量的需要，并宜留有扩、改建的接口。

(2) 尽量缩短换乘距离，做到路线明确、简捷、方便乘客；尽量减少换乘高差；换乘客流宜与进出站客流分开，避免交叉干扰。

(3) 对环境的负面影响小。换乘站的规模一般比较大，所以设计应充分考虑城市规划、城市交通、地面建筑、地下管线、地下构筑物等条件的影响，使其对城市景观环境的影响最小。

(4) 换乘车站设计应经济合理、技术可行。

(5) 能够体现设计“以人为本”。

2.5.4 换乘设计

1. 换乘形式的选择

换乘方式都是以满足换乘功能为首，同时还要考虑一系列的相关因素，如：

(1) 两条换乘线路的交织情况及站点相互关系；

(2) 换乘线路各自的建设时序；

(3) 换乘车站的换乘客流规模；

(4) 换乘站点周边现状环境情况、地址水文条件及未来规划要求；

(5) 换乘车站及相邻区间的结构选型及施工工艺。

由此可见，换乘方式的选择首先根据线网规划确定换乘点；再确定线站位相互关系，同时选择车站换乘方式；最终结合周边环境，确定车站具体的建筑布置及结构选型。

确定换乘形式后，再根据各线的修建顺序，确定同步建设或先后实施。如果修建顺序均为初近期，则同步建设；如果一条为远期建设，则一般预留节点。

2. 换乘设施设计

换乘设施主要包括换乘楼梯、换乘扶梯、换乘通道及换乘大厅等。换乘设施的通过能力需要满足设计各阶段的客流需求。

3. 设备及管理用房设计

采用站台换乘、楼梯换乘及站厅换乘形式的车站可简称为"同站换乘"，此类换乘站同步建设时，很多设备管理用房可以考虑共享，如设备用房中的冷水机房、车控室、消防泵房、环控机房等，管理用房中的站长室、交接班室等。

2.5.5 防灾设计

采用同站换乘形式的换乘车站一般可视作一个车站进行防火设计，站厅和站台公共区全部划为一个防火分区，但是防火分区面积不应大于 5 000 m^2，公共区疏散及设备管理用房区应按照相关规范的规定进行设计。

站台换乘车站，换乘楼扶梯均不能作为紧急疏散使用，且换乘梯口应有防火分隔设施。

通道换乘车站，原则上每条线车站都各自独立进行防火设计，通道不能作为紧急疏散使用，且通道口应有防火分隔设施。

2.6 车站建筑设计实例

下面提供几个车站建筑设计实例，包括地下 2 层岛式站、地下 2 层侧式站、地下 3 层岛式站、通道换乘站、节点换乘站及与开发一体化结合车站，均为上海市政工程设计研究总院(集团)有限公司设计完成的实际工程。

2.6.1 地下 2 层岛式站

上海轨道交通 15 号线虹梅南路站沿银都路路中、虹梅南路东侧设置。车站设 3 个出入口、2 组高风井，预留 1 个出入口，并预留过虹梅南路地下通道接口。

车站为地下 2 层岛式站，车站规模为 188.65 m×19.64 m(内径)。

地下一层为站厅层，站厅层由公共区和设备管理用房区组成。站厅层中部为公共区。车站南端布置车控室、站长室、通信信号机房等设备用房及交接班更衣室等管理用房等。车站北端无人员长期驻留房间。付费区内设有 3 组楼扶梯连接至地下二层站台层。中间为无障碍直达电梯。

地下二层为站台层，有效站台长 140 m、宽 12 m。站台层两端为设备区和少量管理用房，主要有降压变电所、照明配电室、站台门管理室等用房。

此 15 号线工程计划 2016 年开工，2020 年建成通车。见图 2-30—图 2-34。

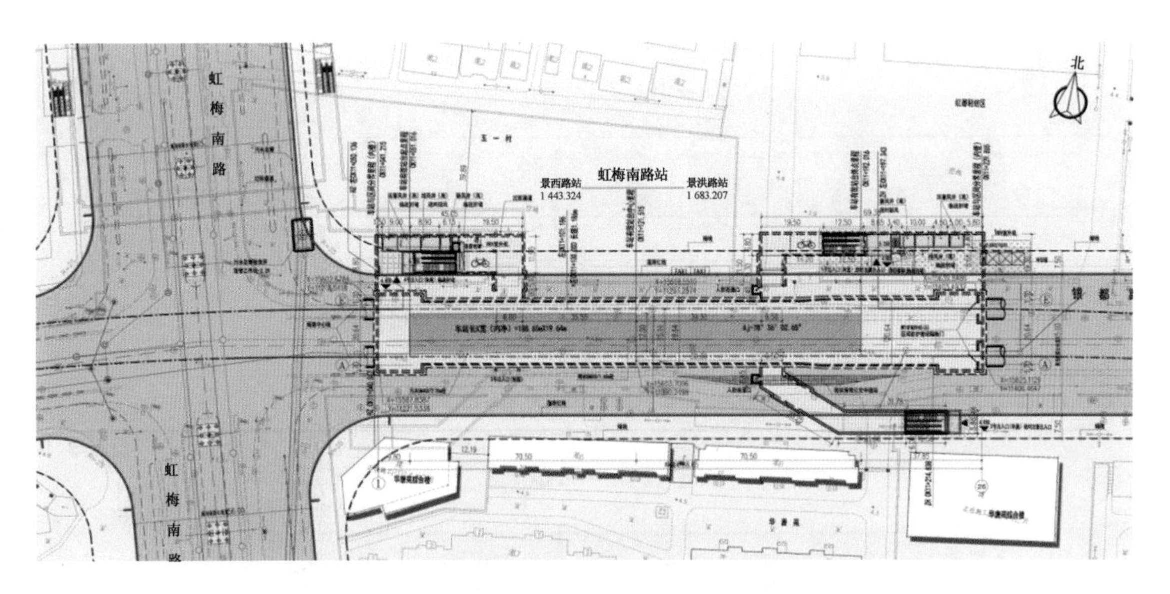

图 2-30　上海轨道交通 15 号线虹梅南路站总平面图

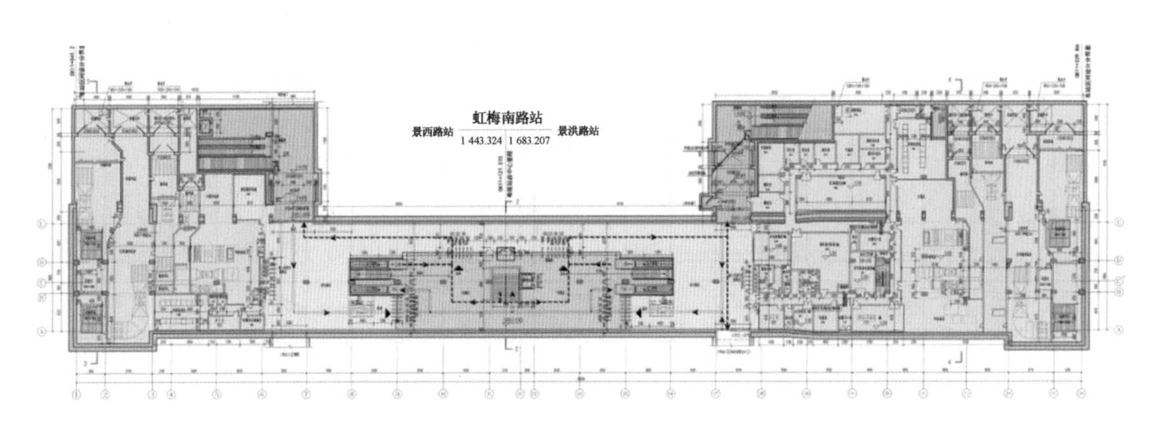

图 2-31　上海轨道交通 15 号线虹梅南路站地下一层(站厅层)平面图

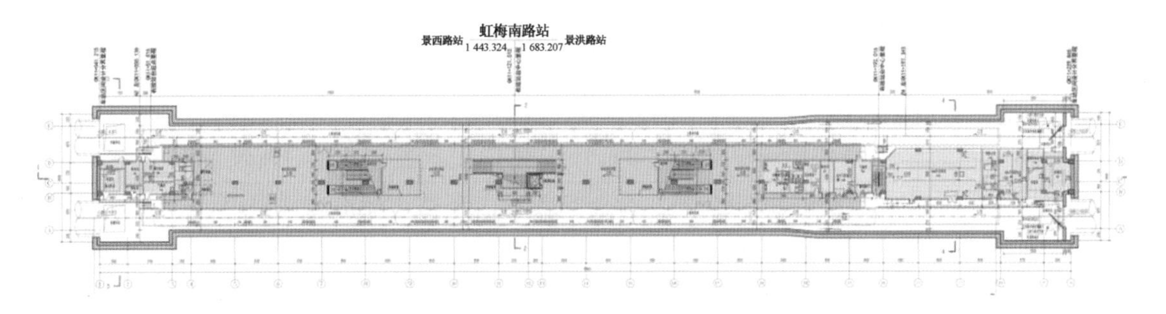

图 2-32　上海轨道交通 15 号线虹梅南路站地下二层(站台层)平面图

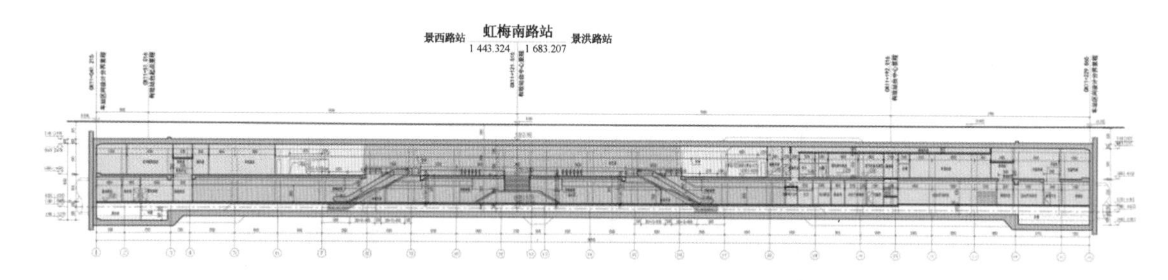

图 2-33 上海轨道交通 15 号线虹梅南路站纵剖面图

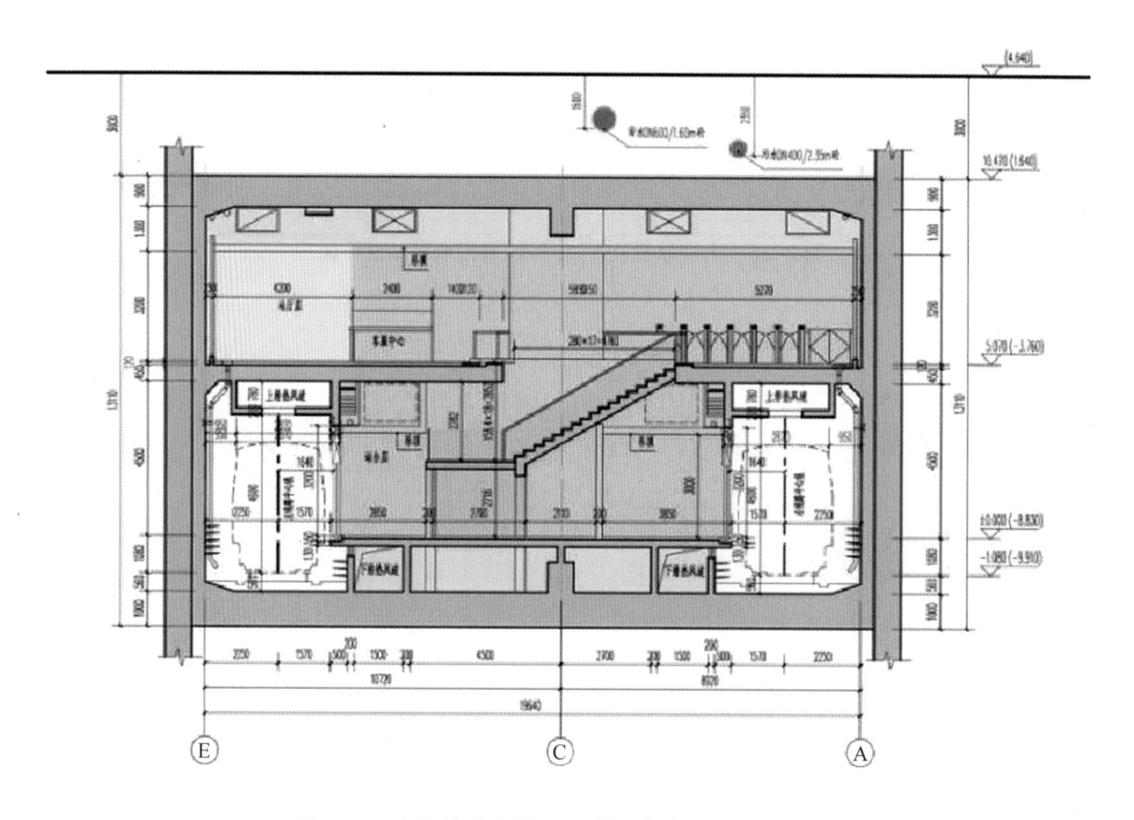

图 2-34 上海轨道交通 15 号线虹梅南路站横剖面图

2.6.2 地下 2 层侧式站

上海轨道交通 13 号线大渡河路站位于金沙江路下方、大渡河路路口西侧布置，设存车线。车站设 4 个出入口、2 组高风井，其中一个出入口预留。车站东端沿大渡河路设有规划 15 号线的站点，两站采用通道进行换乘。

车站为地下 2 层侧式站，车站规模为 312.0 m×26.0 m(内径)。

地下一层为站厅层，站厅层由公共区、设备管理用房区组成。站厅层中央部分为公共区，付费区内设 6 部自动扶梯及 4 部人行楼梯，中间为无障碍直达电梯。车站两端为设备管理用房区。

地下二层为站台层，有效站台长 140 m、宽 6.4 m×2。站台两端为设备用房，左端设降压变电所。

此 13 号线大渡河路站已经通车运营。见图 2-35—图 2-40。

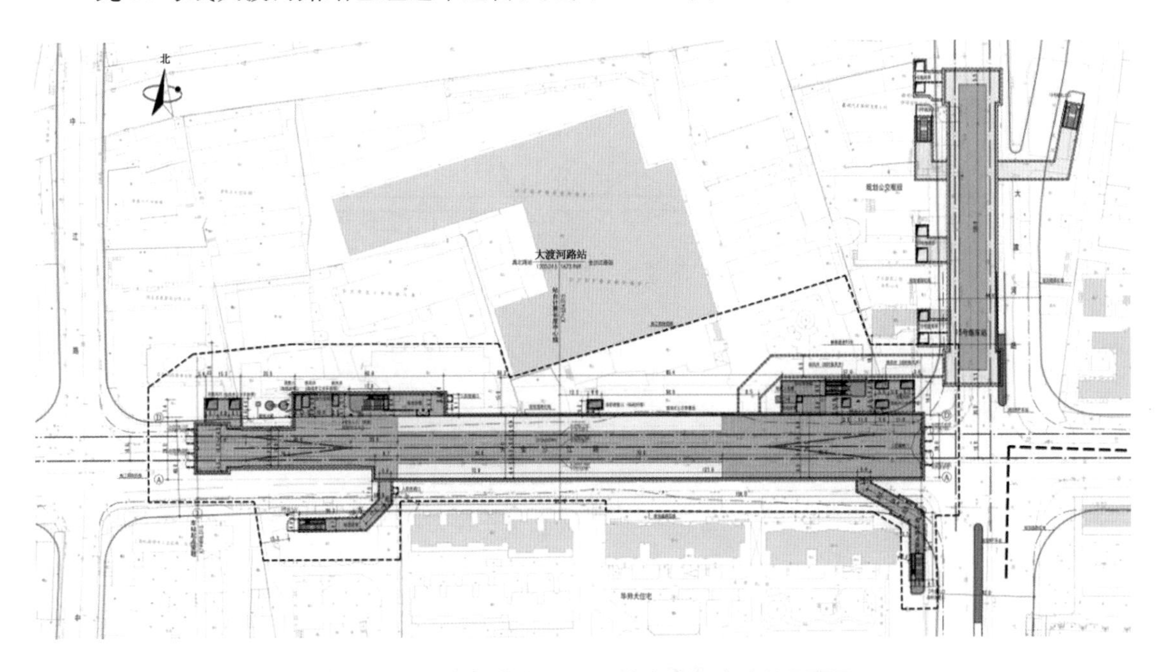

图 2-35　上海轨道交通 13 号线大渡河路站总平面图

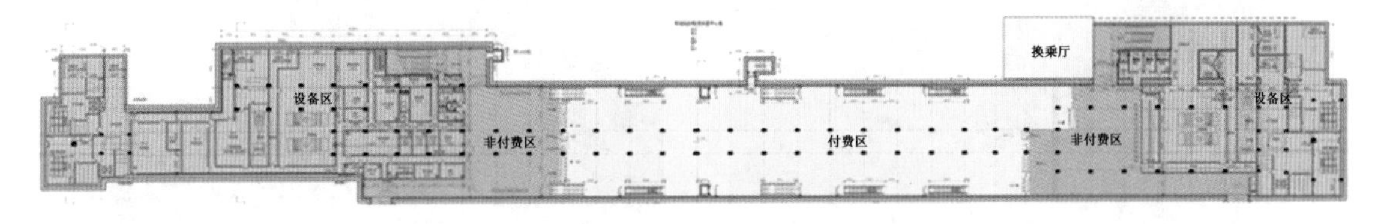

图 2-36　上海轨道交通 13 号线大渡河路站站厅层平面图

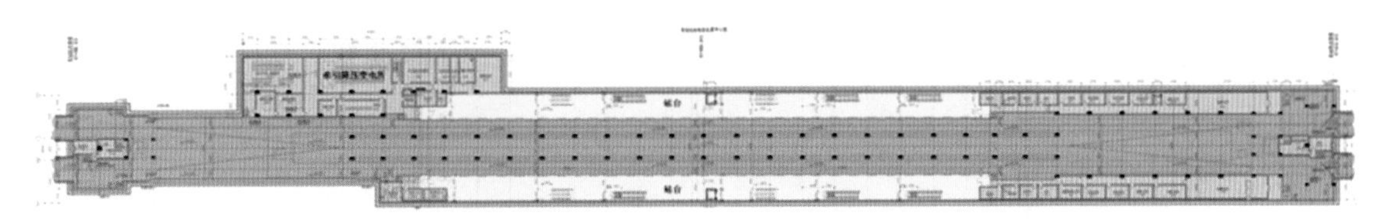

图 2-37　上海轨道交通 13 号线大渡河路站站台层平面图

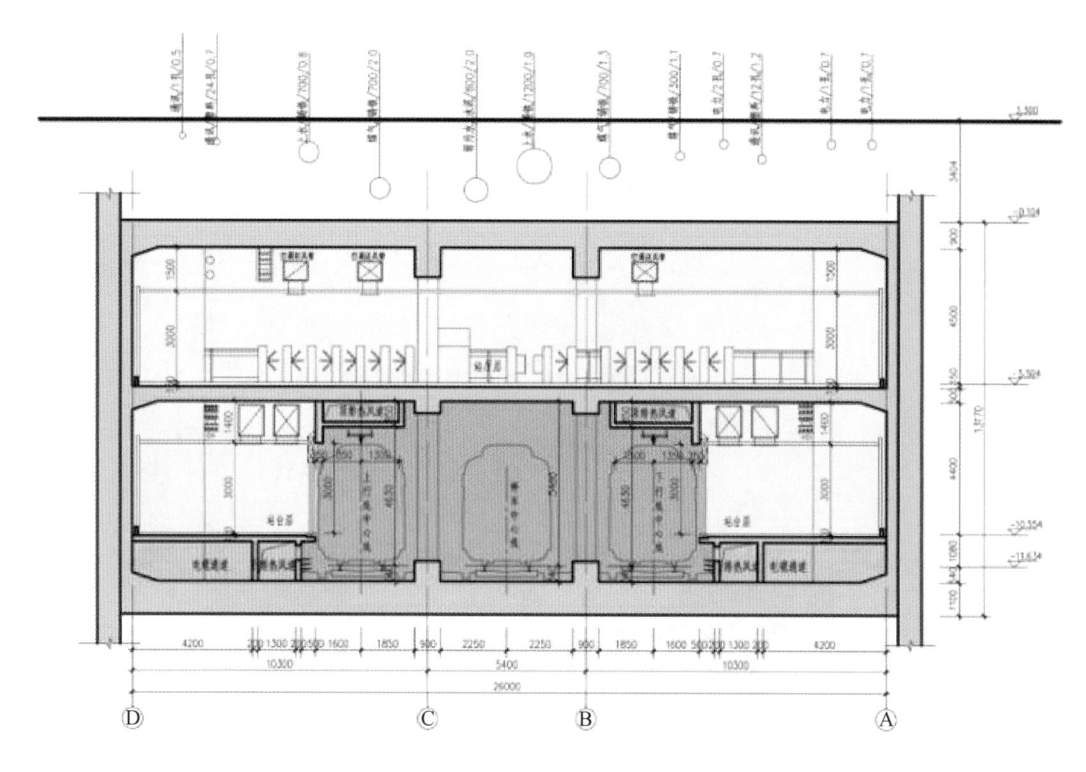

图 2-38　上海轨道交通 13 号线大渡河路站横剖面图

(a) 站厅

(b) 站台

图 2-39　上海轨道交通 13 号线大渡河路站站厅、站台实景

2.6.3　地下 3 层岛式站

上海轨道交通 14 号线龙居路站位于浦东大道下方、跨龙居路路口布置，西段设单渡线。车站设 4 个出入口、2 组高风井，其中一个出入口预留。

车站为地下 3 层岛式站，车站规模为 339.341 m×20.14 m(内径)。

地下一层为站厅层，站厅层由公共区、设备管理用房区组成。站厅层中央部分为公共区，付费区内设 4 组自动扶梯及 3 部人行楼梯,中间为无障碍直达电梯。车站两端为设备管理用房区。

地下二层为设备层。

地下三层为站台层,有效站台长 186.6 m、宽 12.5 m。站台两端为设备用房,小轴端设降压变电所及公共卫生间。

此 14 号线正在建设中,计划 2020 年建成通车。见图 2-40—图 2-43。

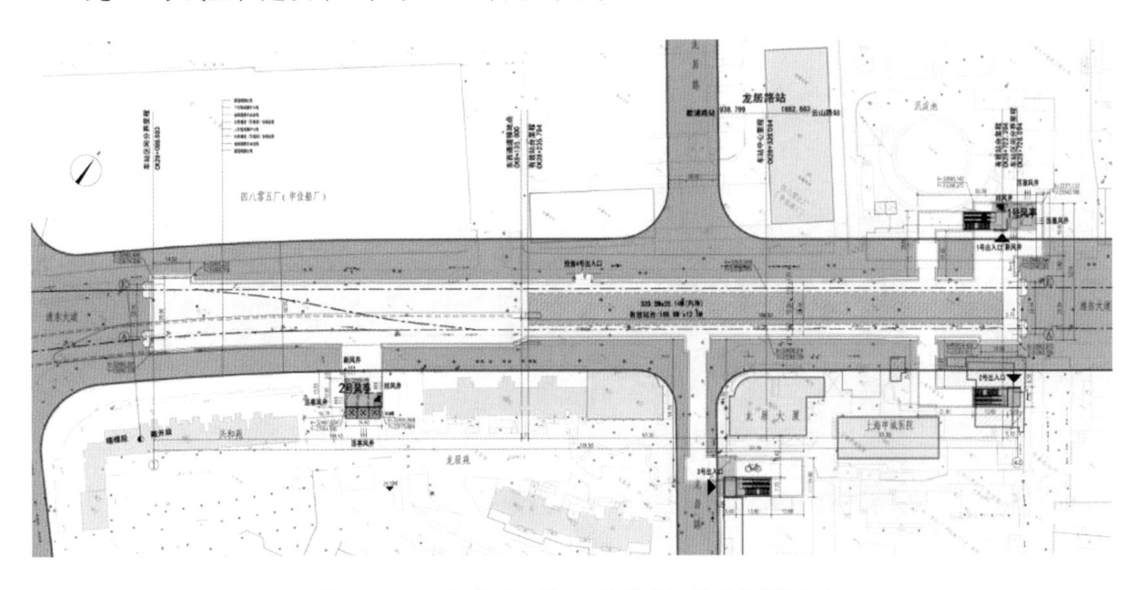

图 2-40　上海轨道交通 14 号线龙居路站总平面图

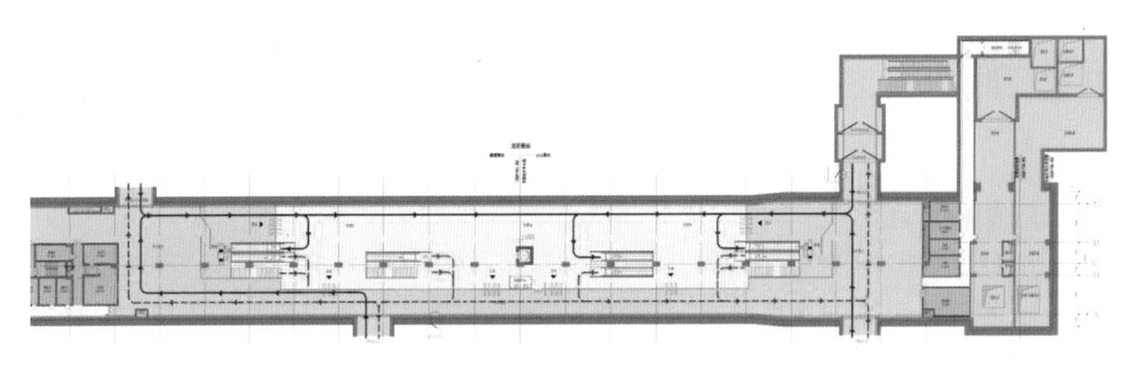

图 2-41　上海轨道交通 14 号线龙居路站站厅层平面图

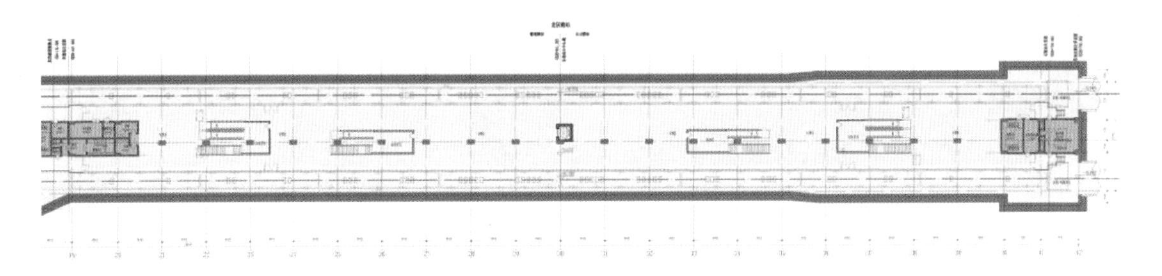

图 2-42　上海轨道交通 14 号线龙居路站站台层平面图

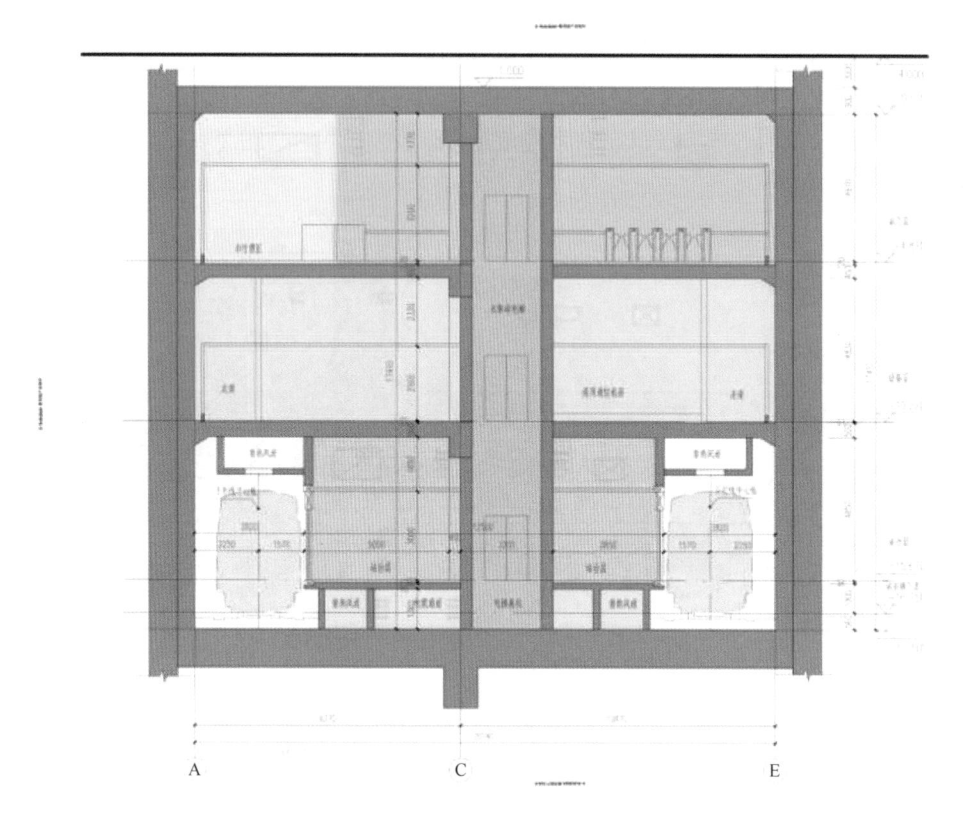

图 2-43 上海轨道交通 14 号线龙居路站横剖面图

2.6.4 通道换乘站

上海轨道交通 14 号线云山路站与既有 6 号线车站换乘，14 号线车站位于云山路道路下方、张杨路北侧，为地下 3 层站；6 号线车站位于张杨路道路下方、云山路东侧，为地下 1 层，两站呈 L 形布置，采用通道进行换乘。

14 号线站为地下 3 层岛式车站，地下一层为站厅层，地下二层为设备层，地下三层为站台层。6 号线车站为地下 1 层侧式车站，地下一层站台两侧均设有站厅。在不影响运营的前提下，对 6 号线车站进行局部改造，在两线车站站厅层之间设置换乘通道，连通两站的付费区，可以直接换乘。

此 14 号线正在建设中，计划 2020 年建成通车。见图 2-44—图 2-46。

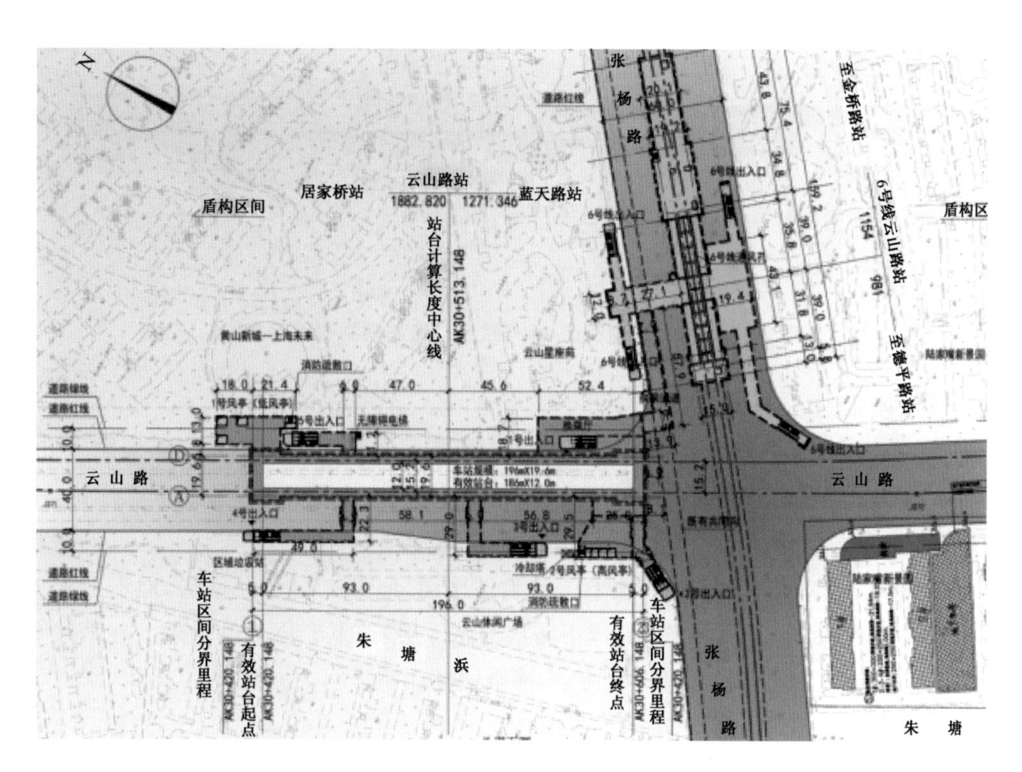

图 2-44　上海轨道交通 14 号线云山路站总平面图

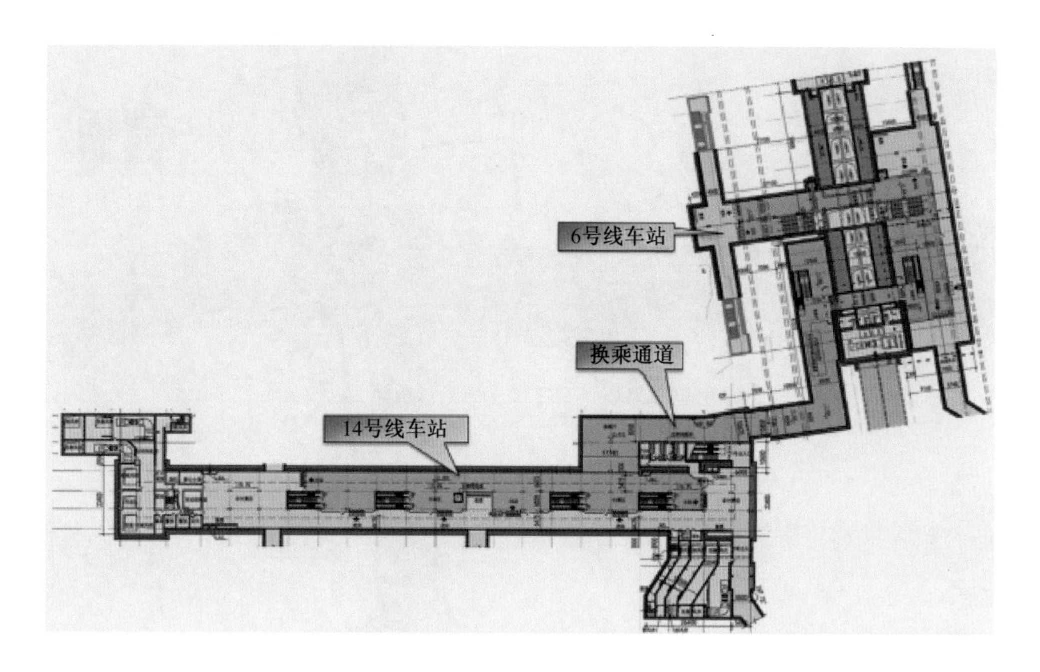

图 2-45　上海轨道交通 14 号线云山路站换乘平面示意图

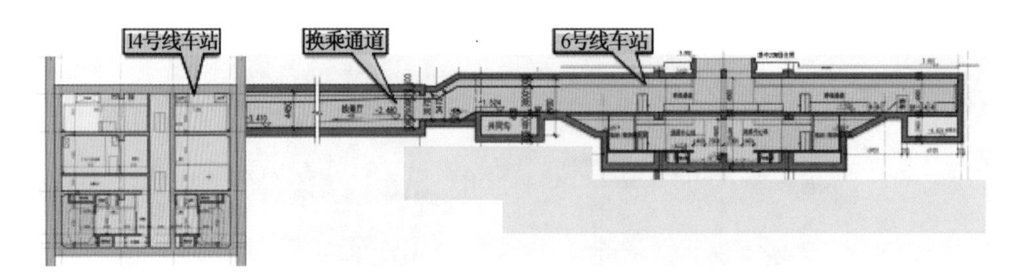

图 2-46　上海轨道交通 14 号线云山路站换乘剖面示意图

2.6.5　节点换乘站

上海轨道交通 7 号线东安路站与 4 号线车站换乘，7 号线车站位于东安路道路下方、零陵路北侧，为地下 3 层站；4 号线车站位于零陵路道路下方、东安路东侧，为地下 2 层站，两站呈十字形布置，采用站台直接换乘。

7 号线站为地下 3 层岛式车站，地下一层为站厅层，地下二层为设备层，地下三层为站台层。4 号线车站为地下 2 层岛式车站，地下一层为站厅层，地下二层为站台层。在两线车站站台层之间设置换乘楼梯，乘客可以直接换乘，换乘便捷。

7 号线、4 号线目前均已通车运营。见图 2-47—图 2-50。

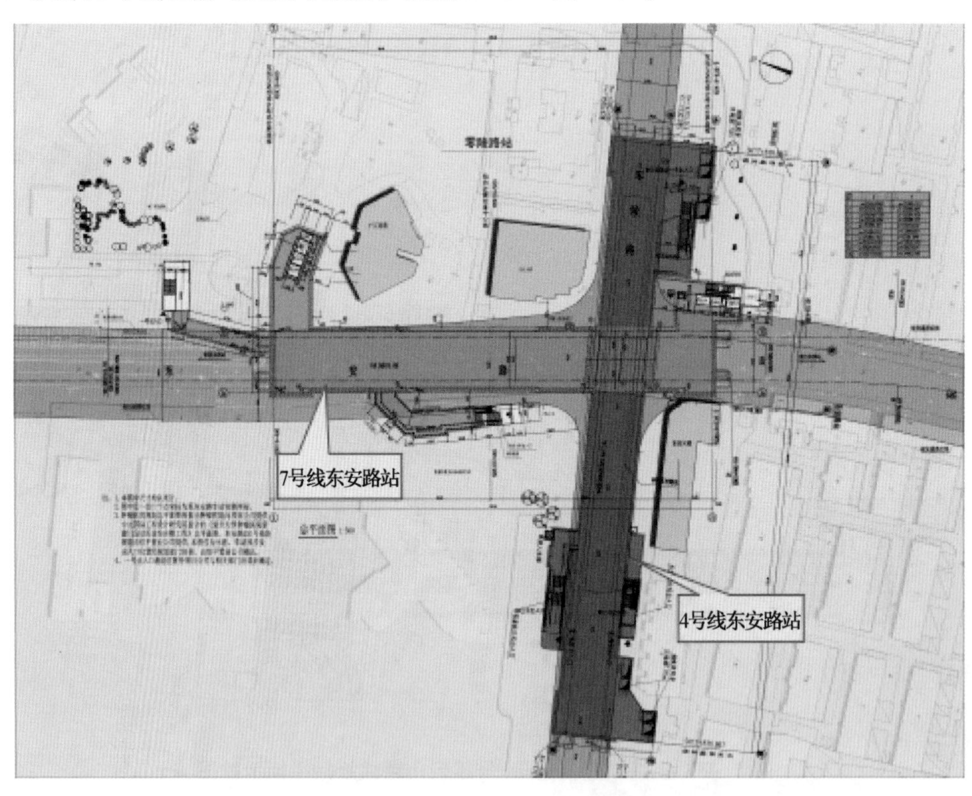

图 2-47　上海轨道交通 7 号线东安路站总平面图

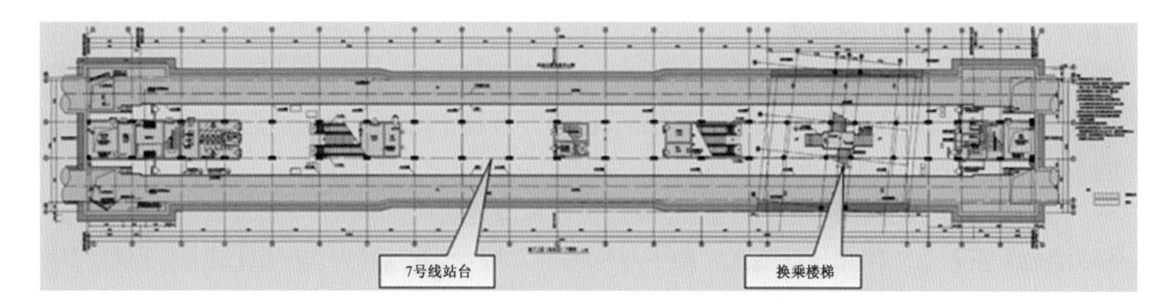

图 2-48　上海轨道交通 7 号线东安路站换乘楼梯节点平面图

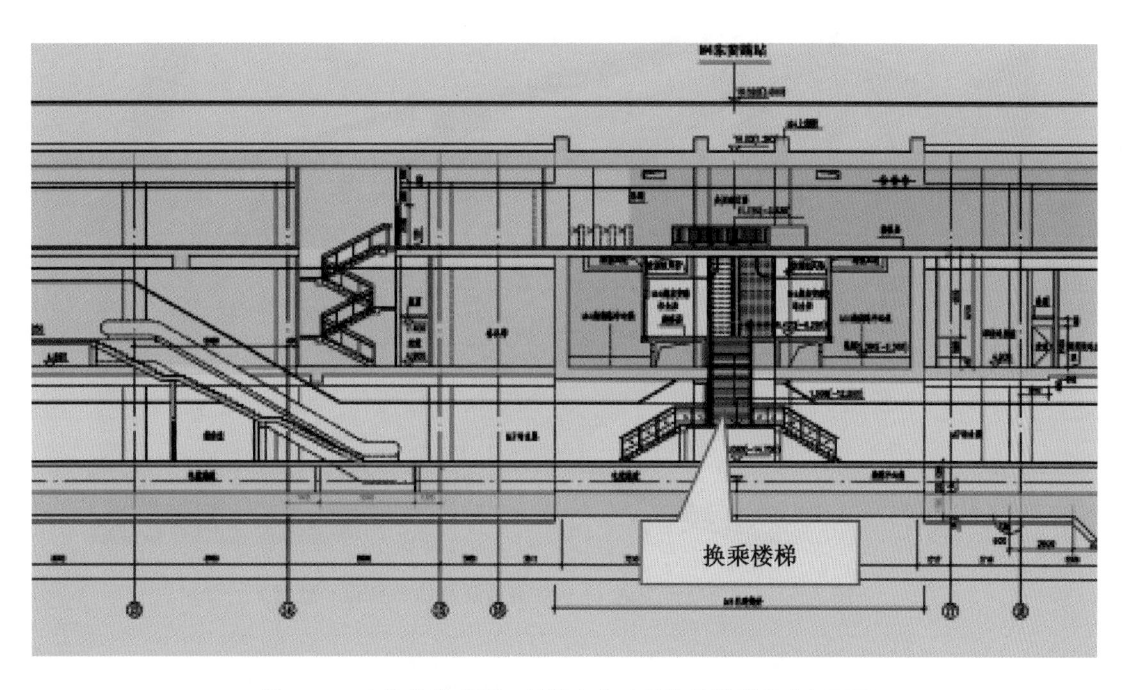

图 2-49　上海轨道交通 7 号线东安路站换乘楼梯节点剖面图

图 2-50　上海轨道交通 7 号线东安路站换乘楼梯实景

2.6.6 与开发一体化结合车站

上海轨道交通 13 号线金沙江路站与既有 3 号线车站换乘，13 号线车站位于宁夏路道路下方、内环线和凯旋北路之间，为地下 3 层站；已建 3 号线车站位于凯旋北路、金沙江路北侧，为高架 2 层站，两站呈 L 字形布置，采用通道换乘。

13 号线金沙江路车站设在宁夏路北侧月星环球港地块内，为地下 3 层岛式车站，与月星环球港地下室开发一体化设计施工。地下一层为开发层，地下二层为站厅层，地下一层与二层均与月星环球港商业层连通，地下三层为站台层。车站与地块开发合用结构围护墙。

13 号线一期、3 号线目前均通车运营。见图 2-51、图 2-52。

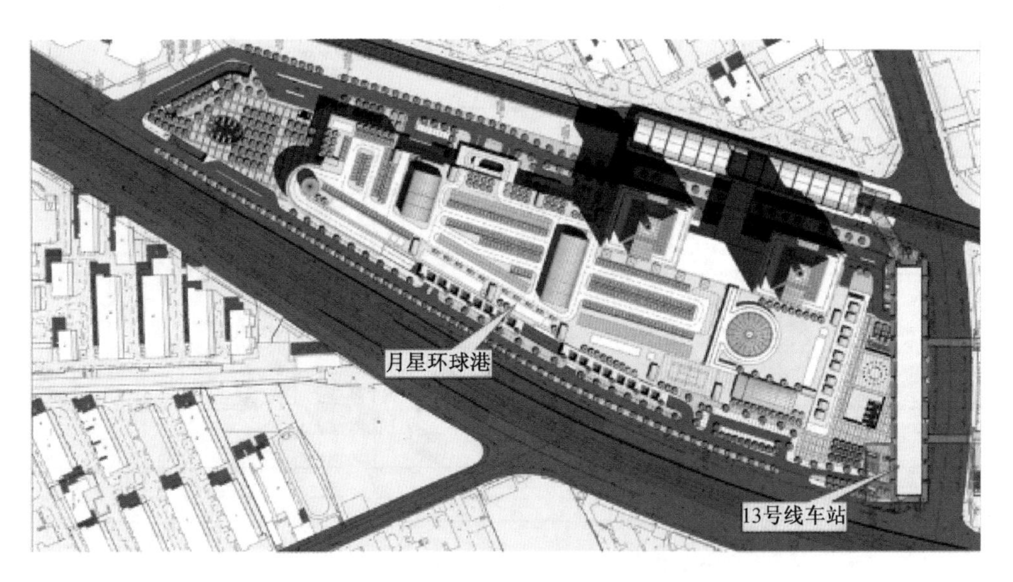

图 2-51 上海轨道交通 13 号线金沙江路站总平面示意图

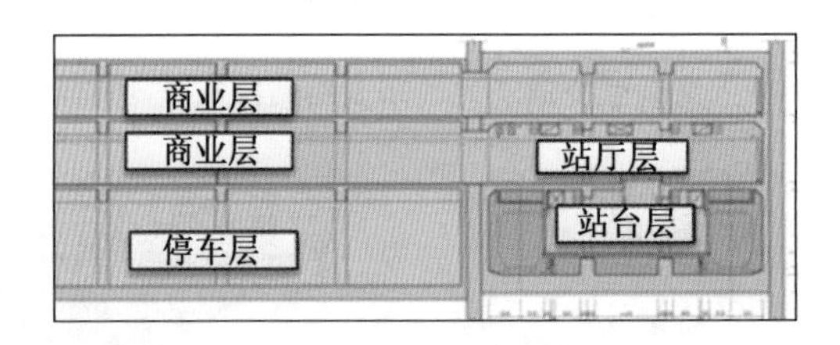

图 2-52 上海轨道交通 13 号线金沙江路站与开发地下室合建剖面示意图

3　地下停车库规划设计

20 世纪汽车业取得了前所未有的惊人成就，随着经济的发展，私家车的拥有量越来越多，我国城市小汽车数量近几年来高速增长，城市停车场不足，小汽车“行车难”、“停车难”的现象已十分普遍。“停车难”已成为城市交通问题的突出矛盾之一，地面停车用地无法满足汽车增长的速度，加之我国城市化进程发展迅速，小汽车数量增加的速度远超城市停车场建设的速度。因此，停车场的建造，已成为当前市政建设的重要部分。对于停车设施的建设，大多数国家基本经历了一个由路面自由停放到露天停车场、停车楼再到地下停车化的发展过程。由于地下空间资源有相当大潜力挖掘，而且地下空间的开发利用对社会的可持续发展意义重大，可以扩大城市容量、改善城市交通拥挤、减少环境污染等，是缓解城市土地资源紧张、提高城市生活环境的有效途径。

地下停车库是城市地下空间利用的主要发展方向。目前大规模地下空间的开发都会有停车场的规划和研究。在大城市人口密集、土地资源紧张的情况下，只有向地下要空间，挖掘地下空间潜力发展地下停车库，实现停车设施地下化，才能逐步解决城市停车难、用地紧张及环境恶化等一系列矛盾。充分利用地下空间建设地下停车场是综合考虑“环境质量、用地难、快速便捷、经济合理、安全管理”等因素后，解决停车设施建设的最佳途径，同时，对缓解城市道路拥挤具有十分重要的作用。因此，修建地下停车库扩展城市空间、解决交通拥堵问题、整洁城市生态环境既是当务之急，也是现代化城市建设的必由之路，更是时代发展的必然趋势。

同时，为适应城市地下停车库工程项目建设发展的需要，也急需提高城市地下停车库工程项目决策、建设和管理水平，合理控制建设和投资规模，推进技术进步，提高投资效益，改善城市交通环境，从而推动城市地下停车场的健康发展。

3.1 地下停车库分类

地下停车库的分类，参见表 3-1。

表 3-1 地下停车库的分类

分类方式	按建筑空间分类	按使用性质分类	按车辆在车库内的行走方式分类
类型	1. 单建式车库 2. 附建式车库	1. 公共车库 2. 专用车库 3. 储备车库	1. 自走式(坡道式)车库 2. 机械化车库 3. 组合方式

3.1.1 按照建筑空间分类

按建筑空间分类，地下停车库分为单建式地下车库和附建式地下车库两种类型。

单建式地下车库就是单独设置在地下的车库，地上没有建筑物。

附建式就是利用地上建筑物下的地下空间设置的地下车库。

单建式地下车库在地面之上虽然会有汽车坡道出入口、楼梯间、采光设施、通风井等建筑物，但由于具体量不大，大部分地面仍为开敞空间，对地面的功能及环境景观影响较小，而且单建式地下车库结构柱网尺寸和外形轮廓不受地面上建筑物条件限制，车库的使用率比较高，有利于车辆的停放和行驶。但出地面的风井和出地面的疏散楼梯设置由于没有地面建筑依附，它的美观性和隐蔽性就成为重点处理的要素。

附建式地下车库是在建筑物下布置地下车库，这种类型的地下车库使用方便，用地省，但地面建筑物的功能要求、结构要求及设备的要求等因素都会影响其布局，使其停车效率低，但车库的风井及疏散楼梯可以结合地面建筑统一设置，对环境影响较少。

在发达国家，利用城市公园、城市广场、城市绿地、市政道路等的地下空间建设地下停车库已经成为充分利用城市用地的发展方向之一。由于城市的公园、广场、道路、绿地等单建式地下车库不受地面建筑的限制，可以缓解城市用地紧张的矛盾。但需要处理好汽车出入口与城市道路的关系，处理好出地面风井和疏散楼梯与地面功能的关系，与城市景观、广场风格等的关系。布置出地面的楼梯间时可以考虑与设备管井相结合，这样可以与楼梯造型、材料、风格一并考虑，有利于减少出地面管井对景观的破坏。

3.1.2 按照车辆在车库内的行走方式分类

根据建筑形式与功能需求的不同，城市地下公共停车库形式分为自走式地下停车库、机械式地下停车库和组合式地下停车库。

自走式地下停车库：指车辆能够自行行驶至停车位的地下停车场。

机械式地下停车库：指依赖机械式设备将车辆送入停车位的停车场所，按照使用设备的不同分为复式机动车库和全自动机动车库等。

城市地下公共停车库建筑类型选取时应该遵循充分利用城市土地资源、集约用地、因地制宜的原则。尤其鼓励结合城市公园绿地、广场、城市道路以及地下人防设施修建地下停车库；在用地条件允许的情况下，停车需求较大的区域宜优先选择自走式地下停车的方式；在用地条件紧张的情况下，停车需求较大的区域建议选择机械式停车库方式或组合方式。

3.2 地下停车库规划

3.2.1 地下停车库规划步骤、要点与选址

1. 地下停车库规划步骤

(1) 城市现状调查，包括城市的性质、人口、道路分布等级、交通流量、地上地下建筑分布的性质、地下设备设施等多种状况。

(2) 城市土地使用及开发状况，土地使用性质、价格、政策及使用状况。

(3) 机动车发展预测、道路建设的发展规划、机动车发展与道路状况及发展的关系。

(4) 原城市的停车库的总体规划方案、预测方案。

(5) 编制停车库的规划方案，方案筛选制定。

2. 地下停车库规划要点

(1) 结合城市规划,应以市中心为重点向外围辐射形成一个综合整体布局。

(2) 规划停车库的地址要选择在交通流量大、集中、分流的地段。

(3) 考虑地上停车库与地下停车库之间的比例关系。

(4) 机动车与非机动车的比例,并预测非机动车转化为机动车的预期,使停车设施有一定余量或扩建可能性。

(5) 规划停车库要同旧区改造相结合,注意对土地节约使用,保护绿地,重视拆迁的难易程度等。

(6) 控制停车者到达目的地的距离一般不大于 0.5 km。

3. 地下停车库选址

(1) 应选在道路网中心地段,同城市交通总规划要求相符合。

(2) 要保证车库合理的服务半径,公用汽车库的服务半径不宜超过 500 m,专用车库不宜超过 300 m。

(3) 不宜靠近学校、医院、住宅等建筑。

(4) 要选择在水文和工程地质较好的地段。

(5) 必要时可与地下街、地下铁道车站等大型地下设施相结合。

(6) 宜结合城市人防工程设施选择,并与城市地下空间开发相结合。

(7) 地下出入口应结合内部道路设置,并应符合内部交通组织的需要,大型车库(300～1 000辆)出入口不少于 2 个,特大型车库(大于 1 000 辆)出入口不应少于 3 个,两出入口之间的净距应大于 15 m。地下出入口宽度双向行驶时不应小于 7 m,单向行驶时不应小于 4 m。

(8) 地下车库出入口不应直接与快速道连接,也不宜与城市次要干道直接连接。

(9) 地下车库出入口距离城市道路规划红线不应小于 7.5 m,并在距出入口边线内 2 m 处视点的 120°范围内至边线外 7.5 m 以上不应有遮挡视线的障碍物。如图 3-1 所示。

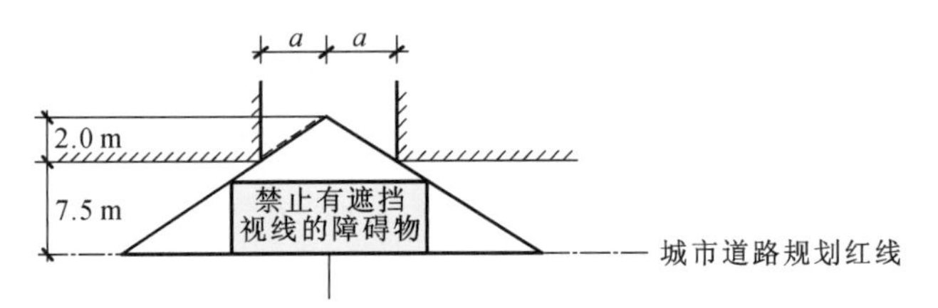

图 3-1 汽车库车辆出入口通视要求

a—视点至出入口两侧的距离

3.2.2 地下停车系统的构成

城市某个区域内,具有联系的若干个地下停车场(库)及其配套设施,构成该区域的地下停车系统。地下停车系统具有区域整体的平面功能布局和泊车、管理、配套等综合功能。

1. 地下停车系统整体布局形态

城市的空间结构决定了城市的路网布局,而城市的路网布局决定了城市的车行行为,进而决定了城市停车行为。所以,地下停车系统的整体布局必然要求与城市结构相符合。城市特定区域的多种因素,如建筑物的密集程度、路网形态、地面开发建设规划等,也对该区域地下停车系统的整体布局形态产生影响。

我国目前的城市结构可概括成多种类型,本书对团状结构、中心开敞型结构、完全兴建型结构这三种类型,相应地提出四种地下停车系统的整体布局形态:网状布局、辐射状布局、环状布局和脊状布局。

1) 网状布局

团状城市结构一般以网格状的旧城道路系统为中心,通过四周呈环状路将放射型道路连接起来,图 3-2 为北京城区的路网结构。

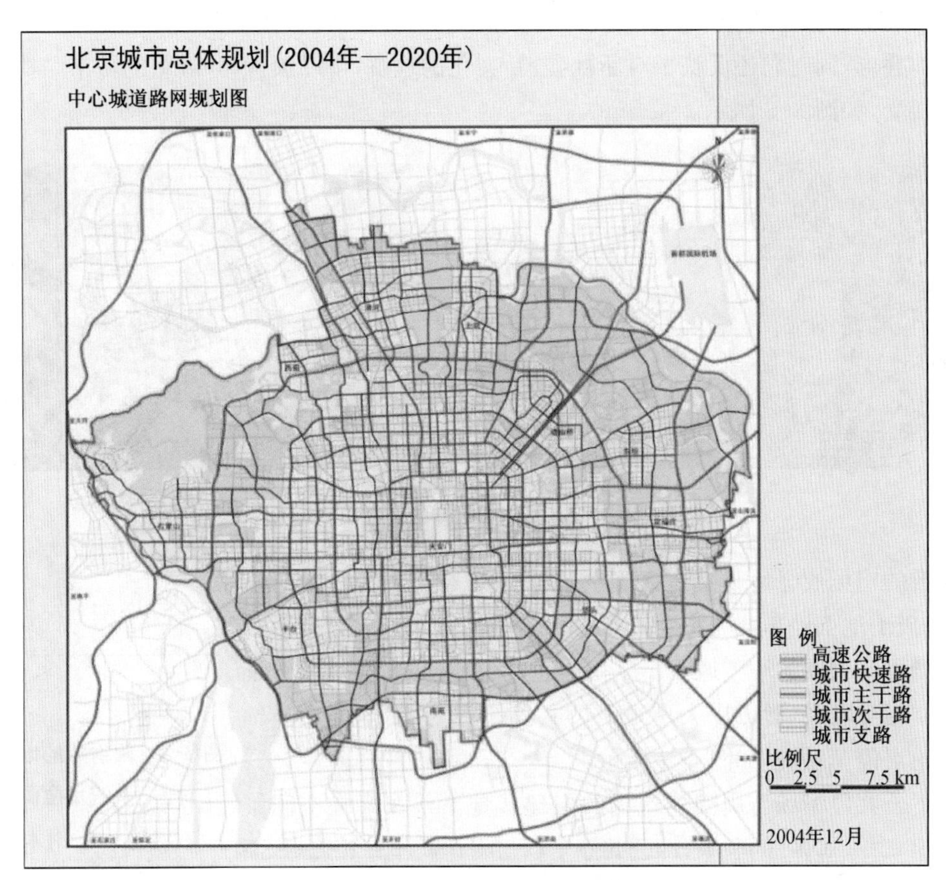

图 3-2 北京城区的路网结构

我国部分历史悠久的大城市如北京、天津、南京等,城区面积较大,有一个甚至一个以上的中心或多个副中心,街区的分割与日本的城市有些相似,与欧美的城市相比有着路网密度大、道路空间狭窄、街区规模小的特征。道路空间的不足,以及商业、办公机能的城市中心集中化、居住空间的郊外扩大化,导致了对交通、城市基础设施的大量需求。同时也推动了地铁、地下管廊、地下停车场、地下街等的建设。

团状结构的城市布局决定了城市中心区的地下停车设施一般以建筑物下附建式地下停车

库为多,地下公共停车场一般布置在道路下,且容量不大。与这种城市结构相适应的地下停车系统,宜在中心区边缘环路一侧设置容量较大的地下停车场,并与中心区内已有的地下停车库作单向连通。中心区内的小型地下车库具备条件时可个别地相互连通,以相互调剂分配车流,配备先进的停车诱导系统(PGIS),形成网状的地下停车系统。

2) 辐射状布局

“开敞空间”是当今城市规划与建设中最重要的一种空间类型,它具有人文或自然特质、一定的地域和可进入性。开敞空间不仅是一种生态和景观上的需要,也是社会与文化发展的需要,所以城市广场、公园或绿地往往形成这座城市的政治或经济中心,如伦敦的海德公园、上海的人民广场等。城市的开敞空间既是一种交流,包括社会活动的空间,也是一种人际关系与空间场所的叠合,同时它还反映了对新社会、新文化的理解,可以预言,开敞型的城市结构将被更广泛地接受,如图 3-3 所示。

图 3-3 中心开敞型的城市结构

开敞的广场或绿地为建造大型的地下公共停车场提供了建设场地,促成了地下停车成为中心区的主要的停车方式。大型地下公共停车场可与周围的小型地下车库相连通,并在时间和空间两个维度上建立相互联系,形成以大型地下公共停车场为主,向四周呈辐射状的地下停车系统,如图 3-4 所示。

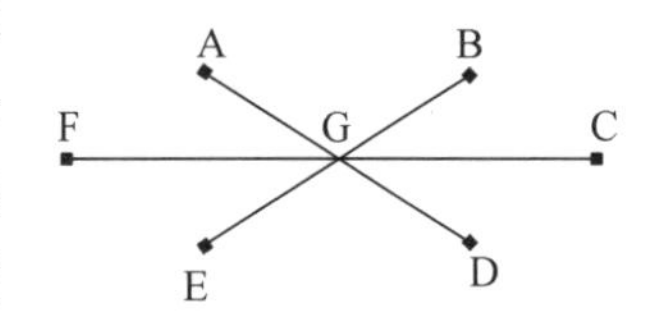

图 3-4 辐射状的地下停车系统示意图

G—大型公共停车场;
A, B, C, D, E, F—小型车库

地下公共停车场与周围建筑物的附建式地下停车库在空间维度上可建立“一对多”的联系,即公共停车场与附建式车库相连通,而附建式车库相互之间不作连通。在时间维度上形成“调剂互补”的联系,即在一定时间段内,公共停车场向附建式车库开放,另一定时间段内各附建式车库向公共停车场开放,如在工作日公共停车场向周围附建式的小型车库开放,以弥补工作日商办楼停车位不足的问题,在非工作日(双休日、节假日)附建式小型车库向公共停车场开放,以解决双休日、节假日公共停车位不足的问题。

3) 环形布局

完全兴建型的新城区非常有利于大规模的地上、地下整体开发,便于多个停车场的连接和停车场网络的建设。可根据地域大小，形成一个或若干个单向环形地下停车系统。

例如，杭州钱江新城核心区控制性详细规划中，根据建筑总量测算，则核心区需地下停车位 30 000 个，折合 90 万～120 万 m^2 的地下停车库。为了提高车库的停放使用效率，避免各单位独立设地下车库而造成地块内车库出入口过多的现象，规划设计在不穿越城市道路的原则下，将同一街区内的地下车库连通，形成小环型独立系统，如图 3-5 所示。图 3-6 为中关村地下停车系统规划图。

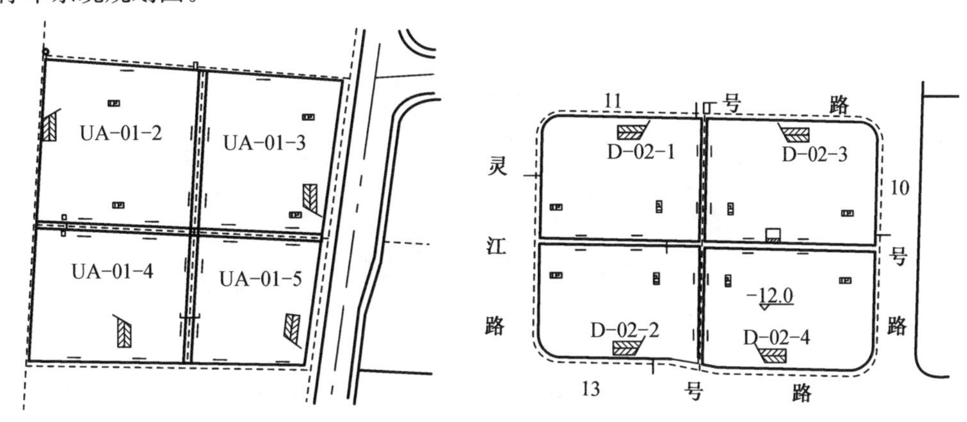

图 3-5 杭州钱江新城地下停车系统规划图

4）脊状布局

在城市中心繁华地段，地面往往实行“中心区步行制”，即把车流、人流集中，地面交通组织困难的主要街道设为步行街。这些地段通常商业发达，停车供需矛盾较大。实行步行制后，地面停车方式被取消，停车行为一部分转移到附近地区，更多地会被吸引入地下。可沿步行街两侧地下布置停车场，形成脊状的地下停车系统，如图 3-7 所示。出入口设在中心区外侧次要道路上，人员出入口设在步行街上，或与过街地下步道相连通。

2. 地下停车系统与其他地下公共设施的联系

地下停车库与地下步行道路的联系最为紧密，也较容易实现。地下车库内人员可以通过联络通道进入地下步行道，从而借用地下步行道出入口到达目的地，避免跨越主要机动车道，实现车库与到达目的地之间无缝连接。

地下停车库与地下商业街、地铁站一体化建设已成为当今地下空间综合开发的主流，三者功能互补，共生共赢，成为城市配套建设中的典型模式。常见的模式是地下一层为地下商业设施，地下二层为停车设施，并通过联络通道与地铁的站厅层相连，实现三者的互通互连、资源共享。如日本名古屋中央公园地下公共停车库，与地下商业街合建，并且通过地下商业街与周边街区之间设置了地下人行通道，实现了地下停车库与周边街区的无缝连接。图 3-8 是珠海市莲花路地下停车系统示意，图 3-9 是地下停车场通向地铁的连接通道，图 3-10 是地下停车设施与地下商业街、地铁的联系。

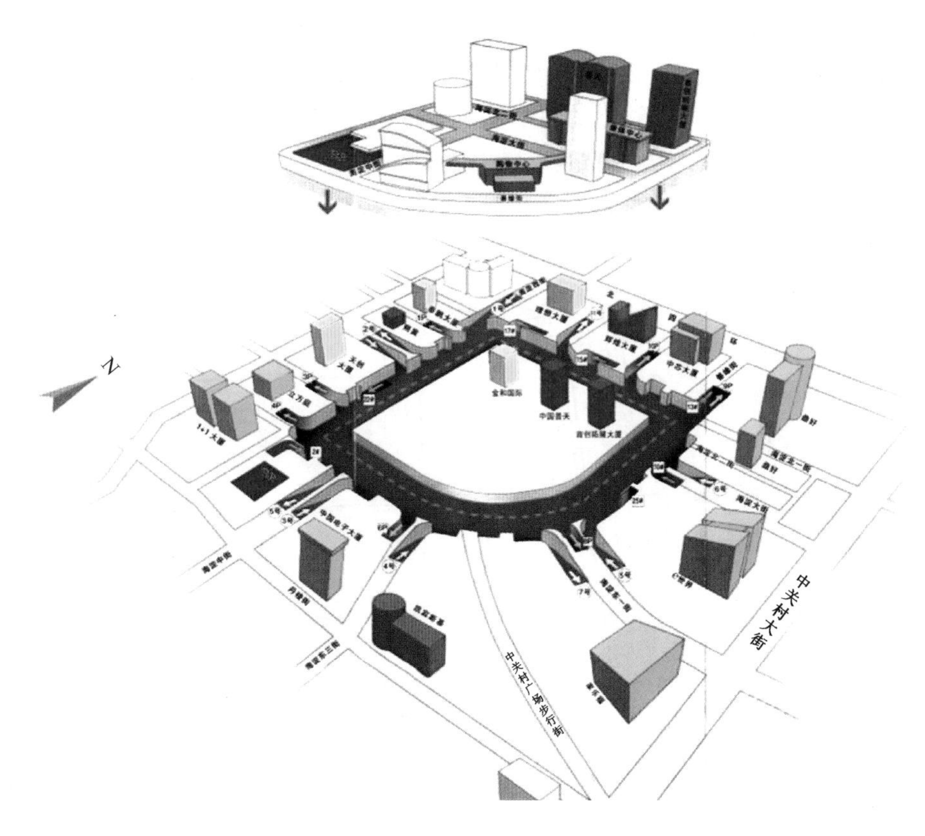

图 3-6　中关村地下停车系统规划图

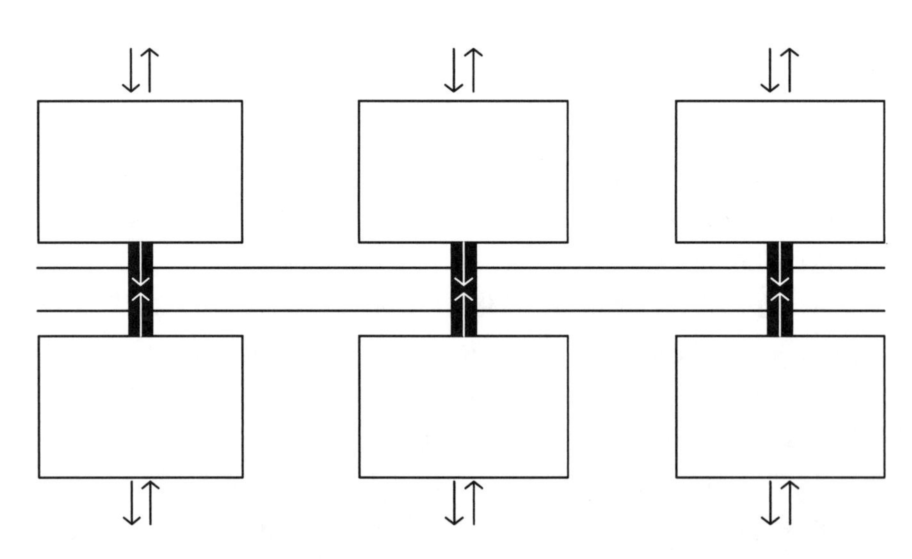

图 3-7　脊状的地下停车系统示意图

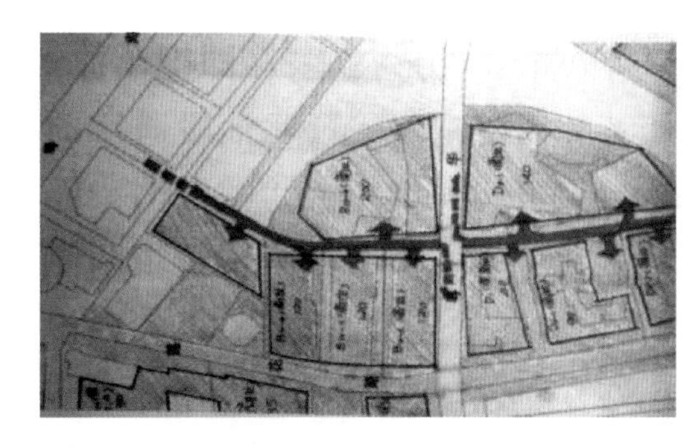

图 3-8 珠海市莲花路地下停车系统示意图

图 3-9 地下停车场通向地铁的连接通道

图 3-10 地下停车设施与地下商业街、地铁等的联系

3.3 地下停车库建筑设计

3.3.1 地下停车库设计标准

1. 地下停车库防火分类

地下停车库的防火分为四类，见表 3-2。

表 3-2　地下停车库的防火分类

类别	Ⅰ	Ⅱ	Ⅲ	Ⅳ
地下停车库停车数量/辆	>300 辆	151～300 辆	51～150 辆	≤50 辆
地下停车库面积 S/m^2	>10 000	5 000<S≤10 000	2 000<S≤5 000	≤2 000

2. 地下停车库的耐火等级

地下停车库的耐火等级应为一级，见表 3-3。

表 3-3　地下停车库的耐火等级

车库分类	Ⅰ	Ⅱ	Ⅲ	Ⅳ
地下停车库耐火等级	一级	一级	一级	一级

3. 汽车与汽车、墙、柱、护栏之间的最小净距

地下停车库机动车之间及机动车与墙、柱、护栏之间的最小净距见表 3-4。

表 3-4　机动车之间及机动车与墙、柱、护栏之间的最小净距

车辆类型 / 最小净距 / 净距类型		微型汽车、小型汽车/m	轻型汽车/m	大、中、铰接型汽车/m
平行式停车时汽车间纵向净距		1.20	1.20	1.20
垂直式、斜列式停车时汽车间纵向净距		0.50	0.70	0.80
汽车间横向净距		0.60	0.80	1.00
汽车与柱间净距		0.30	0.30	0.40
汽车与墙、护栏及其他构筑物间净距	纵向	0.50	0.50	0.50
	横向	0.60	0.80	1.00

注：纵向指汽车长度方向，横向指汽车宽度方向，净距是指最近距离，当墙、柱外有突出物时，应从其突出部分外缘算起。

4. 各车型的建筑设计中最小停车带、停车位、通车道宽度

各车型建筑设计中最小停车带、停车位、通车道宽度宜按表 3-5 采用。

5. 地下停车库设计要点

1) 建筑技术要求

建筑面积指标：一般地下停车库（以停放小型车为主），平均每辆车需建筑面积 30～50 m^2。

行车通道可分成单车道和双车道，通道与停放车位的关系是：一侧通道，一侧停车；中间通道，两边停车；两侧通道，中间停车；环形通道，两侧停车。

结构柱网布置应考虑车型、泊车方式和通道布置方式等因素。

停车库的楼板面层要具有耐磨、耐水、耐油和防滑性能，坡度不应小于 0.5%，向地漏倾斜。

表 3-5　　各车型建筑设计最小停车带、停车位、通道宽度表

停车方式 \ 参数值 \ 车型分类 \ 项目		垂直通车道方向的最小停车带宽度 W_e/m						平行通车道方向的最小停车位宽度 L_t/m						通车道最小宽度 W_d/m					
		微型车	小型车	轻型车	中型车	大货车	大客车	微型车	小型车	轻型车	中型车	大货车	大客车	微型车	小型车	轻型车	中型车	大货车	大客车
平行式	前进停车	2.2	2.4	3.0	3.5	3.5	3.5	0.7	6.0	8.2	11.4	12.4	14.4	3.0	3.80	4.1	4.5	5.0	5.0
斜列式 30°	前进停车	3.0	3.6	5.0	6.2	6.7	7.7	4.4	4.8	5.8	7.0	7.0	7.0	3.0	3.8	4.1	4.5	5.0	5.0
斜列式 45°	前进停车	3.8	4.4	6.2	7.8	8.5	9.9	3.1	3.4	4.1	5.0	5.0	5.0	3.0	3.8	4.6	5.6	6.6	8.0
斜列式 60°	前进停车	4.3	5.0	7.1	9.1	9.9	12	2.6	2.8	3.4	4.0	4.0	4.0	4.0	4.5	7.0	8.5	10	12
斜列式 60°	后退停车	4.3	5.0	7.1	9.1	9.9	12	2.6	2.8	3.4	4.0	4.0	4.0	3.6	4.2	5.5	6.3	7.3	8.2
垂直式	前进停车	4.0	5.3	7.7	9.4	10.4	12.4	2.2	2.4	2.9	3.5	3.5	3.5	7.0	9.0	13.5	15	17	19
垂直式	后退停车	4.0	5.3	7.7	9.4	10.4	12.4	2.2	2.4	2.9	3.5	3.5	3.5	4.5	5.5	8.0	9.0	10	11

采暖：一般车库设计温度为+5 ℃，地下车库一般不要求采暖。需要采暖的停车库应尽量采用集中采暖。

通风：车库换气量一般以一氧化碳作为计算依据。有围护墙的车库换气应不少于 3 次，一般为 4～5 次，设有通风系统的停车库，其通风系统应独立设置。

照明：地下车库应设有照明设备以保证交通安全，除一般照明外，还应设事故照明和疏散标志，车库的坡道、出入口及车库内通道地面最低照度为 10 lx。

室内有效高度应为最大汽车总高加 0.5 m，但不小于 2.2 m。

2）消防要求

停车库的耐火等级、防火分区面积要求、疏散口数量、疏散距离的要求及其构件的耐火极限要求，必须按现行《汽车库、修车库、停车场设计防火规范》执行。

停车库的外部出口或楼梯间至室内最远工作地点的距离不应超过 45 m，设有自动喷水灭火设备时，其距离可增至 60 m。

疏散用的室内楼梯应设封闭楼梯间，深度超过 10 m 的地下停车库，其室内疏散楼梯应设防烟楼梯间，疏散楼梯宽度不应小于 1.1 m。

消防给水的方式、灭火设备的设置、火灾自动报警设备的装置等，应按现行《汽车库、修车库、停车场设计防火规范》执行。

3.3.2 地下停车库设计

1. 总平面布局

地下停车库总平面布局功能分区应合理，交通组织应清晰短捷，出入口布置应符合地方城市规划管理技术规定及汽车库设计规范。

1）基地车辆出入口位置及数量

地下停车库的基地出入口，不应直接与城市快速路相接，且不宜直接与城市主干道相连接，宜设于城市次干道。

地下停车库基地车辆出入口与城市人行过街天桥、地道或人行横道线的最边缘线不应小于 5 m；距离道路交叉口不应小于 70 m。距地铁出入口、公共交通站台边缘不应小于 15 m。

停车位数量小于 25 个的停车库，车辆出入口可设 1 个单车道；停车位数量大于 25 个小于 100 个时，车辆出入口不应少于 1 个，停车位数量多于 100 个少于 1 000 个时，车辆出入口不应少于 2 个；停车位数量大于 1 000 个时，车辆出入口不应少于 3 个，车辆出入口间的距离应大于 15 m。出入口的宽度，双向行驶时不应小于 7 m，单向行驶时不应小于 4 m。如表 3-6 所示。

表 3-6　　机动车库出入口和车道数量

规模 / 停车当量 / 出入口和车道数量	特大型	大型		中型		小型	
	＞1 000	501～1 000	301～500	101～300	51～100	25～50	＜25
机动车出入口数量	≥3	≥2		≥2	≥1	≥1	
非居住建筑出入口车道数量	≥5	≥4	≥3	≥2		≥2	≥1
居住建筑出入口车道数量	≥3	≥2	≥2	≥2		≥2	≥1

2）出入口通视要求

为了使基地车辆出入口有良好的视野，地下停车库基地出入口应退后城市道路的规划红线不小于 7.5 m，并在距出入口边线内 2 m 处作视点的 120°范围内至边线外 7.5 m 以上不应有遮挡视线障碍物，见图 3-11。

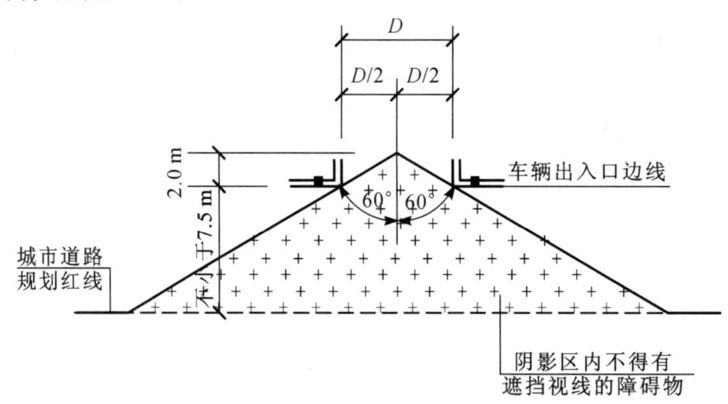

图 3-11　地下停车库库址车辆出入口通视要求

3）基地内地下停车库出入口设置

为保障车辆安全行驶，建筑基地内地下停车库的出入口还应满足：距基地道路的交叉路口或高架路的起坡点不应小于 7.50 m，见图 3-12、图 3-13。

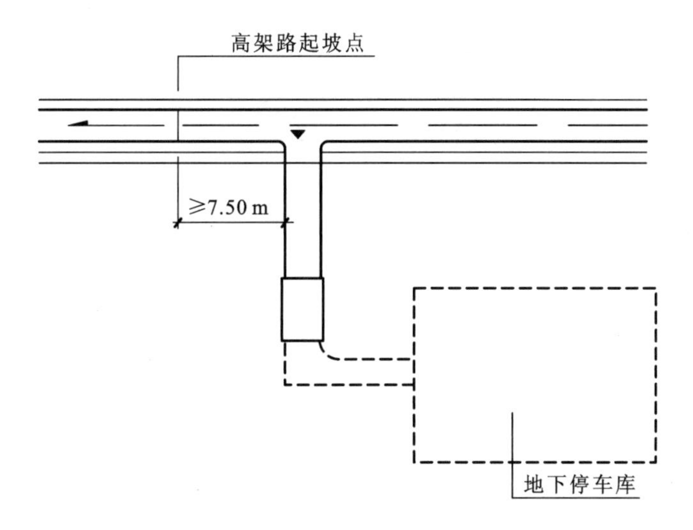

图 3-12 车辆出入口与高架路

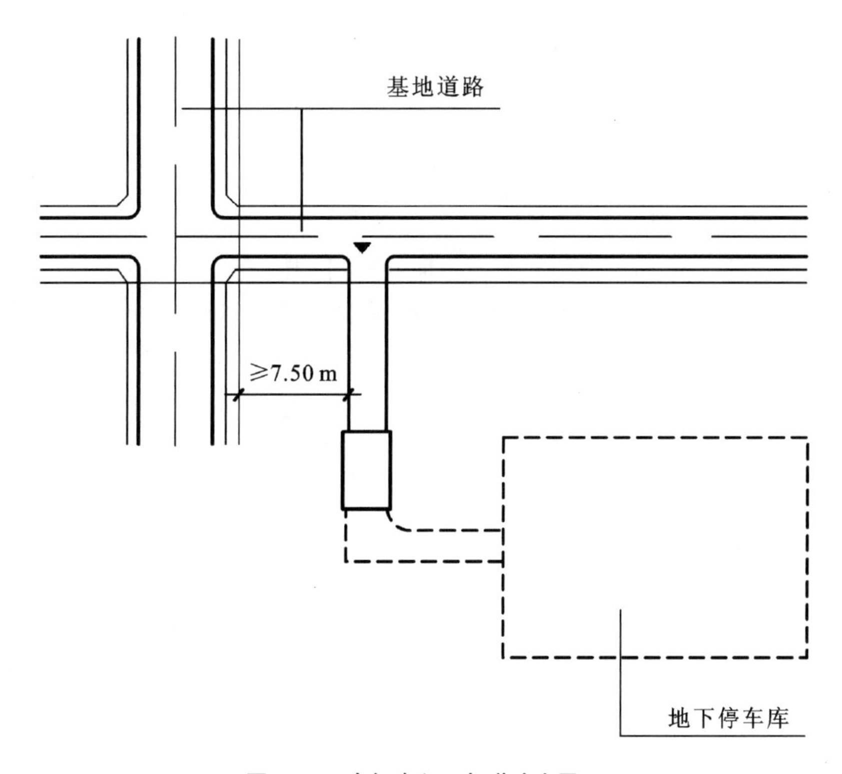

图 3-13 车辆出入口与道路交叉口

(1) 地下车库出入口与道路垂直时，出入口与道路红线应有不小于 7.50 m 的安全距离，见图 3-14。

(2) 地下车库出入口与道路平行时，应经不小于 7.50 m 长的缓冲车道汇入基地道路，见

图 3-15。

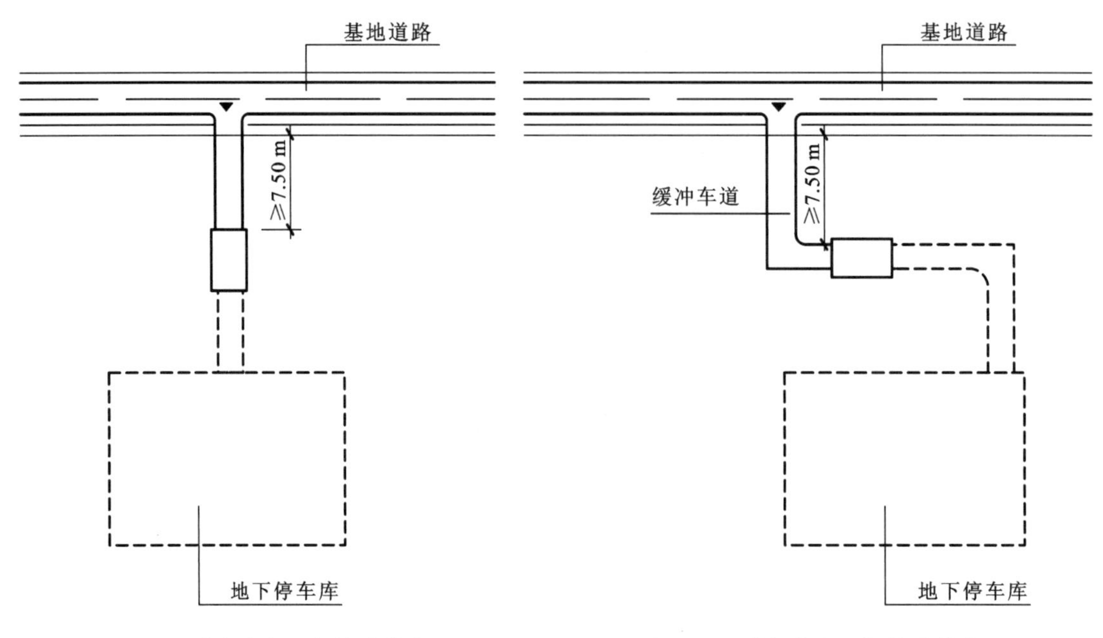

图 3-14　车辆出入口与基地道路　　**图 3-15　车辆出入口与基地道路**

4）出入口交通组织原则

地下停车库基地车辆出入口的进、出车方向，应与我国车辆行驶的原则相一致，车辆出入口设计应符合右进右出的原则，禁止车辆左转弯后跨越右侧行车线进、出地下停车库基地。基地车辆出入口设置一般有以下情况：

（1）地下停车库外道路为单行道，见图 3-16。

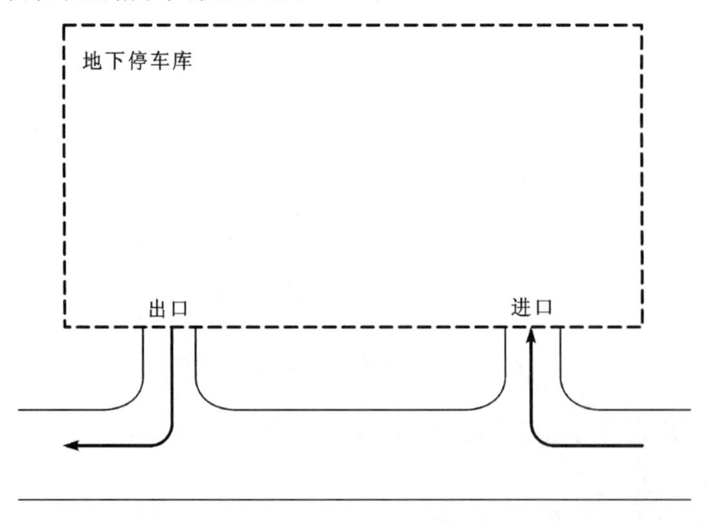

图 3-16　外道路为单行道

(2) 地下停车库外道路为双向行驶道路，见图 3-17。

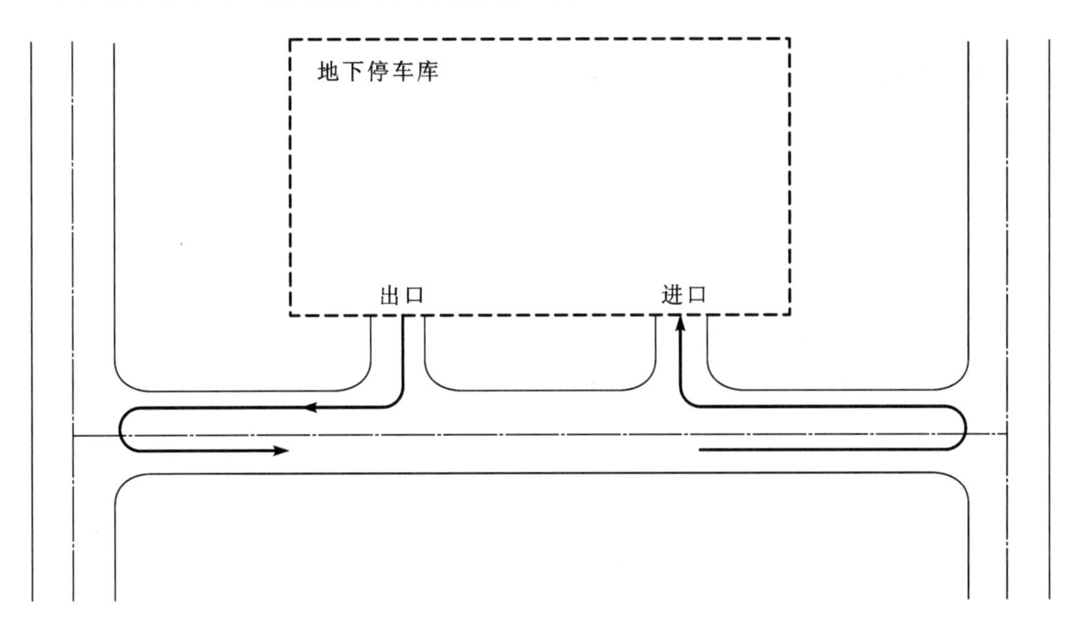

图 3-17　外道路为双行道

(3) 地下停车库外道路为十字路口，见图 3-18。

对于位于双向道路十字交叉一角的地下停车库，如其出入口分别朝向两个道路，那么在我国应该以出入流线为顺时针原则来确定出口、入口的位置。出入口设置应有利于车流的顺畅，车流组织尽量减少交通堵塞和等待。

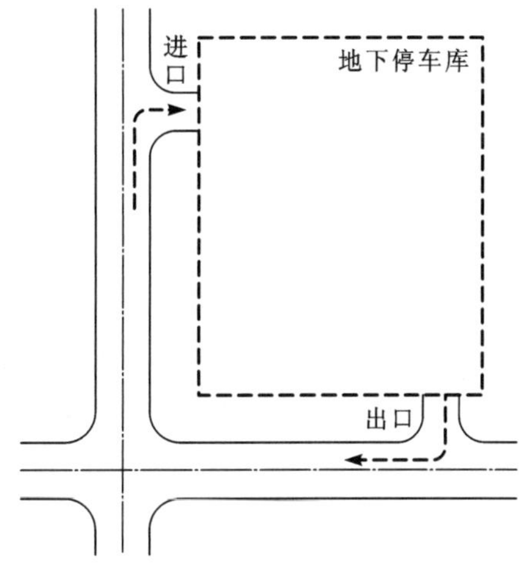

图 3-18　外道路为十字路口

2. 柱网设计

柱网设计是地下停车库设计中的关键问题之一。柱网的合理布置会直接关系到整个设计的经济性和合理性。

1) 柱网选择的基本要求

对于地下停车库，柱网选择应满足停车和行车的各种技术要求，以及结构的合理。

柱网选择时应同时满足以下几点基本要求：

(1) 适应一定车型的停车方式和行车通道布置的各种技术要求，通视保留一定的灵活性；

(2) 保证足够的安全距离，使车辆行驶通畅，避免遮挡和碰撞；

(3) 尽量减少停车位以外不能充分利用的建筑空间；

(4) 结构合理、经济，施工方便；

(5) 尽量减少柱网种类，统一柱网尺寸。

2）柱网单元的合理尺寸

柱网是由跨度和柱距两个方向上的尺寸所组成，在多跨结构中，几个跨度相加后和柱距形成一个柱网单元。

(1) 决定停车区柱距的因素有：

① 需要停放的车型宽度；

② 柱间停放的汽车台数；

③ 车辆停放方式，垂直、斜列、混合式等；

④ 车与车、车与柱(墙)间的安全距离；

⑤ 柱子的结构断面尺寸。

在停车区柱网单元中，跨度包括停车位所在跨度(简称车位跨)和行车通道所在跨度(简称通道跨)。

(2) 决定车位跨尺寸的因素有：

① 需要停放的车型长度；

② 车辆停放方式，垂直、斜列、混合式等；

③ 车辆前后端与柱或墙的安全距离；

④ 柱子的结构断面尺寸。

(3) 决定通道跨尺寸的因素有：

① 车辆的停车方式，即在一定的柱距和车位跨尺寸条件下，进、出车位所需的行车通道的最小宽度；

② 行车线路的数量(单行或双行)；

③ 柱的结构断面尺寸。

在地下汽车库内，柱是影响车辆进、出停车位的效率和在行车道上行驶的通达性的关键因素，因此车库设计中，应在柱距、车位跨和通道跨三者之间找到合理的比例关系。

在选择停车库柱网时，除应满足泊车技术要求和使用面积指标达到最优外，还应考虑结构的经济性，结构跨度尺寸及结构构件尺寸的合理性。

目前，对于地下停车库柱间停放 3 辆小型汽车时，通常多采用 8.0 m×8.0 m、8.1 m×8.1 m、8.4 m×8.4 m 的柱网，并根据设计具体要求进行灵活运用。下面以小型车(1.8 m×4.8 m)，柱径 0.8 m 为例，分别给出两柱间停放 1 辆、2 辆和 3 辆汽车时所需要的最优柱距尺寸，见图 3-19、图 3-20、图3-21。

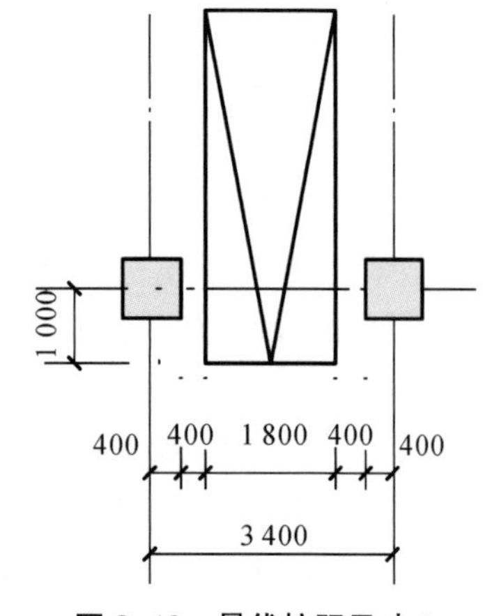

图 3-19　最优柱距尺寸 1

对于一个汽车库内同时能停放小型汽车和中型汽车两种需求时，由于小型车(1.8 m×4.8 m)与中型车(2.5 m×9.0 m)尺寸相差较大，在设计柱网尺寸时不宜考虑同时能停放两种车型的灵活性，可以按不同车型进行分区设计，避免结构上的不经济以及空间使用上的浪费。

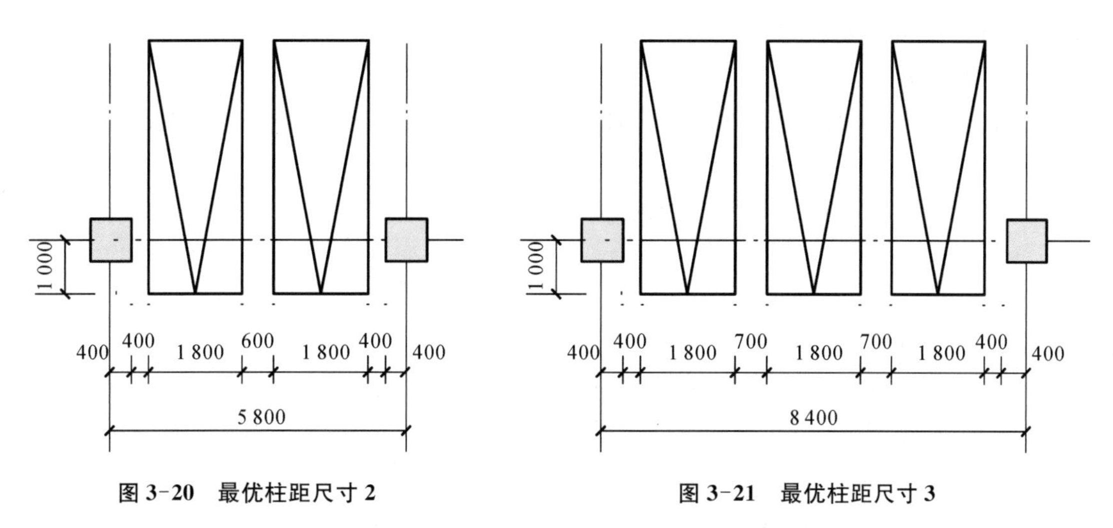

图 3-20　最优柱距尺寸 2

图 3-21　最优柱距尺寸 3

3. *层高设计*

地下停车库的层高对建筑埋深和工程造价均有直接影响，故在设计中应该采用合理的结构形式、优化设备专业管线设计，在满足各专业条件下采用合理经济的层高。

1）层高概念

地下停车库的层高包括室内净高和结构构件高度，主要受停车空间高度的控制。停车空间的层高是停车区的净高加上各种管线所占空间的高度和结构构件的高度；净高是指车辆本身的高度加上 0.2 m 的安全距离。目前，国家《车库建筑设计规范》中按照车型规定了汽车库出入口最小净高，见表 3-7（表中室内最小净高均已考虑汽车高度和安全距离）。

表 3-7　　停车库室内最小净高

车型	最小净高/m
微型车、小型车	2.20
轻型车	2.95
中、大型客车	3.70
中、大型货车	4.20

注：净高指楼地面表面至顶棚或其他构件底面的距离，未计入设备及管道所需空间。

2）层高的制约因素

地下停车库层高受以下设计因素的制约：

(1) 车型大小；

(2) 结构构件高度；

（3）设备管道尺寸；

（4）车库顶板覆土高度。

3）层高计算

在地下停车库的层高设计中，选择合理的结构形式和优化设备管线的设计是降低车库层高的关键环节。

地下停车库的层高可按下列公式计算：

$$H = h_{净高} + h_{结构} + h_{风} + h_{喷淋}$$

式中　H——地下停车库层高；

$h_{净高}$——室内最小净高(微、小型车为 2.2 m，轻型车为 2.8 m，停车库内设置机械停车架时应结合停车设备的运行特点和有关技术资料进行设计，一般最小净高为 3.6 m)；

$h_{结构}$——结构构件高度；

$h_{风}$——风管截面高度，通常为 300～500 mm；

$h_{喷淋}$——喷淋头高度，通常为 150～200 mm。

地下停车库设计时，为减小层高，设备管道应优化设计，比如暖通风管与电气桥架及给排水管道平行敷设，尽量减少空间上的垂直交叉等。一般停放微、小型车的地下停车库层高在 3.6～3.8 m 范围内均较为经济。如汽车库与地铁或地下商业综合体合建时，汽车库的层高除应考虑以上因素外，还应考虑与地铁或商业等其他设施在水平和垂直两个方向上的连通关系。

4. 坡道及通道设计

1）地下停车库内坡道宽度

停车库内坡道一般采用直线型、曲线型。可以采用单车道或双车道，其最小净宽应符合表 3-8的规定。

表 3-8　　坡道最小宽度

坡道类型	计算宽度/m	最小宽度	
		微型、小型车	中型、大型、铰接车
直线单行	单车宽+0.8	3.0	3.5
直线双行	双车宽+2.0	5.5	7.0
曲线单行	单车宽+1.0	3.8	5.0
曲线双行	双车宽+2.2	7.0	10.0

注：此宽度不包括道牙及其他分隔带宽度。

地下停车库内通车道的允许坡度，见表 3-9。

表 3-9　　停车库内通车道的最大坡度

车型＼坡度＼通道形式	直线坡道		曲线坡道	
	百分比	比值(高∶长)	百分比	比值(高∶长)
微型车、小型车	15%	1∶6.67	12%	1∶8.3
轻型车	13.3%	1∶7.50	10%	1∶10
中型车	12%	1∶8.3		
大型客车、大型货车	10%	1∶10	8%	1∶12.5

注：曲线坡道坡度以车道中心线计。

停车库内当通车道纵向坡度大于10%时，坡道上、下端均应设缓坡。直线缓坡段的水平长度不应小于3.6 m，缓坡坡度应为坡道坡度的1/2。曲线缓坡段的水平长度不应小于2.4 m，曲线的半径不应小于20 m，缓坡段的中点为坡道原起点或止点，见图3-22。

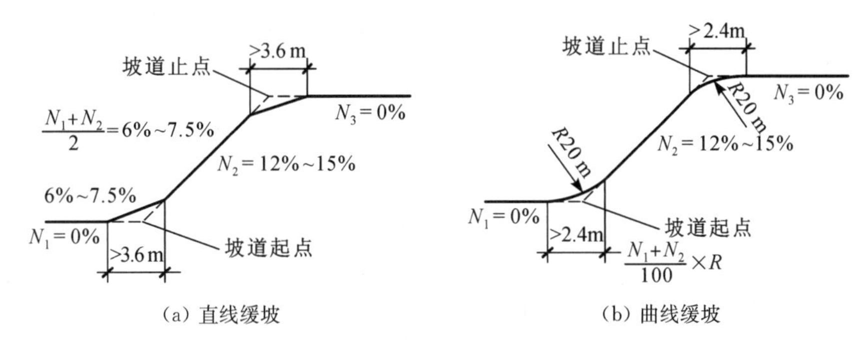

图 3-22　停车库通车道坡度设计要求

2）汽车的最小转弯半径

停车库内汽车的最小转弯半径见表3-10。

表 3-10　　停车库内汽车的最小转弯半径

车型	最小转弯半径/m
微型车	4.50
小型车	6.00
轻型车	6.50～8.00
中型车	8.00～10.00
大型车	10.50～12.00

停车库内汽车环形道的最小内半径和外半径按下列公式进行计算(图3-23)：

$$W = R_0 - r_2$$

$$R_0 = R + x$$

$$R=\sqrt{(L+d)^2+(r+b)^2}$$

$$r_2=r-y$$

$$r=\sqrt{r_1^2-L^2}-\frac{b+n}{2}$$

式中 W——环道最小宽度；

r_1——汽车最小转弯半径；

R_0——环道外半径；

R——汽车环行外半径；

r_2——环道内半径；

r——汽车环行内半径；

x——汽车环行时最外点至环道外边距离，宜等于或大于 250 mm；

y——汽车环行时最内点至环道内边距离，宜等于或大于 250 mm。

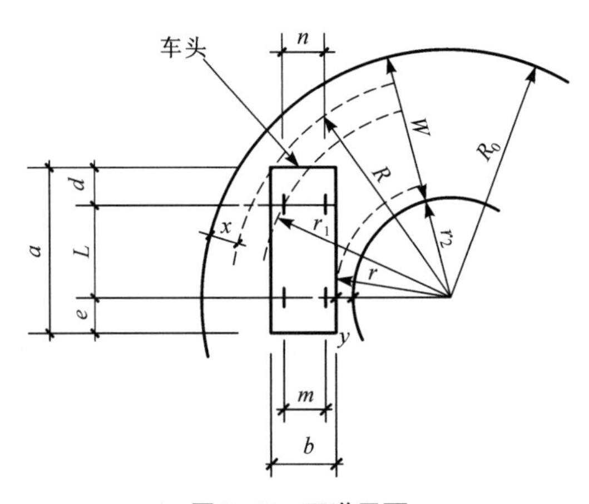

图 3-23 环道平面

a—汽车长度；d—前悬尺寸；b—汽车宽度；e—后悬尺寸；
L—轴距；m—后轮距；n—前轮距

3）停车库内的通车道宽度

停车库内的通车道宽度可按下列公式计算，但应等于或大于 3.0 m。

(1) 前进停车、后退开出停车方式(图 3-24)：

$$W_d=R_e+Z-\sin\alpha[(r+b)\cot\alpha+e-L_r]$$

$$L_r=e+[(R+S)^2-(r+b+c)^2]^{\frac{1}{2}}-(c+b)\cot\alpha$$

$$R=[(r+b)^2+e^2]^{\frac{1}{2}}$$

式中 W_d——通车道宽度；

S——出入口处与邻车的安全距离，可取 300 mm；

Z——行驶车与车或墙的安全距离，可取 500～1 000 mm；

R_e——汽车回转中心至汽车后外角的水平距离；

C——车与车的间距；

r——汽车环行内半径；

a——汽车长度；

b——汽车宽度；

e——汽车后悬尺寸；

R——汽车环行外半径；

α——汽车停车角。

此公式适用于停车倾角 60°～90°，45°及 45°以下可用作图法。

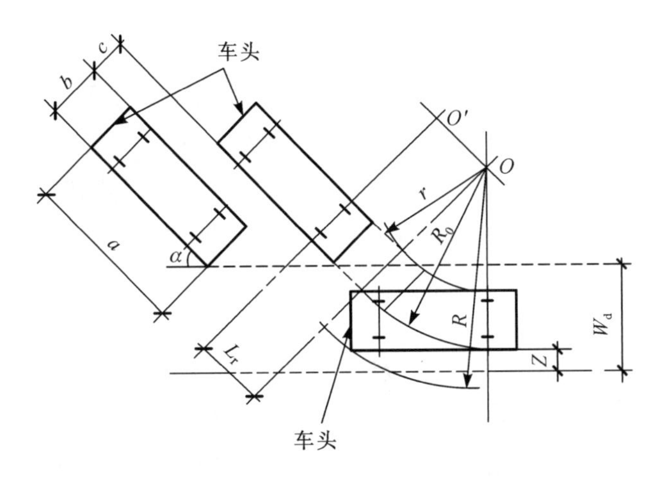

图 3-24　前进停车、后退开出停车方式停车平面

(2) 后退停车、前进开出停车方式(图 3-25)：

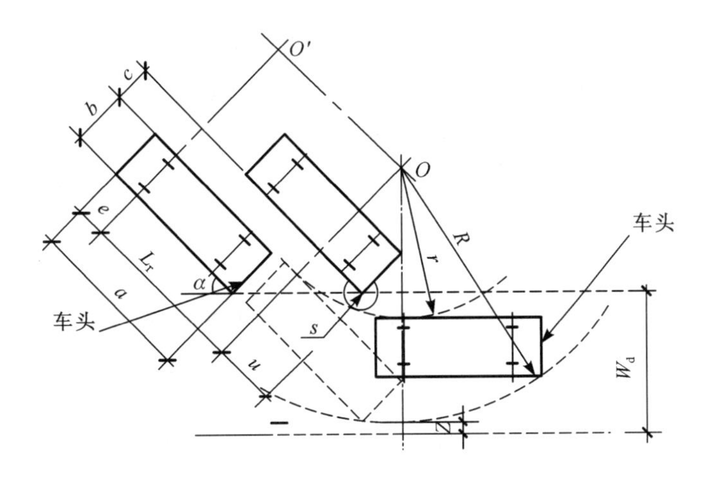

图 3-25　后退停车、前进开出停车方式停车平面

$$W_d = R + Z - \sin\alpha[(r+b)\cot\alpha + (a-e) - L_r]$$

$$L_r = (a-e) - [(r-s)^2 - (r-c)^2]^{\frac{1}{2}} + (c+b)\cot\alpha$$

汽车环形坡道除纵向坡度应符合表3-9外，还应于坡道横向设置超高，超高可按下列公式计算：

$$i_c = \frac{V^2}{127R} - \mu$$

式中 V——设计车速，km/h；

R——环道平曲线半径(取到坡道中心线半径)；

μ——横向力系数，宜为0.1～0.15；

i_c——超高即横向坡度，宜为2%～6%。

当坡道横向内、外两侧如无墙时，应设护栏和道牙，单行道的道牙宽度不应小于0.3 m。双行道中宜设宽度不小于0.6 m的道牙，道牙的高度不应小于0.15 m。

停车库内坡道面层应采取防滑措施，并宜在柱子、墙阳角及突出构件等部位设防撞措施。

地下停车库在出入地面的坡道端应设置与坡道同宽的截流水沟和耐轮压的金属沟盖及闭合的挡水槛。

3.3.3 地下停车库人性化设施及环境设计

通过兴建地下停车库是目前解决停车问题的主要途径，但全地下停车库的空间形式存在空间压抑、方向感差、阴暗潮湿、人的舒适感差等缺陷。为了营造舒适的地下空间，需要引入阳光与空气，需要自然的通风。因此可通过设计手段设置一些改善内部环境的空间与设施，来实现地下停车库的人性化设计。

1. 地下空间自然通风与自然采光的形式

地下停车库自然通风与自然采光，可以通过疏散楼梯的出入口、下沉广场、地下庭院、采光天窗等形式多种组合，把自然通风与自然采光最大限度地引入地下车库。自然通风与自然采光的引入，不仅有利于改善地下车库的空气质量与潮湿环境，而且还可以加强地上建筑空间及地面景观与地下空间的相互融合，同时可以减少地下车库的照明和机械排风的使用，有利于低碳节能。

1) 下沉广场

下沉广场是通过使地面的一部分“下沉”至自然地面以下，利用高差关系进行采光。下沉式广场是地上空间向地下空间的过渡空间，通过下沉广场的采光方法，打破地下空间的压抑感，实现地下与地上空间的渗透。同时，作为重要节点，下沉广场也往往成为地下空间的形象门户。

2) 地下庭院

地下庭院顾名思义就是沉入地下的庭院。地下庭院常用于大型多层地下空间建筑中，并与垂直交通相结合形成一个联系地上的出入口。由于地下庭院顶部开敞，直接与自然空气接触，能享受自然的阳光，如果在地下庭院中种植一些绿化植物或者布置一些雕塑小品，则不仅可以改善室内空间空气，还可以成为地下空间序列节点中的亮点，自然形成人流动线中出入口的标志。

3）采光天窗（井）

采光天窗（井）多用于浅层地下空间开发，采光效率较高。优点是采光界面形式灵活，可以是圆形的、方形的、条形的等。天窗采光不仅为采光提供了良好的条件，也可以成为人们在地下亲近地上的媒介，将自然阳光引入地下，达到地下空间与地上空间的竖向融合。

获得良好的自然采光与通风需要对采光天窗（井）的平面布局进行合理的设计，均匀的自然光线分布，不但可提升地下空间的品质，还可以对地下空间进行流线指引和空间暗示。采光窗（井）设计随地域不同，所采取的通风和采光措施也是不同的，例如地下车库采光窗，夏热冬暖地区玻璃采光窗顶应四周透空或者选用非常稀疏的装饰百叶，夏热冬冷地区玻璃采光窗顶四周则用较为密集的通风百叶更能适应当地气候，而寒冷地区则采用完全封闭的玻璃顶，或者采用侧面可开启的玻璃窗以满足冬季的保温和通风的要求。采光窗（井）的设置不仅要满足功能的要求，还需要注重其尺度和造型，同时还需要结合地面的建筑与景观环境综合考虑。

4）导光管

导光管是绿色节能产品，采用光导照明系统可将室外自然光引入室内，同时消除紫外线、消除热量、消除眩光和刺眼，白天不需开灯，不需要消耗能源，同时由于自身隔热，不会给周围环境增加热能，可以大大降低空调负荷，而且系统不需任何维护，没有运营成本，因此特别适合地下空间。

基本光导照明系统在地下空间应用的投资回收期为4～5年，而产品寿命为50年。

2. 采光口的设计方法

1）布置原则

(1) 均匀分布。在具有多个采光口的情况下采光口应均匀分布，在只有单个采光口时，应尽可能靠近中心位置设置。

(2) 应该分布于地下车库的车行道、楼梯间等位置。

(3) 结合地面景观平面，分布于对地面活动影响较小的位置。比如在公共广场等人们活动频率比较大的地方不宜设置采光井，而在绿地或者灌木中等人们活动频率较小的地方建议设置采光井，以尽量避免减少地面的有效活动面积。

(4) 满足防火规范要求。由于车库和建筑属于不同的防火分区，对于采光口的设置需要根据防火规范的要求，与地面建筑保持合理的距离。

2）尺度大小与数量的确定

(1) 择定室内照度标准值。《建筑采光设计标准》并未出台对于地下停车库的采光规定，通常参考仓库等室内空间的照度标准，一般以100 lx为计算标准。

(2) 根据项目所在气候区域确定计算条件，按照照度计算公式计算出车库实现自然采光所需要的理想开口面积。

(3) 考虑地面用地及功能限制，考虑与景观一体化设计，来确定采光口的大小和数量。

3.3.4 库内交通组织

1. 流线组织布置原则

一般遵守单向交通流线组织，库内尽量不产生车辆流线交织，应便于车辆找寻车位，并能使车辆快速进入及快速驶离。对于大型车库可以分区进行流线组织，库内的道路可以按照行驶的速度进行分级，一般库内的车辆行驶速度为 5 km/h，但对于大型车库可以设置地下车行系统，按照车行系统通过分区分级进行交通流线组织。

2. 地下车行系统

一般在地下高强度开发区域，尤其是小汽车使用率较高的商务区、商业综合体的大型地下停车库应设置车行系统进行库内流线组织。因为这样的大型车库内的通道系统如果按照简单的流线组织不能满足内部交通需求，所以地下车行系统的设置尤其重要。

地下车行系统的作用是将地下车库的各个区(组)系统引导和分级组织车辆出库和入库的交通，提高整个地下车库对外交通的可达性和便捷性。

地下车行系统一般分为一级流线通道、二级流线通道和三级流线通道三个层次。与外部道路相连的通道作为一级流线通道，与各个区(组)直接相连的通道作为二级流线通道，各区(组)内的通道为三级流线通道。

一级流线通道：快速通道，让车辆驶入库内快速找到通往各个分区的二级流线通道。不受停车的干扰，车行驶速度可以高于 5 km/h，可以按照地下道路的标准进行设置。

二级流线通道：让车辆快速找到通往各个分区内的三级流线通道，不受停车的干扰，车行驶速度可以高于 5 km/h。

三级流线通道：慢行通道，让车辆找到各个分区内车位的通道，车行驶速度不高于 5 km/h。

通过三个级别流线通道的设置，可让入库或驶离的车辆有序地、有组织地行进，并且按照层级进行分流，实现车库内的高效、便捷、有序。

此外，通过采用语言、文字、数字和符号相结合的车库分区(组)、空间记忆、色彩识别等建筑设计手法的可识别性设计方式，可形成系统性的地下车库标识系统，为车库内人流、车流提供合理指示。在车库内可设置区域性色彩辨识系统辅以区域编号系统，将整个车库划分为若干小规模停车区域，每个区域面积约 4 000 m^2，与车库防火分区划分相配合，增强停车位置的辨识性，并可增强停车人员记忆，减少人员步行距离。通过诱导设备设置停车位空满信息指示，可以方便入库车辆寻找空余停车位。

总之，地下车行系统可在大型地下停车库内构建全方位引导系统，通过设置库内地面标线系统与墙面、顶面文字等引导信息系统，为车库内人流、车流提供立体化指示信息，提高车库的使用效率，减少车库内车辆及人员滞留，为地下车库提供一个良好的车行组织系统。

3.3.5 地下停车库消防设计

1. 防火分区

地下停车库每个防火分区的最大允许面积为 2 000 m^2，复式停车库最大允许建筑面积为 1 300 m^2；当停车库内设有自动灭火系统时，其防火分区的最大允许建筑面积可增加 1.0 倍。

地下停车库内设备用房区应单独设置防火分区且每个防火分区允许最大建筑面积为 1 000 m^2；当设置自动灭火系统时，每个防火分区的最大允许建筑面积可增加 1.0 倍。

特别说明：① 防火分区的面积应以地下室外墙（不包括防水层及保护墙）外边线所围水平面积计算。② 地下汽车坡道部分（除敞开口以外）宜划分到停车库防火分区内，并且坡道顶板应加设消防喷淋。如因超面积等原因不能划分到地下车库防火分区内，则需在坡道处加设防火卷帘。

2. 防烟分区

设有机械排烟系统的停车库，其每个防烟分区的建筑面积不宜超过 2 000 m^2，设备用房区每个防烟分区的建筑面积不宜超过 500 m^2，且防烟分区不应跨越防火分区。

防烟分区可采用挡烟垂壁、隔墙或从顶棚下突出不小于 0.5 m 的梁划分。图 3-26、图 3-27为挡烟垂壁常用构造做法。

每个防烟分区应设置排烟口，排烟口宜设在顶棚或靠近顶棚的墙面上；排烟口距该防烟分区内最远点的水平距离不应超过 30 m。

3. 防火分隔

地下汽车库应设防火墙划分防火分区。防火墙或防火隔墙上不宜开设门、窗、洞口，当必须开设时，应设置甲级防火门、窗或耐火极限不低于 3.00 h 的防火卷帘，并应符合下列规定：

当防火分隔部位的宽度不大于 30 m 时，防火卷帘的宽度不应大于 10 m；当防火分隔部位的宽度大于 30 m 时，防火卷帘的宽度不应大于防火分隔部位宽度的 1/3，且不应大于 20 m。

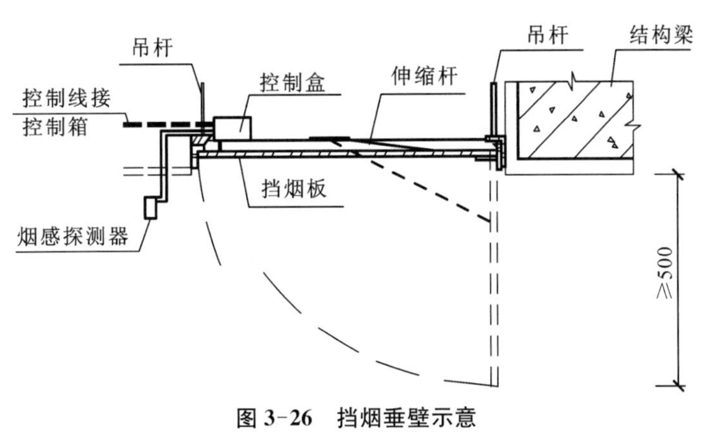

图 3-26 挡烟垂壁示意

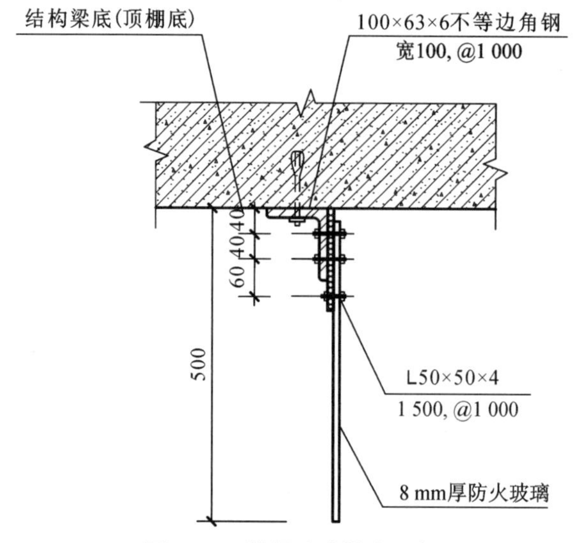

图 3-27　挡烟垂壁做法示意

地下停车库的汽车坡道两侧应用防火墙与停车区隔开，坡道的出入口应采用水幕、防火卷帘或设置甲级防火门等措施与停车区隔开。当汽车库和汽车坡道上均设有自动灭火系统时，可不受此限。

地下车库开敞部位（门、窗和洞口）和出入口上方建筑物有外窗处，在车库洞口处应设 1.0 m宽的防火挑檐，或开口部位上沿至上层窗洞口的下沿之间的窗间墙不应小于 1.2 m。

4. 人员安全疏散设计

地下停车库的人员安全疏散应与汽车疏散分开设置。

1）安全出口

地下停车库每个防火分区的人员安全出口不应少于 2 个，但Ⅳ类汽车库可设 1 个安全出口。

停车库内大于 1 000 m² 的防火分区，不可利用开向相邻防火分区的门作为第二安全出口。

2）疏散距离

停车库室内最远工作地点至楼梯间的距离不应超过 45 m，当设有自动灭火系统时，其距离不应超过 60 m（应按最不利疏散距离计算）。

5. 车辆安全疏散设计

1）汽车疏散口数量（以全国规范为例）

（1）车库的车辆疏散口不应少于 2 个，但下列情况可设 1 个：

① Ⅳ类汽车库；

② 停车数量小于或等于 100 辆的地下车库，且设置了双车道疏散坡道的停车库，建筑面积小于 4 000 m²。

（2）地下车库停车数量大于 100 辆，当采用错层式或斜楼板式且车道、坡道为双车道时，其首层或地下一层至室外的汽车疏散出口不应少于 2 个,汽车库内其他楼层汽车疏散坡道可设 1 个。

2) 疏散口数量计算

对于地下多层停车库,计算每层汽车疏散出口数量时,应尽量按车库车辆总数量来考虑,即总数量在 100 辆以上的应不少于 2 个,总数在 100 辆以下的可为 1 个双车道出口,但若确有困难,当车道上设有自动喷水灭火系统时,可按本层地下车库所负担的汽车疏散数量是否超过 50 辆或 100 辆,来确定汽车出口数量。例如三层停车库,地下一层为 54 辆,地下二层为 38 辆,地下三层为 24 辆,在设置汽车出口有困难时,地下三层至地下二层因汽车疏散数小于 25 辆,可设 1 个单车道的出口;地下二层至地下一层,因汽车疏散为 38+34=72 辆,大于 50 辆,小于 100 辆,可设 1 个双车道的出口;地下一层至室外,因汽车疏散数为 54+38+24=116 辆,大于 100 辆,应设 2 个汽车疏散出口。

3) 两个汽车疏散口之间的距离

两个汽车疏散口之间的距离不应小于 10 m,两个车道毗邻时,应采用防火隔墙隔开。

4) 汽车疏散坡道的净宽度

消防要求汽车疏散坡道的净宽度,单车道不应少于 3 m,双车道不宜小于 5.5 m。但从使用适度角度上要求,汽车疏散坡道的宽度不应少于 4 m,双车道不宜小于 7 m。

3.3.6 地下停车库楼电梯设计

1. 楼梯设计

(1) 地下停车库的疏散楼梯间应为封闭楼梯间。当地下室室内地面与室外出入口地坪高差大于 10 m 时,应设置防烟楼梯间。封闭楼梯间及防烟楼梯间均应符合《建筑设计防火规范》的相关规定。

(2) 地下室、半地下室楼梯间,在首层应采用耐火极限不低于 2.0 h 的不燃烧体隔墙与其他部位隔开并应直通室外,当必须在隔墙上开门时,应采用乙级防火门。

(3) 地下室、半地下室与地上层不应共用楼梯间,当必须共用楼梯间时,在首层应采用耐火极限不低于 2.0 h 的不燃烧体隔墙和乙级防火门将地下、半地下与地上部分的连通部位完全隔开,并应有明显标志。

(4) 疏散楼梯的宽度不应小于 1.1 m。

(5) 由于每个防火分区内安全出口数量不应少于 2 个,所以地下车库内的疏散楼梯在每个防火分区内的数量不少于 2 个。工程实践中,在满足规范的前提下,较经济的做法为:地下停车库每个防火分区至少设有 1 个直接对外的疏散楼梯,可与相邻车库防火分区共用 1 个直接对外的疏散楼梯;设备用房的每个防火分区通常设 1 个直接对外的疏散楼梯,利用与相邻防火分区防火墙上的甲级防火门作为第二安全出口。

(6) 当地下停车库与住宅地下室相通时,人员疏散可利用住宅楼梯,若不能直接进入住宅楼梯间,应在停车库与住宅楼梯之间设走道相连。走道应采用防火隔墙分隔,开向走道的门均应为甲级防火门。

(7) 出地面的楼梯间的形式根据规范要求可为开敞楼梯间或封闭楼梯间。若地下室为封闭楼梯间,地面可为敞开楼梯;若地下为防烟楼梯间,地上可为封闭楼梯间。敞开楼梯间应设有防止风雨灌入的措施,并解决好防水及雨水排放的问题。

2. 电梯设计

三层及以下的地下停车库应设置载人电梯;电梯的服务半径不宜大于 60 m。

地下停车库的电梯与上部共用时,应设置电梯侯梯厅,并与停车库间采用防火分隔措施。

埋深大于 10 m 且总建筑面积大于 3 000 m^2 的单建式地下停车库无须设置消防电梯,附建式地下车库地上的消防电梯必须下至地下车库内。消防电梯应分别设置在不同防火分区内,且每个防火分区不应少于 1 台。

3.3.7 地下停车库无障碍设施

停车库内应设置无障碍专用车位,以满足残疾人或行动不便的驾驶者的出行需求。

1. 无障碍车位位置

地下停车库中,无障碍停车位应设置在地下一层,并靠近无障碍垂直交通。

2. 无障碍车位数量

无障碍停车位的设置数量应根据停车库的规模而定,其一般数量设置标准为:

(1) Ⅳ类地下停车库应设置不少于 1 个无障碍机动车停车位;

(2) Ⅱ类及Ⅲ类地下停车库,无障碍机动车停车位数量不应少于总停车数的 2%,且不少于 2 个;

(3) Ⅰ类地下停车库,无障碍机动车停车位数量不应少于总停车数的 2%。

3. 无障碍车位其他设置要求

(1) 无障碍停车位的地面应平整、坚固,地面坡度不应大于 1∶50。

(2) 在无障碍停车车位的一侧,应设置宽度不小于 1.20 m 的轮椅通道,应使乘轮椅者从轮椅通道直接进入人行通道到达建筑入口,如图 3-28 所示。相邻两个无障碍机动车停车位可共用一个轮椅通道。

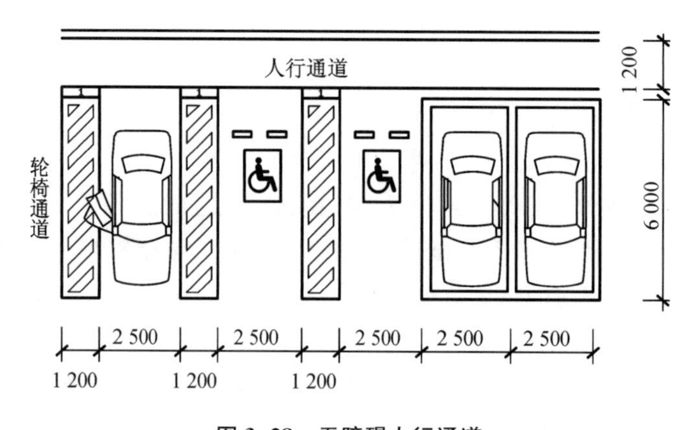

图 3-28 无障碍人行通道

3.3.8 地下停车库设备用房设计

地下停车库内为整个车库服务的设备用房宜自成一个防火分区，如仅为地下停车库内一个防火分区服务可将其划分到汽车库防火分区内。

设备用房的疏散门设置应符合防火疏散要求，开门大小应满足设备进出的需要，应预留设备安装、检修的孔洞及运输通道。地下设备用房房间的建筑面积不超过 200 m²，可设置一个疏散门。

1. 电气设备房间

变配电所宜布置在地下靠外墙部位，不应布置在厨房、浴室、厕所、给水泵房和水箱间、污水泵房等经常积水场所的正下方或贴邻，不应设在地下室的最底层。变电所室内地面应适当抬高 150～200 mm。配变电所应避开建筑物的伸缩缝处。配变电所门应为甲级防火门，直接通向室外的门应为丙级防火门。

地下车库每个防火分区内宜分别设置强电间和弱电间，一般强电间面积为 10 m²，弱电间面积为 6 m²。强弱电间的门为乙级防火门。

2. 暖通设备房间

地下车库每个防火分区宜分别设置新风和排风机房，面积一般为 50 m²。当防火分区内有汽车坡道时，坡道内不设置防火卷帘门，可利用汽车坡道作为新风进风口。

新风、排风机房房间门应为甲级防火门。

排风机房的排风口应设于下风向，排风口不应朝向邻近建筑物和公共活动场所，排风口离室外地面高度应大于 2.5 m，并应做消声处理。新风口应设置在室外空气洁净处，新风口离室外地面高度不宜小于 1 m。送、排风风井出地面设计时应尽量结合楼梯间和地面景观考虑，减小对地面功能的影响。

3. 给排水设备房间

消防水泵房及消防水池应靠外墙设置，其疏散门应靠近安全出口。消防水泵房的门应采用甲级防火门，应采用耐火极限不低于 2.0 h 的隔墙和 1.5 h 的楼板与其他部分隔开。

生活水泵房的门应采用乙级防火门。

污水泵房不应与有洁净要求的房间上、下方或贴邻布置。

4. 消防控制室

消防控制室应设置在车库的地下一层或地上一层，并应设置直通室外的安全出口，应采用耐火极限不低于 2.0 h 的隔墙和 1.5 h 的楼板与其他部分隔开。房间门采用甲级防火门。

3.3.9 地下停车库排水设计

1. 楼地面排水设计

停车库的停车区楼地面应采用强度高、具有耐磨防滑性能的非燃烧体材料，并应设不小于 1%的排水坡度和相应的排水系统。

有排水要求的房间楼地面标高，一般应低于相邻房间或走道 20 mm（无障碍要求为 15 mm，并做斜面过渡），并应设置地漏或排水沟，地面排水坡度不小于 1%。

2. 集水坑设计

地下停车库通常在最下层车库内设置带隔油措施的集水坑，以满足排水需求。集水坑中距不宜大于 40 m，集水坑大小由给排水专业计算确定，通常为 2.0 m×1.5 m×1.5 m(长×宽×深)。

停车库内排水沟宽度一般为 300 mm，沟内排水坡度为 1%。排水沟不得跨越防火墙。

3.4 案例研究

3.4.1 上海科技大学一期地下空间设计

1. 项目特点

此项目位于上海市浦东科技园的上海科技大学内。整体基地位于上海浦东张江科技园区中区，基地西侧和南侧为城市快速干道罗山路和华夏中路，东侧为城市主干道金科路。规划轨道交通 13 号线沿中科路地下穿越基地(图 3-29)。

图 3-29 上海科技大学鸟瞰图

此项目是地下空间整体开发的一个典型案例。上海科技大学教学区共有四大学院，由 4 个建筑群组成，每个学院由数栋建筑围合。设计者在四大学院区也就是核心学院区的地下进行了地下空间的整体开发(简称为四大学院区地下空间)，它也是校园的主要地下空间区域，建筑面积约 15 万 m^2，整体的地下空间与地上建筑群形成有机整体，共同构成立体的、集约化的校园空间。

2. 规模论证

1) 停车需求预测

校区停车需求按配建指标法和交通需求法两种方法进行预测。

(1) 按配建指标计算停车需求。

根据配建指标法计算预测,若车库独立开发,停车需求达 2 600 个车位。

(2) 按交通需求计算停车需求。

① 按人口岗位计算。校区人口和岗位总数按 1.32 万人计算,其中,学生:10 000 人,通勤人口:3 200 人(包括科研办公人员:1 500 人+500 名家眷;商业、物业等后勤服务人员按基地人口 10%配置:1 200 人)。同时考虑图书馆、体育馆、报告厅等对外服务设施对外交通吸引量,计算出校区出行总量达 4.95 万人次/d。

② 按建筑吸引率计算。参照《上海市建设项目交通影响评价技术标准》建筑面积吸引率取值,计算校区出行总量达:5.26 万人次/d。

③ 校区出行总量,取均值:(4.95+5.26)/2=5.12 万人次/d。

根据表 3-11 交通出行方式划分计算,日交通产生量:9 255 pcu/日。参数选择:进校停车率,90%;周转率,1.65 车次/泊位(参照同济大学本部停车周转率 1.65 车次/泊位)。按交通需求计算出停车泊位需求量:2 524 个,与建筑面积配建数 2 600 个基本相当。

表 3-11　　校区出行方式划分

交通方式	步行	自行车	公交(含轨道交通)	客车及其他	合计
居住	25%	40%	20%	15%	100%
通勤	15%	10%	35%	40%	100%
对外服务吸引	10%	15%	40%	35%	100%

2) 停车需求平衡分析

地下车库集中开发,削峰填谷,实现车库资源高度共享,可减少配建车位。

不同功能区的停车需求高峰发生在不同时间段(图 3-30):

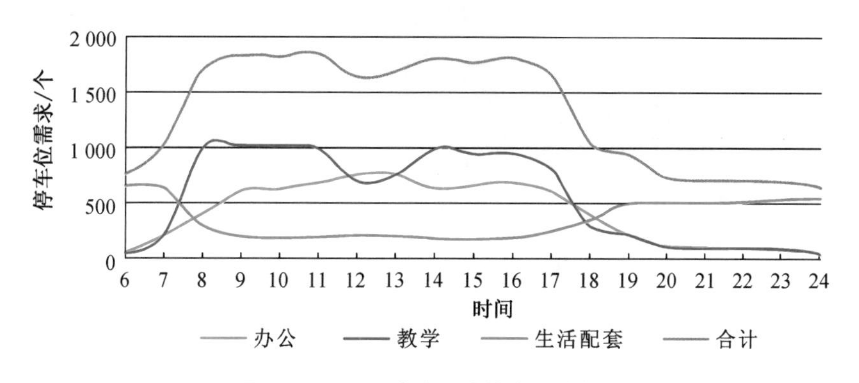

图 3-30　不同功能区的停车累计曲线

办公功能——入库高峰 8:00～10:00;出库高峰 16:00～18:00;

教学功能——入库高峰 7:00～10:00,13:00～15:00;出库高峰 11:00～12:00,16:00～

17:00；

生活配套——入库高峰 18:00～20:00；出库高峰 7:00～9:00。

校园集中建设各个功能区的停车库，通过车库联络道实现车库资源共享，与单独建设相比，可削减约 30%的停车泊位供给，即校园地下车库集中开发后停车需求为 2 600×70%=1 820 个。

3. 总体方案设计

1）设计目标

上海科技大学是以国际化、高层次、高标准为特征的新型大学建设项目，在校园范围内需建设互动、变化、便捷、环保、可持续的学习生活环境。为实现以上规划建设目标，地下建筑采用整体地下空间开发模式，地下空间为机动车停车系统、物流系统、设备系统等提供一揽子解决方案，打造一个独一无二的场所，为学校提供有力的后勤保障和支持，为校园营造一个整洁、适合人居、景观丰富的全天候环境。

通过该工程地下空间建设，校园内将实现"交通便捷、人车分流、净污分流、安全宜人"的生态校园环境目标。

2）总体布局

地下空间开发总体规模约 15 万 m^2，设地下一层，埋深约 7 m，包括地下道路、停车、设备等功能，以及地下教学功能用房（图 3-31）。地下空间总体开发范围依据地面建筑规划形态而

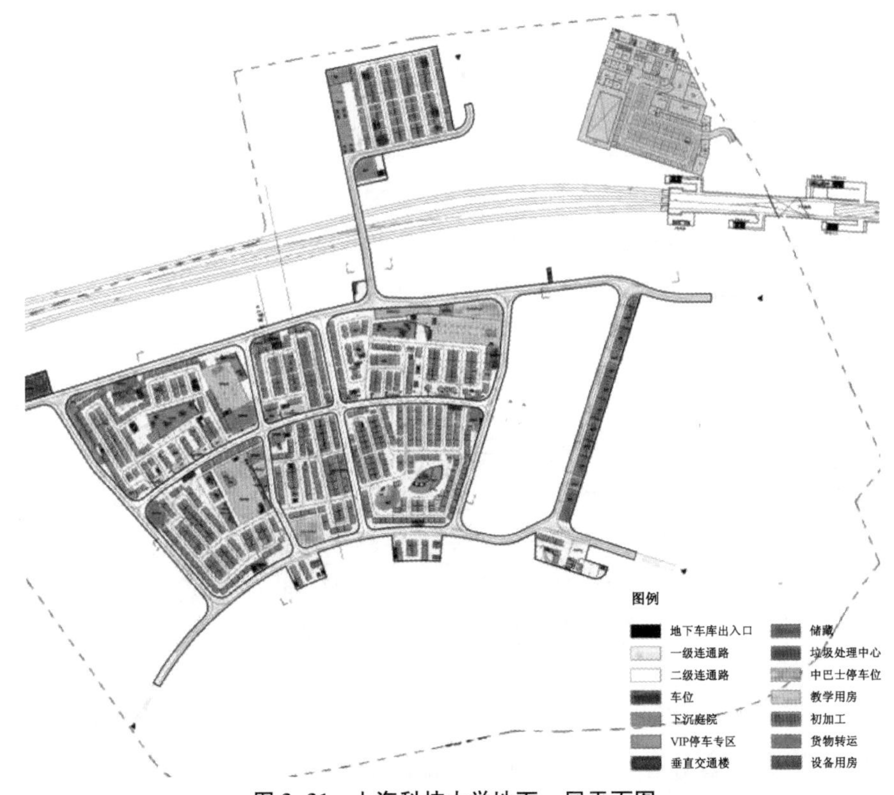

图 3-31　上海科技大学地下一层平面图

定，以地面建筑轮廓线作为地下空间开发范围依据，使得地上、地下形成有机整体。总体布局以集中布局、系统布局为原则，便于降低地下空间建造成本，各部分功能统筹使用。

(1) 车行出入口设计。

地下空间车行出入口设计原则如下：

① 均布原则——在总体布局上，地下空间各方向均设置了车行出入口对接城市交通，保证地下空间交通系统运转的高效便捷，并针对特殊要求车辆设计相应特殊车行出入口。

② 人车分离原则——为避免地面车行交通对人行交通的影响，将车行出入口与人行系统在地面各自独立设计，保证安全，并与景观设计相结合，美化环境。

③ 洁污分离原则——将垃圾出入口与一般出入口分开设计，避免过程污染。

④ 合理性原则——由于地下空间建设与地面建筑及邻近轨道交通 13 号线相关，且项目用地周边自然水体丰富，因此设计需结合工程实际，保证方案可实施。

根据以上设计原则，在地面共设计 6 个出入口，分别编为 1 号—6 号，分散布置。其中 1 号车行出入口设于基地西北角，自中科路进入；2 号车行出入口位于基地西南角，自集慧路进入；3 号车行出入口位于基地东北角，自中科路进入；4 号车行出入口位于基地东南角，自环科路进入；5 号车行出入口设于基地北侧，自海科路进入；6 号车行出入口为生命学院应急使用。

各车行出入口均与校园南北两主要人行校门分离设置，并远离各建筑人行出入口。外部车流自市政道路将直接进入地下空间，经地下空间转换后，人流再进入地面校园空间。

1 号口同时兼作校园垃圾收集车辆进出口部，远离校园人行活动中心。

各车行出入口坡道，距离相接校园道路边界或城市道路规划红线距离均不小于 7.5 m，并在距出入口边线内 2 m 处作视点的 120°范围内至边线外 7.5 m 以上，无视线遮挡物。

(2) 设备风井设计。

地下空间设备风井规划设计以卫生、安全，不破坏校园景观为规划设计原则。各风井在校园布置中根据实际需求采取高风井、低风井两种形式。高风井结合地面建筑设计，当风井独立于景观中时则采用低风井。各风井布置均从平面、竖向标高两方面避开人经常活动区域。

(3) 交通组织。

① 车行组织：地面路网环形连通到达各功能区，分为紧急主通道和联络道(图 3-32)。

在功能上以提高校区环境品质为主，地面道路以人行为主，仅供大巴及特种车辆使用。大巴结合校门就近布置，共设置三处大巴停车场，分别服务教学区、生活区、会议中心等，每处 4～6个泊位。

② 步行组织：构建风雨无阻的步行网络，以东西中央步廊为主轴，向南北辐射(图 3-33)。通过下沉庭院、垂直交通实现上下沟通。

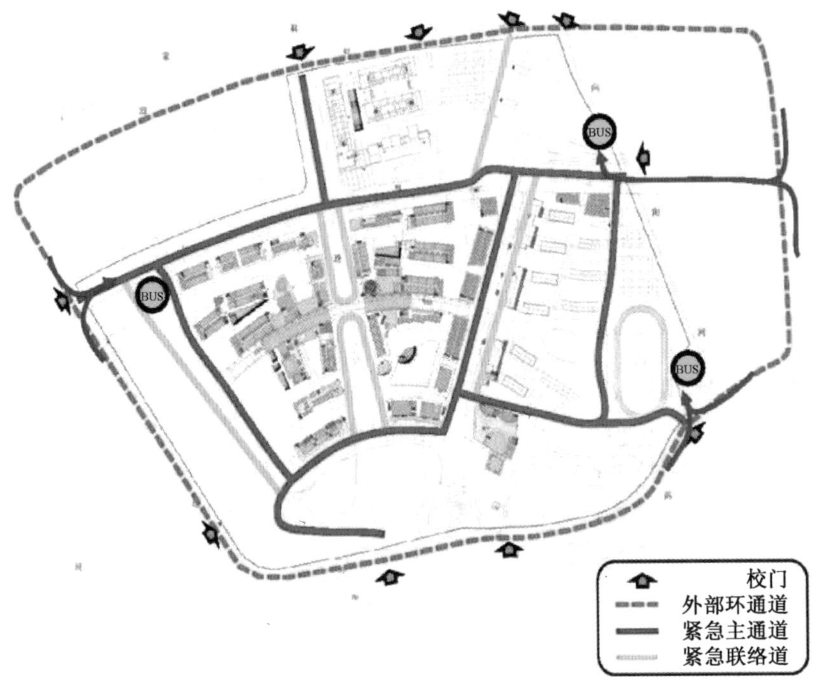

图 3-32　上海科技大学车行组织

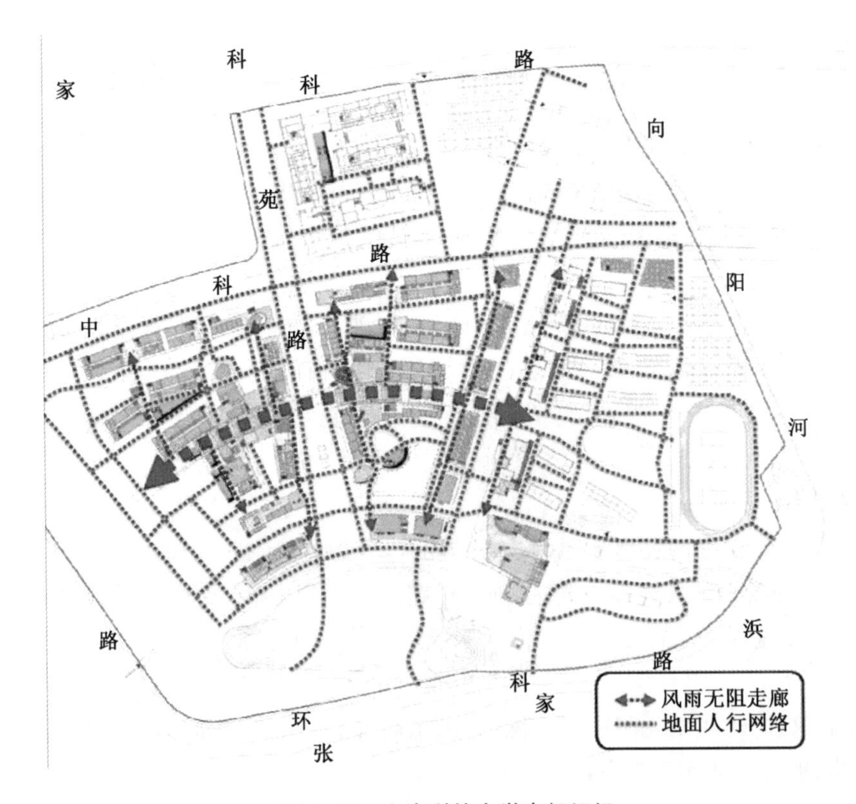

图 3-33　上海科技大学步行组织

4. 建筑方案设计

1）平面功能布局

地下空间总体设计地下一层，功能上包括四部分内容：

(1) 机动车交通及停车功能；

(2) 地上教学用房延伸功能；

(3) 校园后勤辅助功能；

(4) 设备管线及用房功能。

在总体布局上，各出入口之间形成校园地下一级道路系统。该道路系统是地下空间各系统的骨干支撑，同时从开发范围上，基本形成地下空间的外界控制。就此在地下空间形成“1+5”的形态布局。

“1”是在核心学院区范围内，在物质学院、创管学院、信息学院、创艺学院下方形成地下空间的核心区（以下称“四大学院区”），“5”是在四大学院、行政办公、公共教学楼之外，分散地设置相对独立的地下空间，分别为：①生命学院位于中科路以北，总体规划独立，对应设计该区地下空间；②国际交流中心相对独立，设计该区独立地下空间；③生活区食堂部分，对应服务该区，设计地下空间；④图书资料馆，总体规划位于生活区与学院区之间，对应设置该区地下空间；⑤学生中心部分，对应服务该区，设计地下空间。

“1+5”形态布局下，除会议中心区自成一体外，其余各部分均通过一级道路系统联系起来。各区地下空间对应服务于地上建筑，相对独立，同时又相互有机联系在一起。四大学院区为地下空间的核心区，总体划分为五个分区，分别对应地上四大学院另加一个公共区。各学院对应地下空间范围内，设置相应停车、设备用房，并根据需要设置部分地下教学功能。公共区设计公共停车位，作为对各区停车的补充。其余各区功能均以服务该区的停车及设备功能为主。

2）流线系统组织

在整体地下空间内，根据各功能要求，形成六大系统：小型客车系统，中巴车系统，货运车系统，垃圾车系统，综合管线系统。

(1) 小型客车系统。

小型客车系统在地下空间范围内形成三级道路系统，在原一级道路系统上，下设二级、三级道路系统。一级道路作为地下空间的主干道，承担各分区到达功能。二级道路用于各停车组团间连接道路。三级道路为各停车分区进出车道。

整体道路系统内设置单循环流线，车辆运转快捷、有序。各停车组团分设进出口，方便从不同方向车流迅速入位。

三级道路设计时与各停车组团内各下沉庭院紧密联系，方便外来送客车流到达、快速放客后离开。

地下空间各区合计设计小型车停车位约 1 550 个，加上地面临时停车位 200 个，合计校园停车总数约 1 750 个，基本满足交通停车需求（图 3-34）。

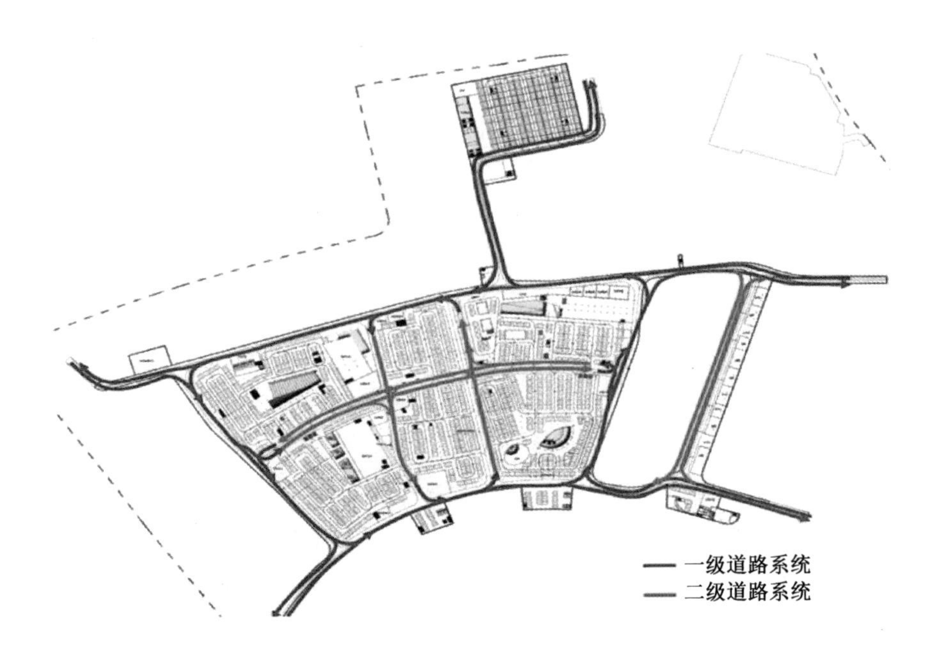

图 3-34　上海科技大学小型客车系统

(2) 中巴车系统。

中巴车系统利用 IT 学院北侧相对隔离区域设计，作为校园中巴公共交通在地下的临时蓄车场地。自一级道路直接进入，不对其他功能形成干扰(图 3-35)。

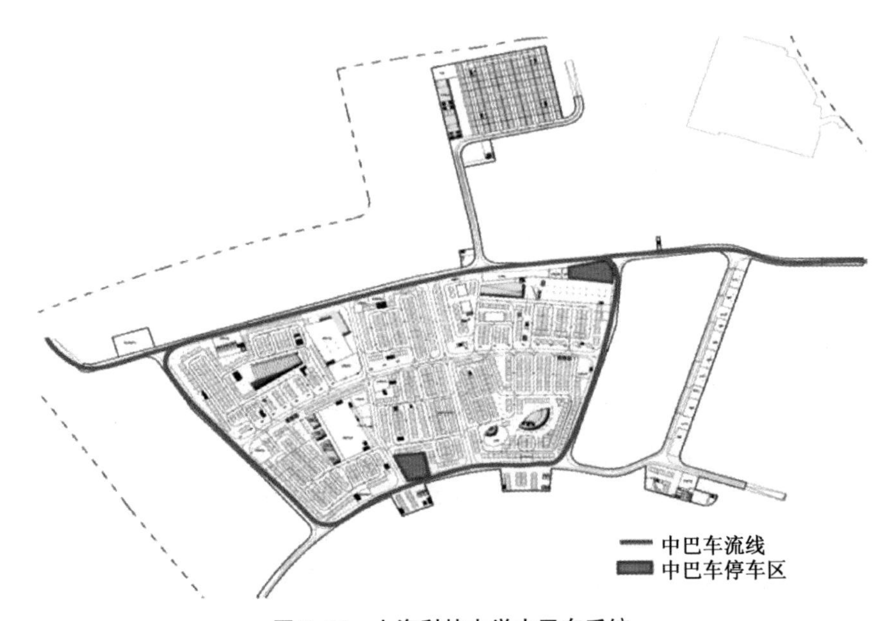

图 3-35　上海科技大学中巴车系统

(3) 货运车系统。

四大学院范围内，与地面建筑联系，设置三处货运点，另外对应图书资料馆、食堂分别设置相应货运点。货运通道利用一级、二级道路设置，将货运止于外围，尽量减少对正常进出车的影响(图 3-36)。

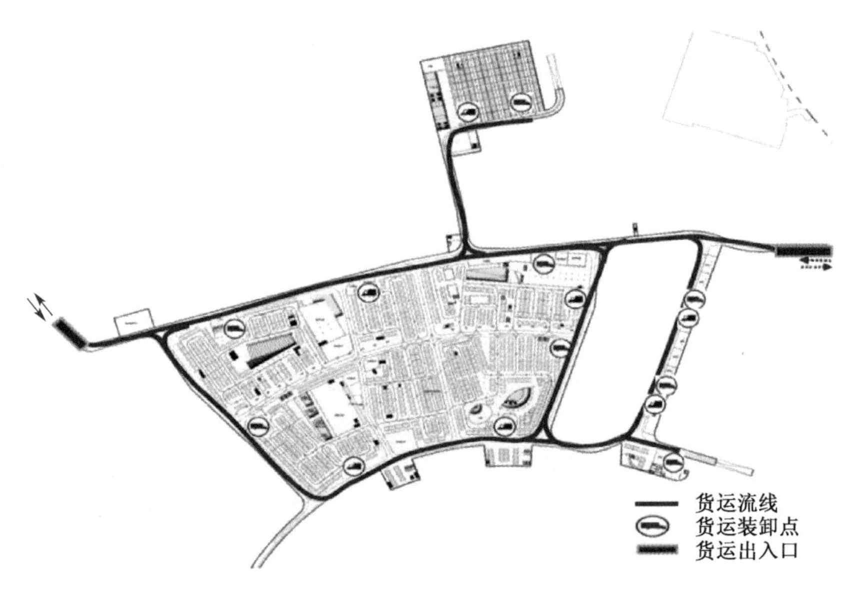

图 3-36　上海科技大学货运系统

(4) 垃圾车系统。

地下空间在西北角设集中垃圾站一座，集中收集处理校园各项垃圾，并通过市政垃圾车辆运离。垃圾车辆仅允许在一级道路上行驶，作为受约束车流，尽量减少其影响区域，同时要求各区域地面建筑将垃圾收集后汇总至一级道路边，方便运输(图 3-37)。

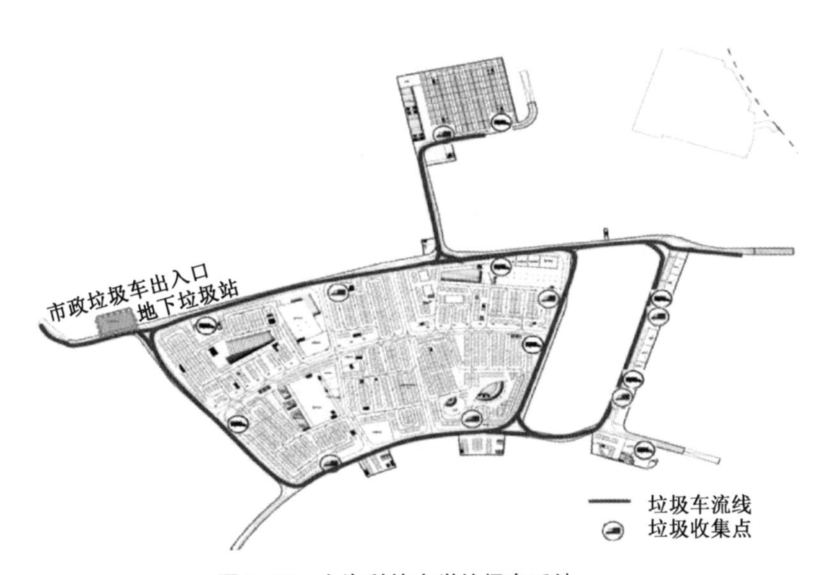

图 3-37　上海科技大学垃圾车系统

(5) 综合管线系统。

校园范围内综合集约布置市政管线，管网系统总体形态与地面道路规划形态相结合，局部管线埋深较深处，结合地下空间顶板结构设计管沟，尽量减少工程覆土厚度，降低工程造价(图3-38)。

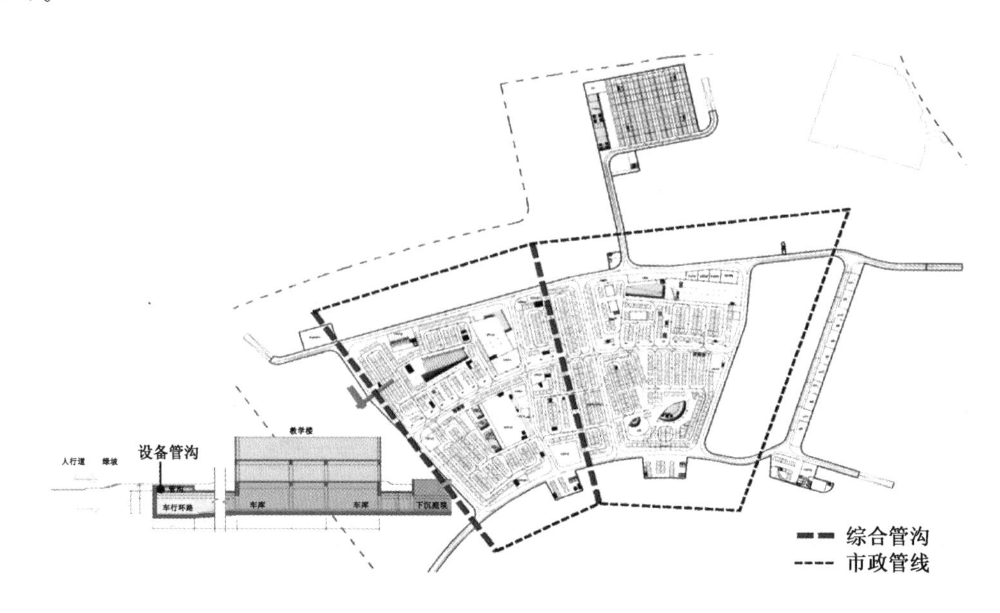

图 3-38　上海科技大学综合管线系统

3) 竖向设计

该工程地下工程设计地下一层，层高 4.1～5.1 m，分别满足小型车停车及轻型车的使用要求。顶部覆土厚度 1.5 m，满足绿化种植要求。同时结合场地开辟下沉庭院，引入自然元素，提升地下空间品质。此外，根据不同功能净高需求，分区控制埋深，降低建设成本(图3-39、图 3-40)。

4) 识别性设计

由于地下空间规模很大，为方便使用，通过标识设计以及自然光线的引入，在地下空间明确车流、人流方向。

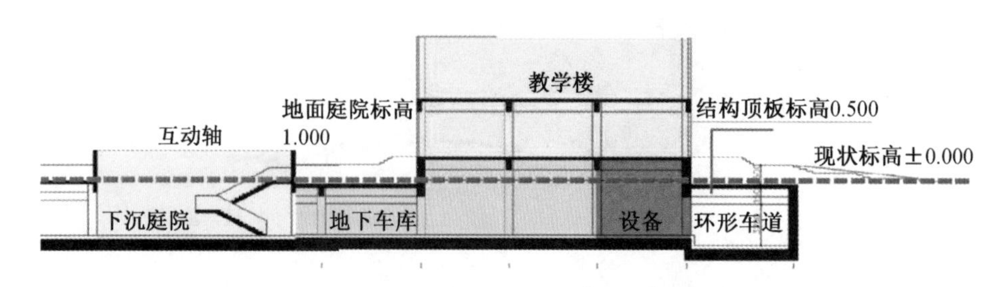

图 3-39　上海科技大学地下工程剖面图

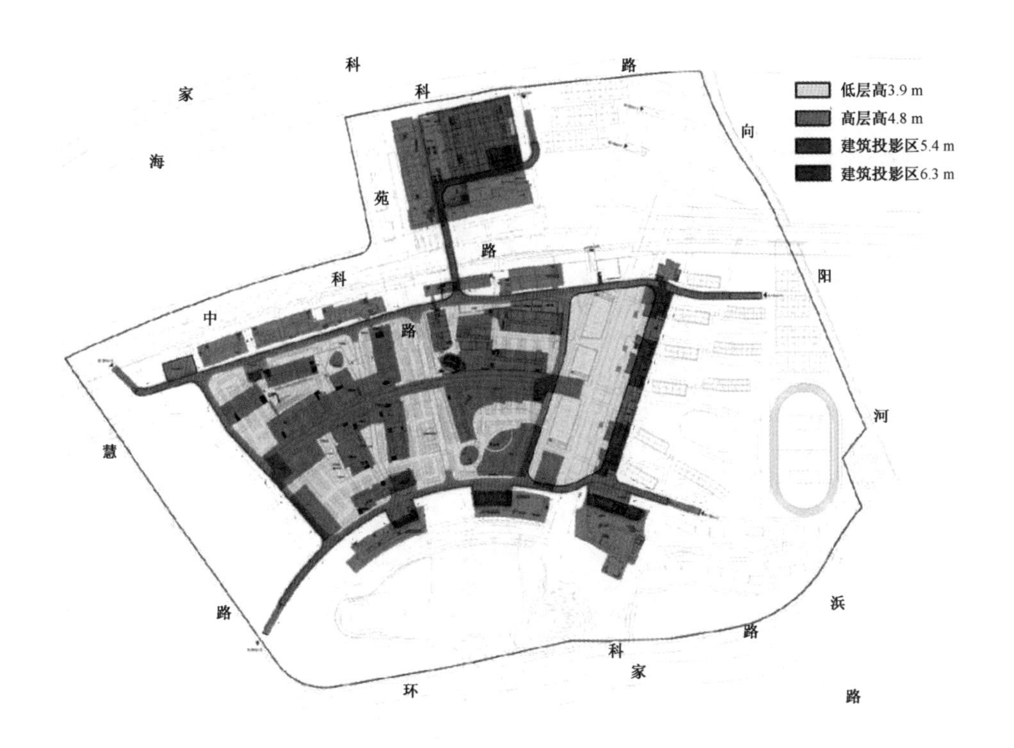

图 3-40　上海科技大学建筑层高分布

在道路标识的基础上，通过以色彩、材质分区标识各停车区，并在各停车区内标识各人行电梯、楼梯。车辆进入地下空间后，跟随标识方向指引，可迅速到达各停车区，随后从各人行出入口到达地面。

另外通过下沉庭院延伸至地下空间，将阳光、空气引入地下，形成地上、地下空间衔接，加强了地下空间的方向识别感。

3.4.2 上海交通大学徐汇校区新建地下停车库设计

1. 项目概况

上海交通大学徐汇校区，地处上海徐汇区中心地段，周边交通便利，南部毗邻徐家汇城市副中心，东邻衡山路-复兴路历史文化风貌保护区，西邻新华路历史文化风貌保护区。校园东侧是城市主干道华山路，北侧为次干道淮海西路，南侧为次干道广元西路，西侧为支路番禺路（图 3-41）。长期形成的校园空间逐渐不能满足校内师生的停车需求，而大量的机动车地面停放也对具有多处历史保护建筑的校园风貌形成冲击，因此，拟在校园大操场地下建设地下停车库，以解决学校日益严峻的停车问题。

此项目位于校区中心大操场地下，操场东侧为制冷实验室、35 kV 变电站、10 kV 变电站、新建楼、体育馆及总办公厅，北侧为凯原法学楼，西侧为教工食堂、文治堂及教一楼，南侧为居民区（图 3-42）。

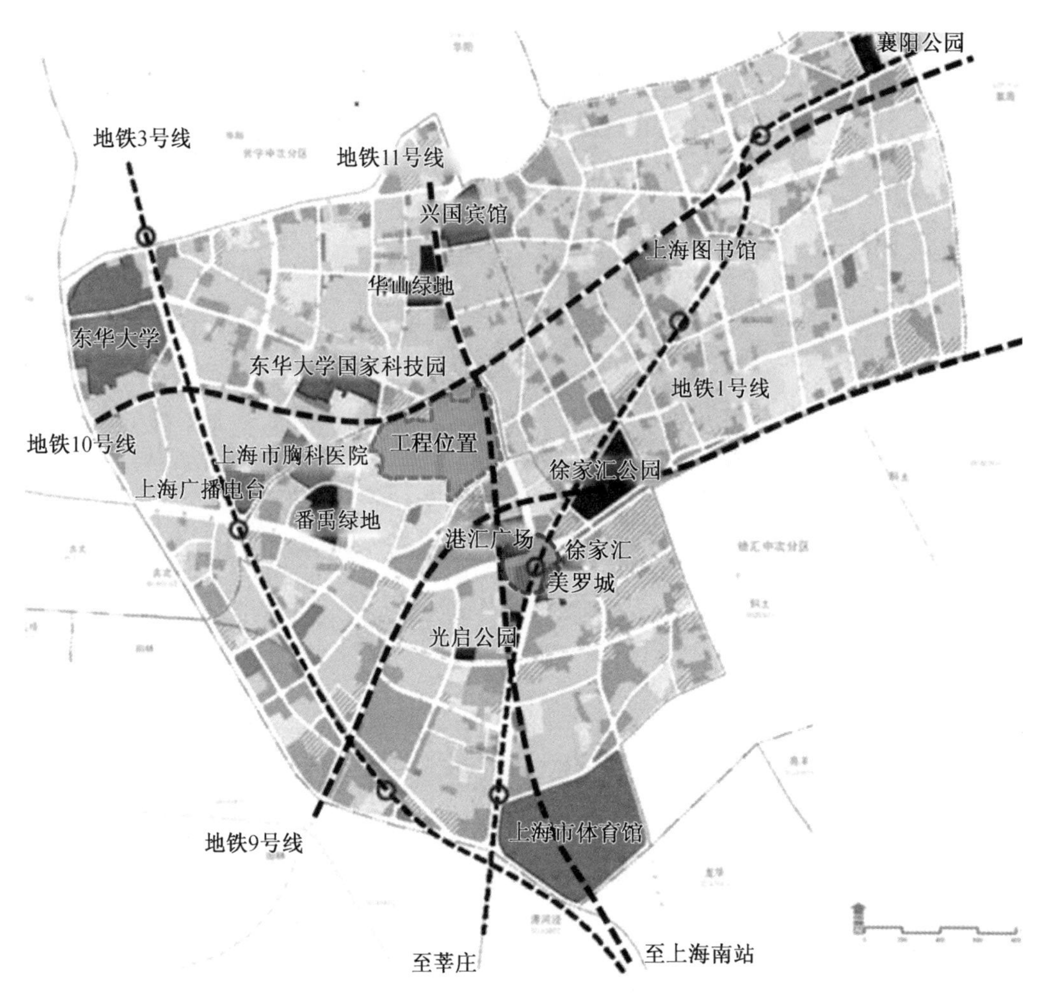

图 3-41　上海交通大学徐汇校区地下停车库工程位置

2. 建设规模

此项目建设内容为设置于大操场下的地下车库，层数为地下两层。

地下车库总建筑面积为 25 999.6 m^2，地下层高 3.4 m，基坑深度约 7.8 m。地下一层建筑面积为 13 551.7 m^2，地下二层建筑面积为 12 228.9 m^2，地面层建筑面积为 219 m^2，主要功能为出地面疏散楼梯间、电梯间及新风、排风井。

3. 项目难点

该场地现为校区的大操场，操场周边体育场和总办公厅为保护建筑，新建楼和文治堂为保留历史建筑；校园内由于历史原因，管线复杂，操场地下有未知规模的废弃人防设施，操场东侧跑道下有一组电力顶管，操场南侧距居民区距离较近(图 3-43)。因此，工程设计复杂，施工难度提高。

4. 总体方案设计

1）设计目标

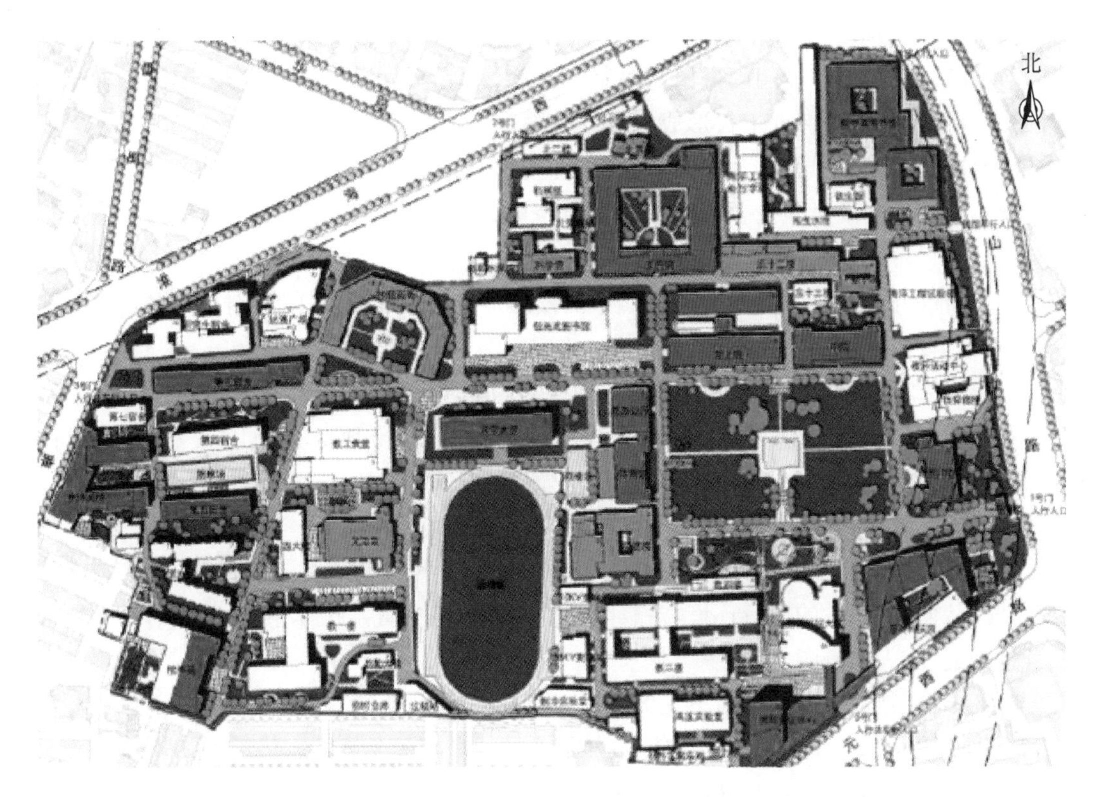

图 3-42 上海交通大学徐汇校区校园总平面图

图 3-43 上海交通大学徐汇校区大操场鸟瞰图

解决校园日益严峻的停车问题:因校园内固定停车位供给不足,进出车辆只有沿道路两侧及建筑物周边停放,使得校园内进出道路不畅,车辆无序停放,严重影响了校园秩序与景观,同时大量车辆穿行校园对行人出行形成极大安全隐患。

改善校园地面环境景观,为校园带来宁静的教学氛围:利用校园地下空间资源建设大型地下停车库,能够充分满足学校教职工和学生的停车需求,缓解停车供需矛盾,最大限度降低交通事故风险。

支撑学校的战略发展:上海交通大学徐汇校区是交通大学的发祥地,对校园的历史保护有一定要求,对校园环境品质要求较高。

提高土地综合使用效率:利用大操场地下空间建设停车库可有效开发土地,对于密度高、容积率低的百年名校来说,有效地节约土地资源,提高土地综合使用效率,并解决停车难问题。

2) 总体布局

设计本着“以人为本、人车分流”的基本原则,合理布置人行流线、车行流线,为人、车均提供一个安全、便捷、舒适的通行环境,在有限的空间内合理布置结构体系及柱网、合理布置停车位,营造舒适、宜人的校园空间。

地下停车库建设应处理好以下三大关系:

(1) 地下停车库设计应协调好与周边建筑及校园环境的关系;

(2) 地下停车库的交通组织和区域交通组织;

(3) 地下停车库设计与现有地下设施的关系。

该工程总停车位数量为 691 个,需至少设置两个车辆出入口。由于徐汇校区用地紧张,依据交通组织对车库出入方向的分析,操场周边没有条件设置两根双车道,因此,分别在操场东南角制冷实验室处设置一根单坡道,在西侧文治堂北设置一根单坡道,文治堂南设置一根双坡道来满足规范要求。根据对校园交通的梳理,遵从人车分区,历史保护核心区不能行车的原则,西侧两根坡道通过地下长通道引出核心区,保证在高密度校园内创造完整操场场地,满足师生活动和绿化种植的需求。

考虑到地面功能为体育场,地下出入口、风井等出地面的位置受到体育场的限制,因此在设计中,将人行及车行出入口、设备用房及风井设计在地下车库周边,避开地面体育场的范围,并将部分出入口与风井结合布置,将地面建筑对场地的影响降到最低。参见图 3-44。

3) 交通组织

操场地下停车库共设置 3 个出入口:操场西侧文治堂南设置一个 7 m 净宽双车道出入口;操场西侧文治堂北设置一个 5 m 净宽单车道出口;东南角制冷实验室及 35 kV 变电站中间地带设置一根 5 m 净宽单车道,采取“早进晚出”管理方式。

由于此校区二号口距相邻交叉口较近,对进出车辆采取“右进右出”的交通管制,降低进出车辆对淮海西路产生的交通影响,提高路段交通运行效率;对进出三、五号口的车辆不限制转向。参见图 3-45、图 3-46。

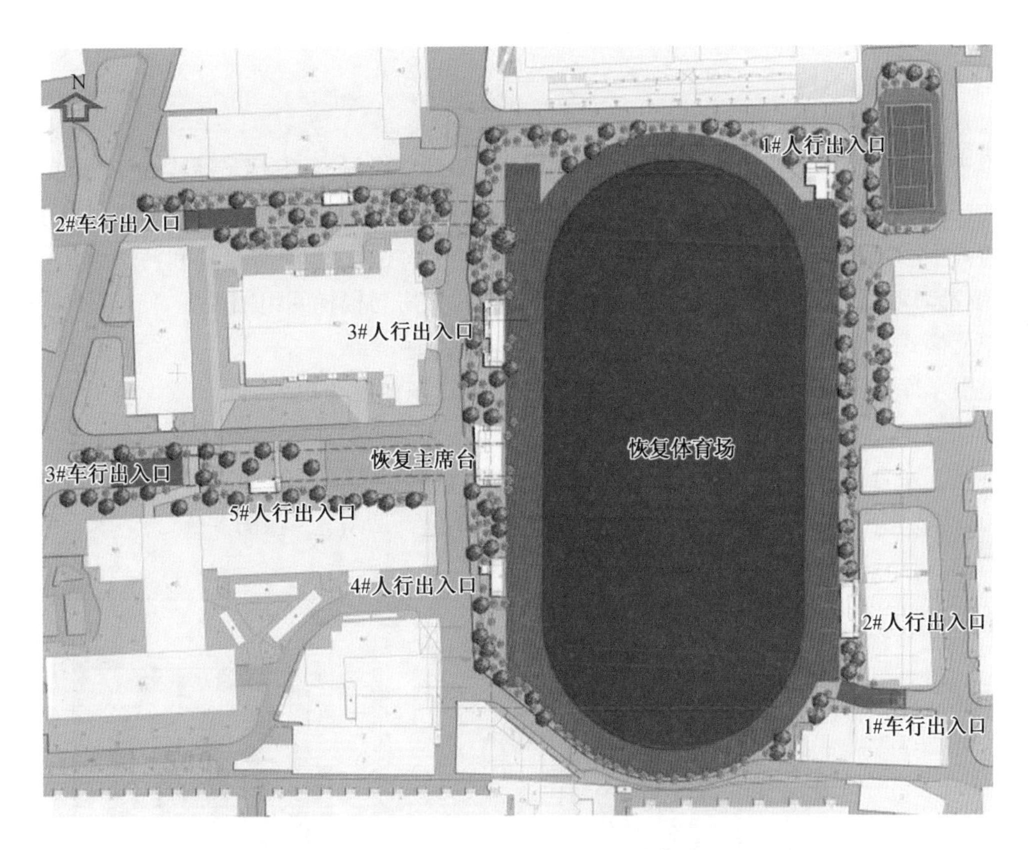

图 3-44 上海交通大学徐汇校区地下停车库总平面图

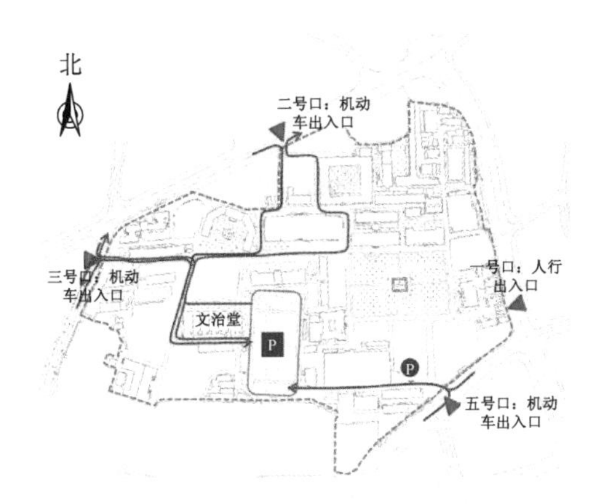

图 3-45 上海交通大学徐汇校区早高峰车型流线图

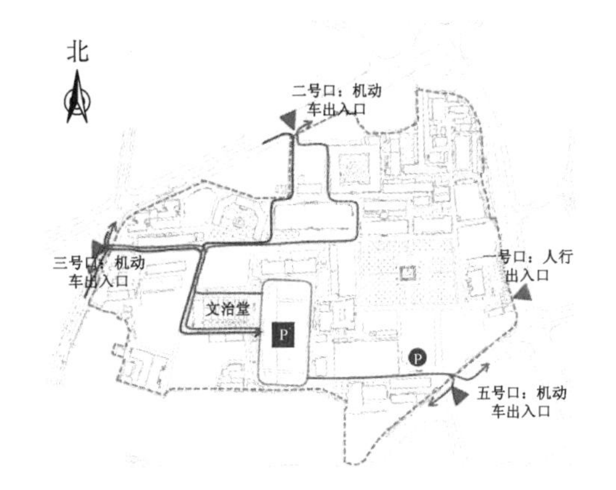

图 3-46 上海交通大学徐汇校区晚高峰车型流线图

二、三号口：早晚高峰时段，进入操场地下停车库的车辆行至教职工食堂、文治堂西侧道路汇合，经操场西侧文治堂南出入口进入车库；由操场西侧文治堂南、北出口离开车库的车辆经过文治堂西侧道路后分道行驶至二、三号口离开校园。

五号口：早高峰时段，车库东南角坡道作为入口进行管理；晚高峰时段，车库东南角坡道作为出口进行管理。

4）地下车库设计

（1）平面功能布局。

由于地下车库地面用地为体育场，操场周边空间环境局促，方案尽量减少地下空间出地面突出物，并尽量归并突出物数量。地下空间沿东西外墙布置设备用房，将新风、排风井引出操场跑道范围。总配电间靠近操场东侧校园现状的 10 kV 变电站，消防泵房和污水泵房靠近操场西侧校园现状主要管线。每个防火分区新风、排风机房与楼梯间组团设置，使出地面楼梯间组成单元模式。

地下车库防火分区划分和疏散楼梯设置尽量避让东侧电力电缆，同时减少地下空间出地面楼梯间数量。

地下车库合计停车 693 辆，地下一层停车 330 辆，地下二层停车 363 辆，包含 14 个无障碍停车位，并按相应要求在地下一层预留新能源车停车位。见图 3-47、图 3-48。

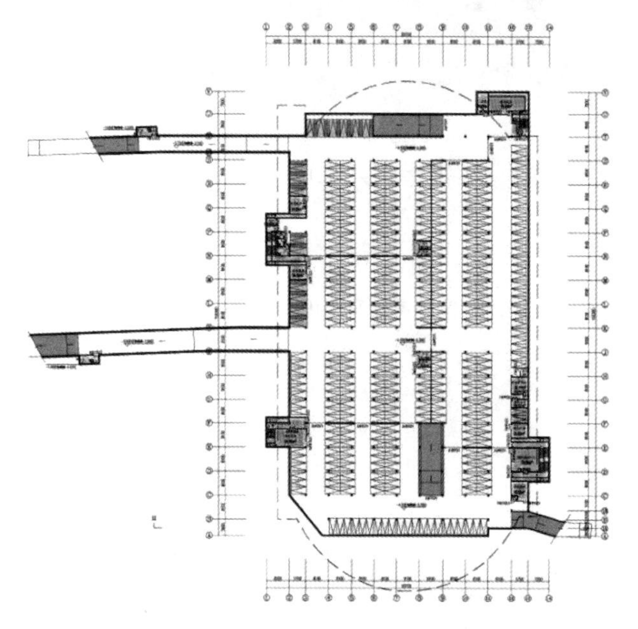

图 3-47　上海交通大学徐汇校区地下停车场地下一层平面图

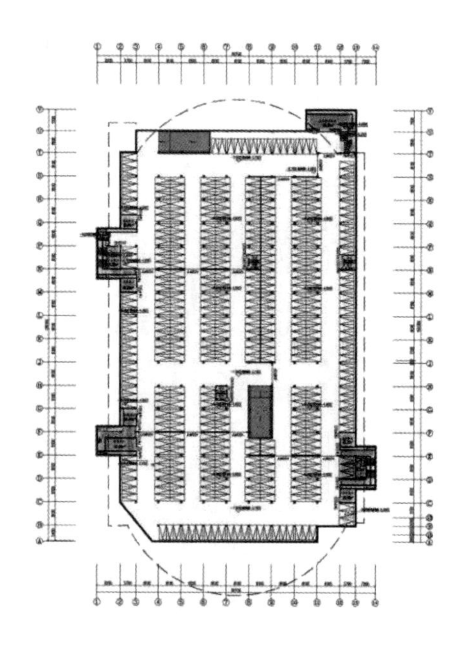

图 3-48　上海交通大学徐汇校区地下停车场地下二层平面图

（2）剖面设计。

地下车库主体两层，各层层高均为 3.4 m，结构顶板相对体育场 3.8 m 绝对标高，覆土厚度为 0.7 m。见图 3-49。

5）无障碍设计

（1）地下车库出地面电梯与校园道路通过无障碍坡道进行衔接；

（2）地下车库西北侧设置无障碍电梯一部，连通地面及地下车库各层；

（3）地下车库地下一层在无障碍电梯附近设置无障碍卫生间一处；

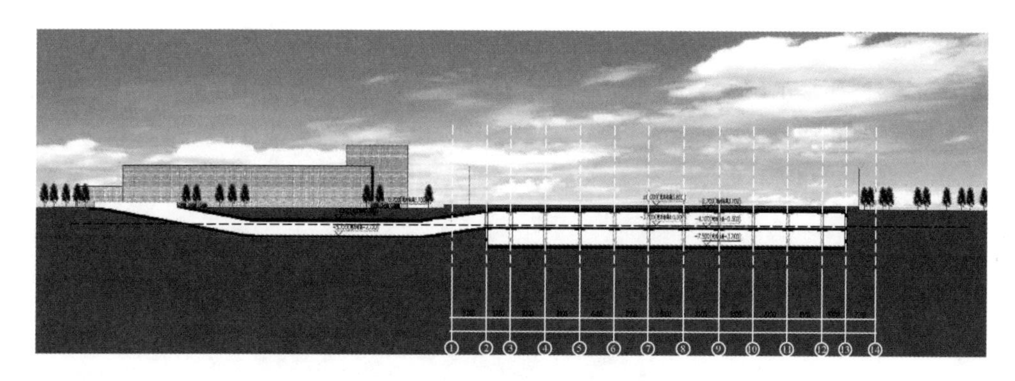

图 3-49　上海交通大学徐汇校区地下停车库剖面图

（4）地下车库地下一层在靠近无障碍电梯出入口处设置 14 个无障碍停车位等设施，无障碍停车位数量满足占总停车位 2%的标准。见图 3-50。

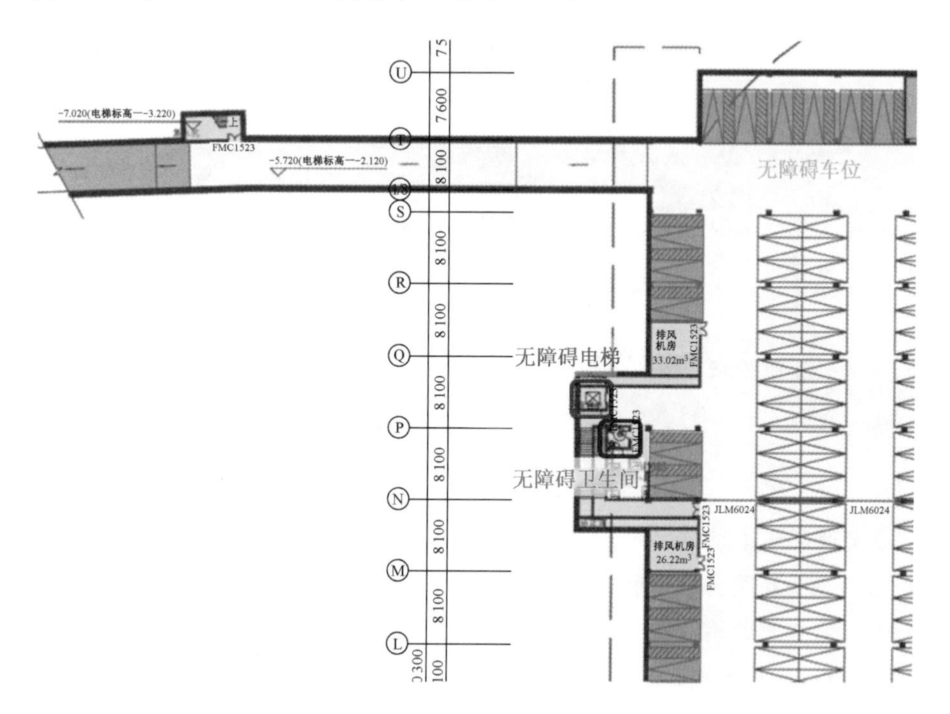

图 3-50　上海交通大学徐汇校区地下停车库无障碍设计

3.4.3　上海佘山国家旅游度假区佘山公共体育中心配套地下停车场设计

1. 项目概况

该工程位于上海松江佘山国家旅游度假区月湖公园以南，艾美酒店入口小路以北，水上游乐中心以西，庄店塘以东，用地面积为 71 730.6 m²。根据《上海佘山国家旅游度假区"十二五"规划》，未来几年，佘山国家旅游度假区将大力发展功能性项目，打造长三角地区著名的休闲度假胜地和国内新兴的国际会议中心。因此为推进上海松江佘山国家旅游度假区交通规划发展，对位于上海松江佘山国家旅游度假区的月湖公园以南、水上游乐中心以西、庄店塘以东的区域进行总体规划方案设计，通过整合地面景观广场，综合地面地下人行、车行系统及服务配套，为改善月湖公园和周边规划旅游片区内的交通人流集散提供服务。见图 3-51、图 3-52。

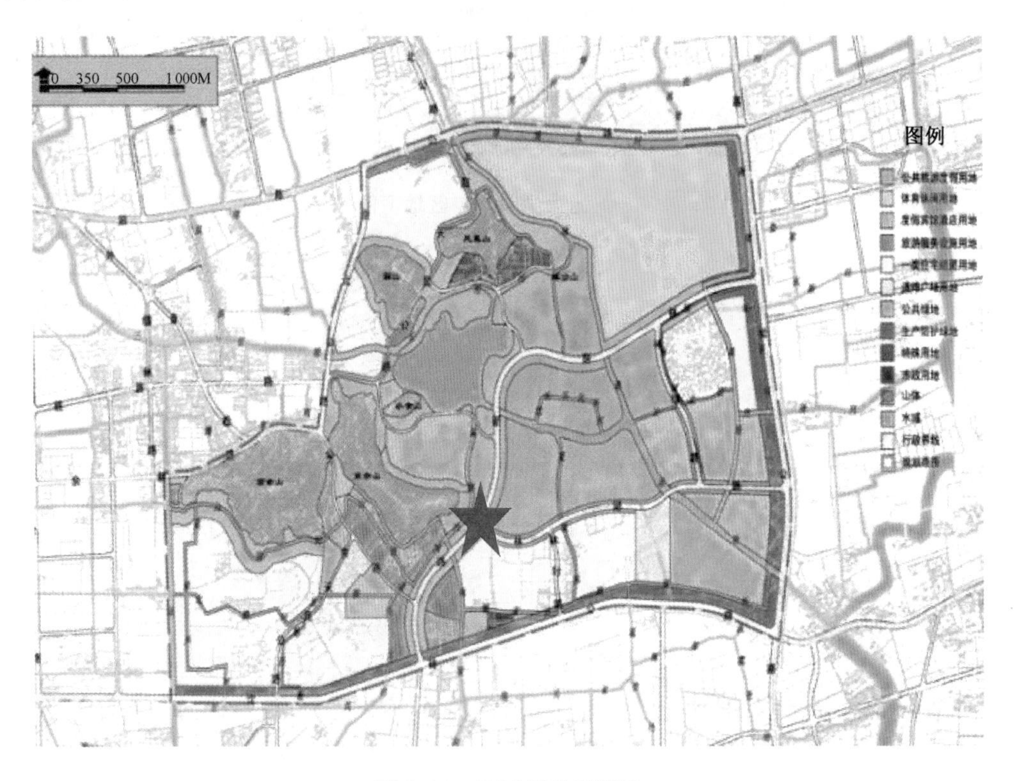

图 3-51　区域用地规划图

2. 区域交通及配建规模

区域交通：林荫新路背景交通量为南向北 223 pcu/h，北向南 247 pcu/h，考虑水上活动中心建设新增交通，预测路段双向高峰小时交通量为 1 497 pcu/h，林荫新路双向四车道可以满足交通需求。林荫新路上现有区域内沿线公交有沪陈线、青松线、松江 92 路、松重线、沪佘昆 5 条公交线路，其中沪陈线、青松线、松江 92 路经过项目基地，92 路接地铁佘山站。

配建规模：根据区域交通影响评估预测结论，上海佘山国家旅游度假区佘山公共体育中心配套地下停车场项目主要功能包括社会停车、旅游巴士停车、接驳车停蓄车、出租候客站、非机动车停车及配套管理服务功能。配建规模如下：小汽车：1 530 个（利用现状 230 个，新建 1 300 个）；大巴：56 个；接驳车：上下客位 8 个；出租车：下客位 5 个，上客位 6 个，候客泊位 40 个；非机动车：420 个。

3. 总体方案设计

用地内南北向穿越的双向四车道的林荫路将月湖公园与水上游乐中心间人流隔断，车行

图 3-52 区域示意图

与人行平面交织，存在安全隐患，林荫路特有的景观绿化韵味难以延续。需要考虑人行流线、车行车流连续与区域整体景观融合。

1）总体方案布局

总平面结合林荫路改造及地面广场、绿地设计统一布局。林荫新路西侧由北往南依次为广场区，下沉步行街与配套服务建筑区，非机动车停车场区，旅游巴士停车场区。林荫路东侧由北往南布置水上乐园入口广场区，非机动车停车场区，接驳巴士上下客位及蓄车场区。中部下沉广场与配套服务区，向北联系月湖公园，向东联系水上游乐中心及接驳巴士、出租车站，向南联系大巴停车场。见图 3-53、图 3-54。

图 3-53　佘山公共体育场地下停车场总平面图

图 3-54　佘山公共体育场地下停车场鸟瞰图

2) 交通组织

(1) 车行流线,如图 3-55 所示。

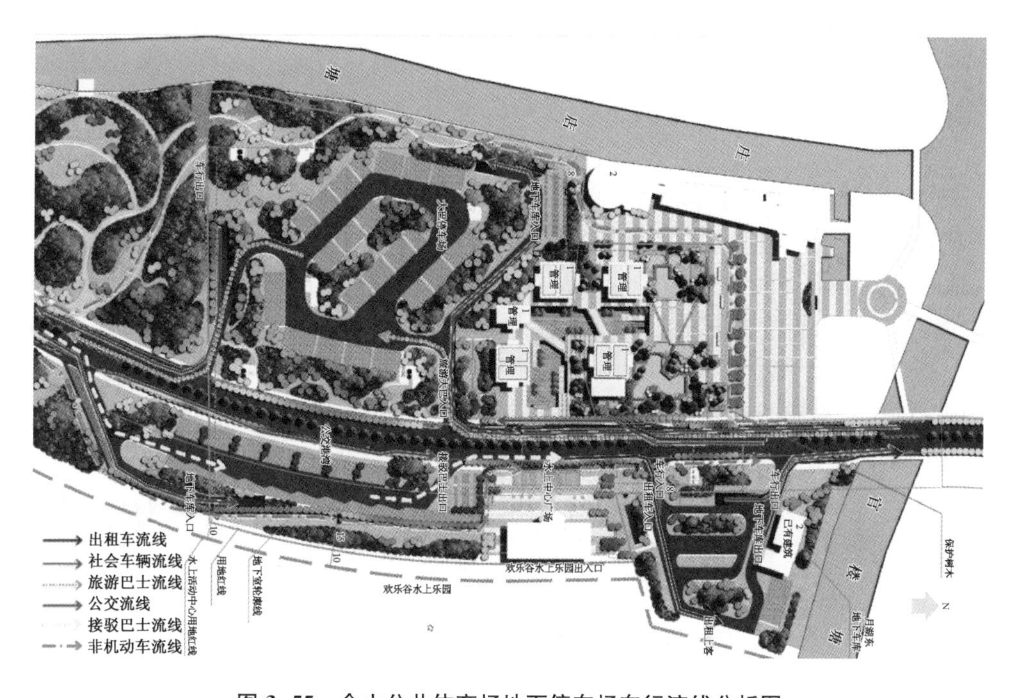

图 3-55　佘山公共体育场地下停车场车行流线分析图

旅游巴士流线:旅游巴士统一由林荫新路,经场地北侧入口进入旅游巴士停车场上下客,再由场地南侧出入口向南驶离。

出租车流线:出租车下客通过设置在林荫新路东西两侧的下客港湾下客,出租蓄车、上客统一进入北部出租场地蓄车上客。

接驳巴士流线:接驳巴士统一由用地南侧入口进入,上下客后经北侧出口驶离。

公交流线:在用地中北部,林荫新路东西两侧分别设置公交港湾,方便公交上下客。

非机动车流线:非机动车停车场结合林荫新路改造,在非机动车道旁紧邻布置。

社会车辆流线:北部来社会车辆通过设置在旅游巴士停车场北部的车库入口进入地下车库,南部来的社会车辆通过设置在接驳巴士站东侧的车库出入口进入地下车库。社会车辆通过设置在旅游巴士停车场南侧的出库出入口向南驶离或者通过北侧联系通道经月湖公园东侧地下车库出入口向北驶离。车库内流线采用单向逆时针组织。

消防车流线:消防车可利用旅游巴士、公交、接驳车的流线通道到达地下车库出入口及地面建筑物周边,消防人员可就近实施救援。

(2) 人行流线,如图 3-56 所示。

为解决运营高峰期大客流对林荫大道地面交通的影响,人行流线主要通过中间的下沉广场区进行组织,实现人车分离,沟通各个不同的区域。下沉广场区设置了两座天桥,不仅满足了地上与地下之间人流的沟通,同时兼顾到地面人行流线的沟通。

3) 地下空间方案设计

(1) 平面功能布局(图 3-57)。

地下空间整体开发地下一层,地下空间中部设置商业与地下人行通道;地下商业外围设置社会停车库,地下车库东北侧设置联系通道与已建林荫路东侧已建地下停车库联系。

中部设置配套管理服务用房,配套管理用房中部设置开敞式地下人行通道(过林荫新路段为有顶盖部分),地下人行通道是实现地上与地下功能空间之间人流联系以及林荫路东西两侧人流联系的主要路径。

本次设计地下人行通道开敞段宽度不小于 16 m,林荫路下暗埋部分宽度 20.25 m,为三跨式主次通道,其中中部主通道净宽 11 m。

车库区设置在南北两侧,两侧停车区通过西侧联系车道联系。在东北角设置联络车道,通向已建地下停车库。

柱网布置:车库区根据标准和相关规范的要求,确定为双向 8.4 m 的柱网布置,满足每跨停 3 辆车的要求。配套管理服务用房区根据布局,局部调整柱网。

设备用房:主要集中布置在边跨,每个防火分区结合出入口布置通风机房及强弱电用房。

垃圾收集:靠近电梯附近设置集中垃圾收集点,收集后通过电梯运至地面垃圾集中收集区。

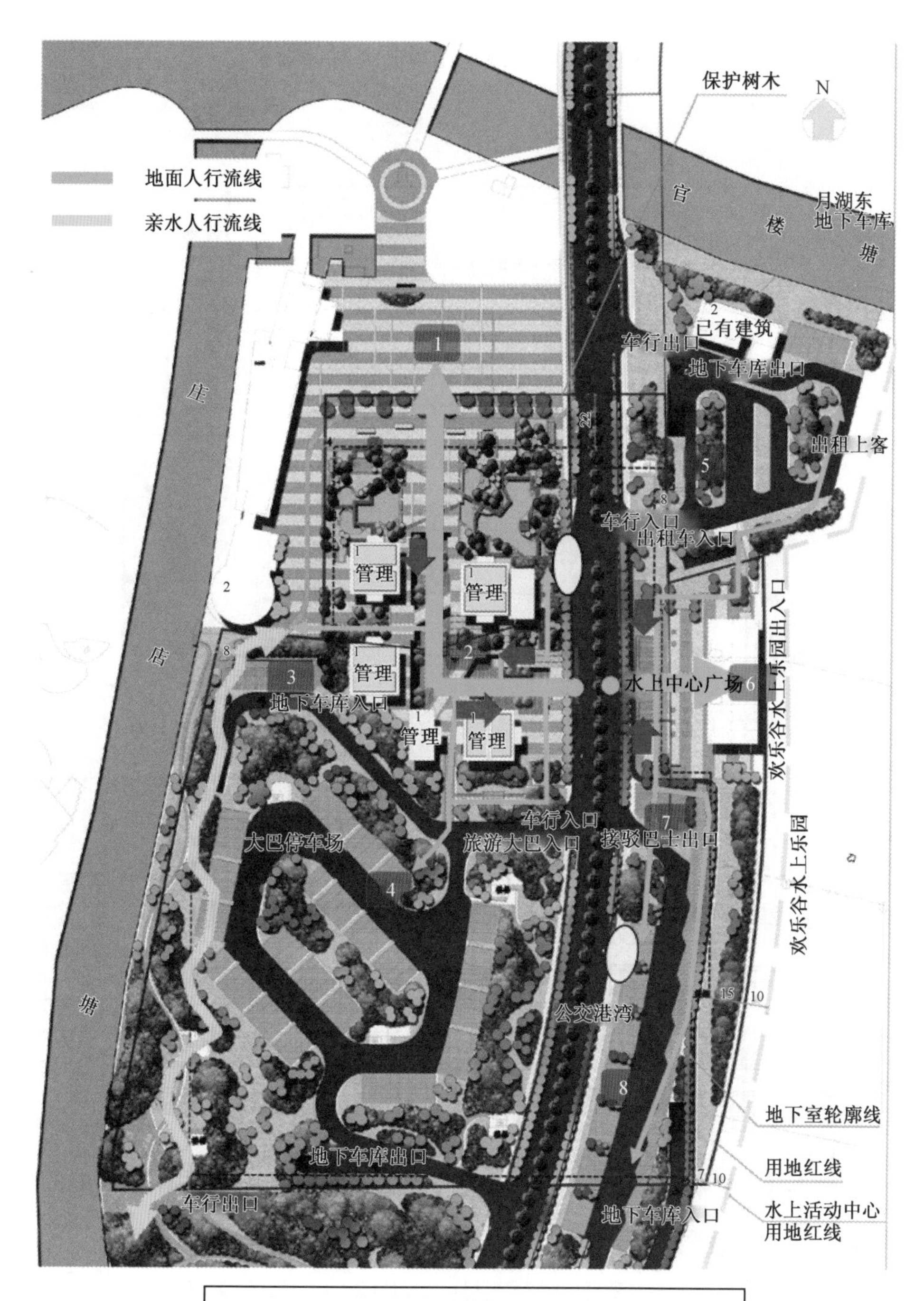

图例：

1.月湖公园广场区	2.下沉步行街与配套服务建筑区
3.非机动车停车场区	4.旅游巴士停车场区
5.出租车蓄车场	6.水上乐园入口广场区
7.非机动车停车场区	8.接驳巴士上下客及蓄车场区

图 3-56　佘山公共体育场地下车库人行流线分析图

地下车库车行流线交通组织：车库内流线采用单向逆时针组织。

出入口布置：车库共设置 4 处双车道出入口，其中 3 处为新建出入口，1 处为联系用地东

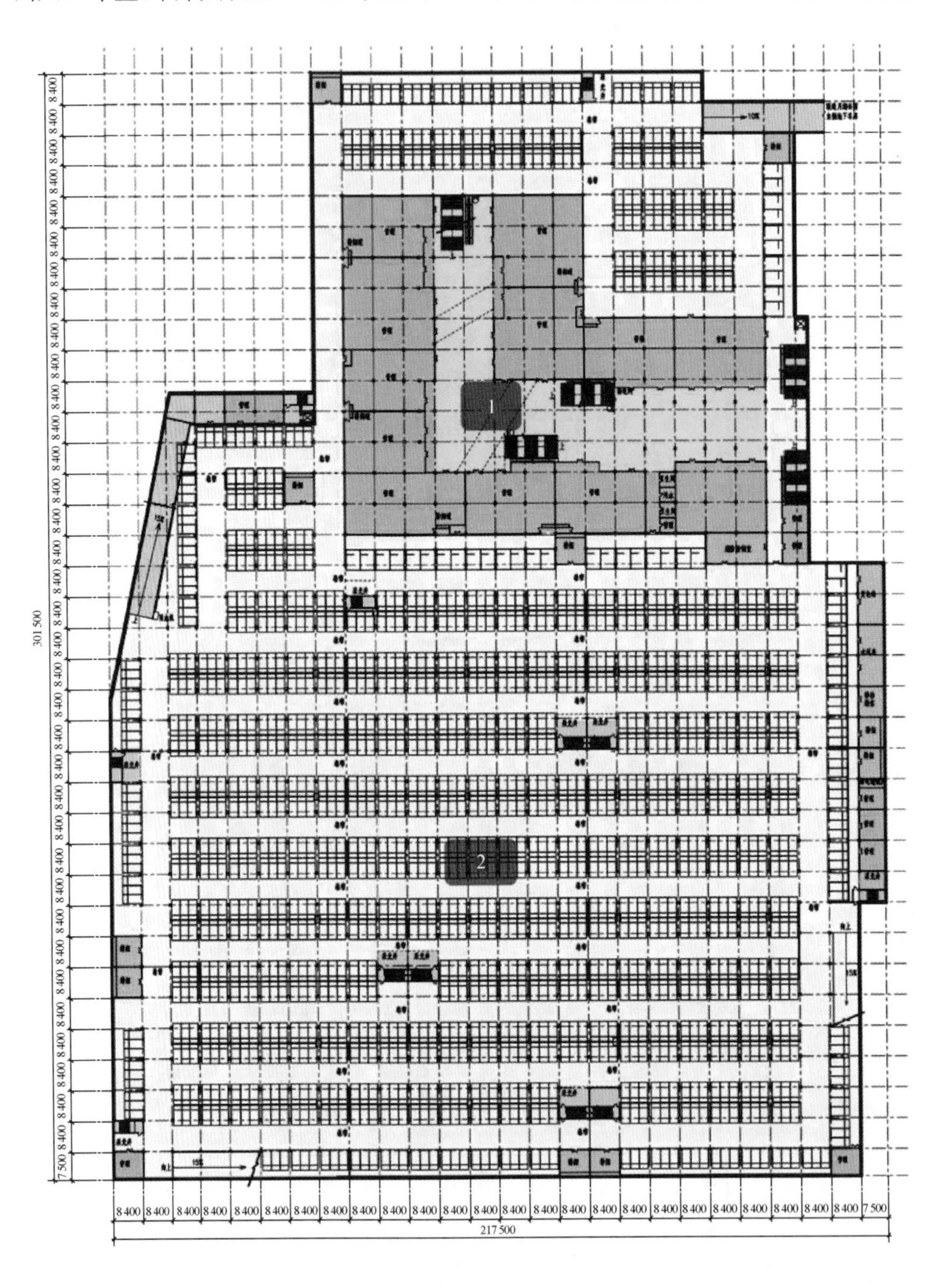

图 3-57　佘山公共体育场地下车库地下一层平面图

北侧月湖公园东侧地下停车场的联系通道。新建车库出入口位于林荫新路西侧，旅游巴士停车场北侧设置 1 处地下车库入口，南侧设置 1 处地下车库出口；林荫新路东侧接驳巴士场地南部设置 1 处地下车库入口。见图 3-58。

车位的排列方式：主要采用中间车道、两边垂直停车位的排列方式，空间利用最大化。

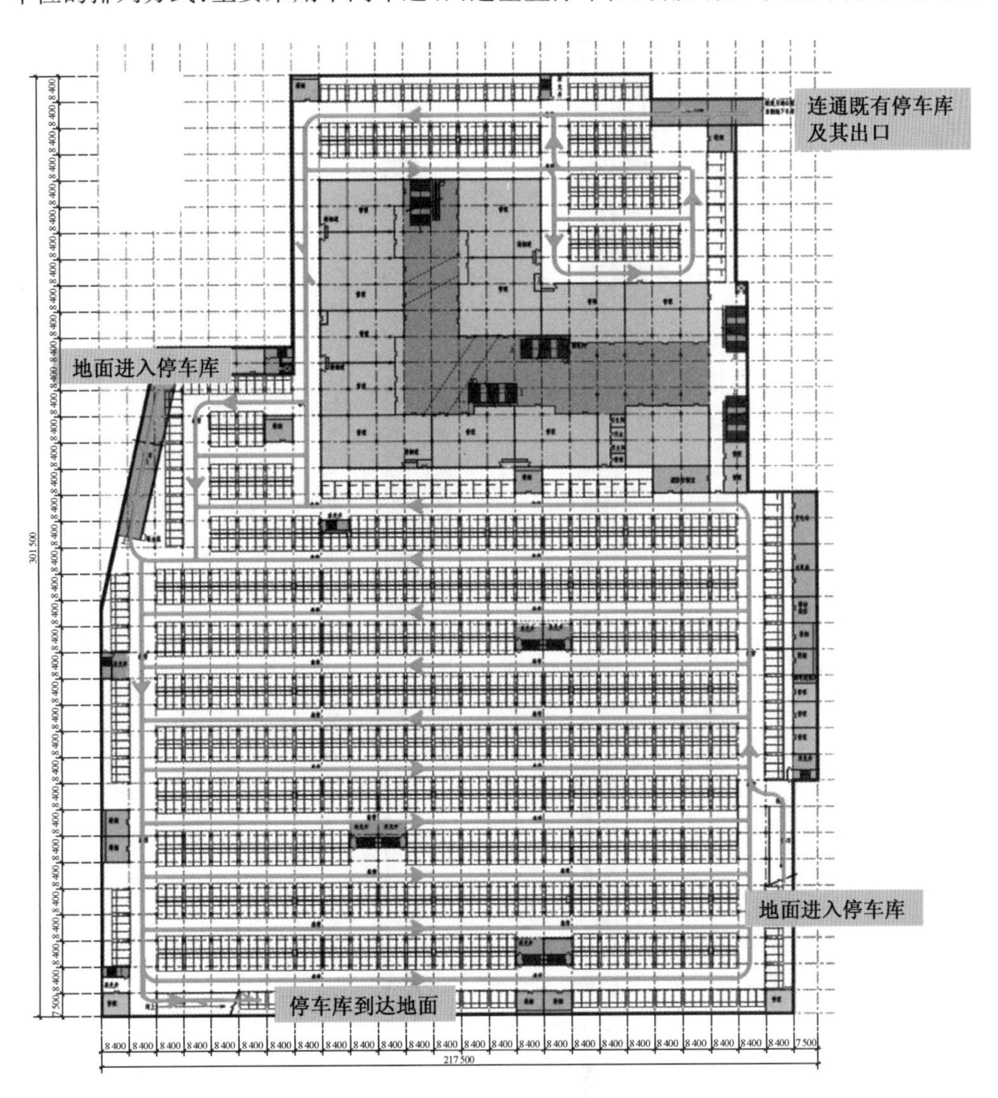

图 3-58　佘山公共体育场地下车库出入口布置

(2) 地下空间剖面设计(图 3-59)。

考虑到旅游度假区地面景观种植需要，车库部分层高 4.5 m，覆土 2 m；商业层高 5 m，覆土 1.5 m，地下空间总体埋深 6.5 m(底板面层)。

公共通道及地下商业地坪装修面至吊顶净高不小于 3.3 m。地坪装饰面高度：公共区为 150 mm，设备区(除采用防静电架空板房间外)为 50 mm。车库区车辆限高 2.5 m，通行净空 2.7 m。

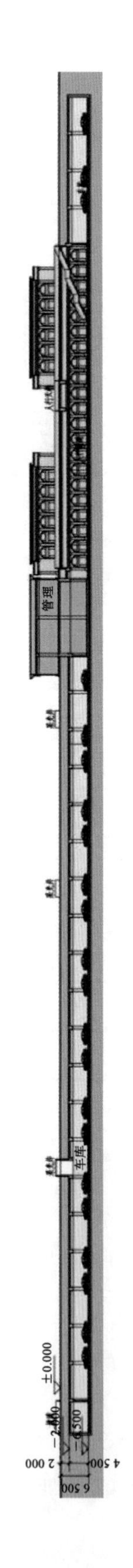

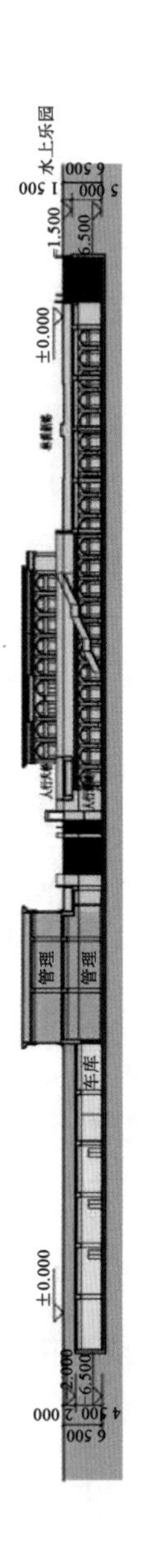

图 3-59　佘山公共体育场地下车库剖面图

人行通道除位于林荫新路下部区域外，采用开敞式设计，使得地下人行区及两侧商业最大限度地利用自然通风采光，空间品质得以改善，能源消耗得以减少。

车库部分结合地面景观绿化设计均布设置竖向采光井，将自然采光通风引入地下车库，使得车库减少了新风系统设置，并且减少了人工照明的能源消耗。

(3) 下沉广场设计(图 3-60)。

图 3-60　佘山公共体育场下沉广场设计

设计原则：展示、易入、自然元素。

展示：丰富人行主通道两侧景观；通过设置下沉广场将人流引入地下，增加地下空间的展示面。

易入：通过设置便捷的通道，沟通地上地下空间，便于人流的进入。

自然元素：将自然景观、阳光、自然风等引入地下。

整个下沉广场区的设计结合地上地下景观和建筑功能，重点塑造主通道空间及其立面。立面以连廊券门为主，配以绿化小品(图 3-61)。地上地下空间巧妙组合，塑造丰富多样的地下空间。内外结合，达到建筑与景观的自然融洽，从而提高地下通道的整体品质。

图 3-61　佘山公共体育场下沉广场立面设计

(4) 无障碍设计：

① 所有公共建筑主入口设置无障碍坡道。

② 地下车库设置无障碍电梯，满足无障碍人士使用。

③ 地下空间内设置无障碍停车位。车位靠近人行通道处及无障碍设施。设置残疾人车位 26 个，满足占总停车位 2%的要求。

④ 公共厕所内设置无障碍专用厕位。

⑤ 公共人行通道均设置盲道。

4　城市地下公交枢纽规划设计

4.1 地下公交枢纽站发展趋势与优势

4.1.1 地下公交枢纽站发展趋势

城市交通完善及改造是地下空间开发的主要动因。交通是影响城市发展最重要的因素，当城市交通矛盾严重到一定程度后，单在地面上采取措施已难以解决，因此利用地下空间对城市交通进行改造就成为城市地下空间利用最早和成效最显著的一项内容，并由此带动了其他内容的发展，成为城市地下空间利用的主要动因。这一点在我国一些大城市的地下空间规划和开发中已有所体现。

紧张的土地资源和便捷的换乘途径促使未来交通枢纽朝"紧凑型"和"立体型"方向发展，但是只在地上开发的集约型枢纽，可能会以降低生活品质及增加能源消耗为代价，形成一个极度拥堵、场地紧缩的空间。因此只有把地面的部分功能空间转入地下，让地面、地上和地下空间协调发展，构筑一个连续的、流动的空间场所，营造一个舒适的、高品质的空间环境，才能在真正意义上打造一个紧凑的、立体化的枢纽空间。

例如巴黎拉德芳斯地下换乘枢纽，就是集轨道交通(高速铁路、地铁线路)、高速公路、城市道路、地下公交、地下停车库等多种功能于一体的综合交通枢纽。每天大约有 40 万人次通过拉德芳斯枢纽乘坐地铁 1 号线、RER-A 及其他交通工具。该枢纽分为地下四层:地下一层为公交车站层，设置了 14 条公交线路，公交车进出站道路中央包围的是社会车辆停车场。地下二层是售票和换乘大厅，周围附有商业及服务设施，站厅内多个显示屏能实时地显示各种交通方式的时刻表。西区为郊区铁路和有轨电车 T2 线的站台层。地下三、四层为地铁站台层。地铁 1 号线终点站的站台层位于地下三层。RER-A 线的站台层，共有 4 股轨道平行排列，位于地下四层。见图 4-1。

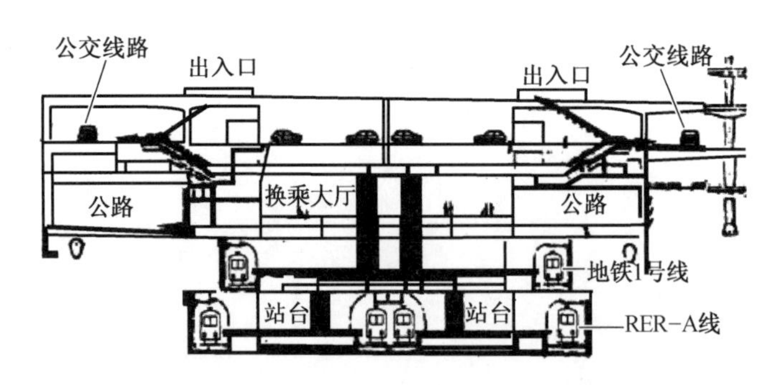

图 4-1 巴黎拉德芳斯地下换乘枢纽示意图

香港九龙火车站是机场路沿线规模最大的车站，连接着香港的心脏地带和赤鱲角新机场，是铁路和其他交通工具之间的交汇点，是西九龙一座综合新市镇的核心枢纽。九龙交通城地下一层至地下三层分别为通向机场的铁路线与连接市区的地铁。地面一层为巴士交通换乘站，停车库分布于地下四层至地上三层，提供社会停车、公交巴士停车、本地段商业用户与住户停车的多种需要。九龙交通城地下空间最大的特点是实现了所有的交通功能都分层布置在建筑内部，地面及地下层为公共交通设施、道路系统以及公交车站、停车场等，地下、地面形成了立体化布局。

虽然，我国地下交通枢纽是随着近几年高铁和机场大量兴建而起步的，设计相对还不成熟，但是在北京、上海、深圳等发达城市，配合高铁、机场的枢纽皆利用沿前广场地下进行建设，朝着多种交通方式结合，多功能的方向发展。大型交通枢纽规划已经不仅仅局限在城铁、地铁、公交、地下停车场等单一交通水平上，对于多模式交通枢纽已经有相当丰富的设计经验，特别是对如何利用地下空间立体多层次地协调枢纽内部多种交通方式客流的衔接和集散等已经有不少研究成果。针对我国的基本国情与开发技术现状，我国枢纽地下空间的发展趋势有以下两点。

1. 综合化

首先，随着我国经济和城市建设发展，地下公交枢纽往往与城铁、地铁、出租、停车库、商业集于一体，形成多功能、立体化的综合交通枢纽。它们不仅仅是单纯的功能叠加，而是将共同利益关系的功能组合在一起，以提供便利服务的角度出发，将相互间不冲突的功能结合在一起使用，构成一个系统化和层次化的多功能、综合性的复合空间。与仅有单一交通方式的枢纽相比，综合交通枢纽更注重与城市交通空间的联系和内部各交通方式的衔接。

例如深圳市福田综合交通枢纽工程，位于深圳市福田区，深南大道与益田路交汇处，它以广深客运专线深圳福田站为中心，汇集了地铁 1 号、2 号、3 号、4 号、11 号等城市轨道交通线路，公交首末站、社会车辆及出租车接驳场站等常规交通设施及配套服务设施等，是我国第一座地下综合交通枢纽，总建筑面积约 30 hm^2，主体工程全部位于地下。

福田综合交通枢纽充分利用了广深港福田站的埋深及长度，整个枢纽共计地下 3 层。地下一层定义为客流转换层，连接地铁 2 号线、3 号线、11 号线的站厅层，既有 1 号、4 号线站厅、南北配套公交车、出租车场站，又有商业服务等设施。整个枢纽尺度为 1 km×1 km，覆盖了中心区最核心的 1 km^2 区域。同时，地下人行空间与周边新建大楼地下室相连通，形成地下步行系统，扩大了枢纽的辐射半径。

2. 立体化

功能复杂的交通枢纽地下空间正向立体化、多层次方向发展，通过在地下空间设置多个交通功能层来实现合理的人流分配和交通垂直换乘，这样不仅可缩短换乘时间，还可提高土地价值。立体化的地下空间开发更注重各功能空间之间的联系与衔接，是今后大中型综合交通枢纽的发展趋势。

例如上海外滩交通枢纽位于上海外滩十六铺地区，是集合公交枢纽、旅游车停车、公交人员集散、旅游人员集散以及地下空间客流多种流线的城市新型交通枢纽，是一个以配套服务十六铺、外滩、豫园地区旅游观光功能为主，公交换乘和集散功能为辅的综合交通枢纽。

此枢纽共分 4 个层面，地面层为城市开放绿地，地下一层为公交枢纽及下沉广场，地下二层为旅游大巴候客区，地下三层为旅游大巴停车区和设备用房等配套附属设施。

枢纽布局形式立体化、功能多样化，而且地面与地下相结合，多种交通方式结合，在充分利用有限的交通资源的同时，也体现了“无缝接驳”的人性化理念。枢纽考虑各种类型乘客的换乘需求，布局集中紧凑、多层次衔接、立体换乘、各种交通流互不干扰、标志清楚明确、换乘距离短并且舒适方便、服务设施完善，充分体现了“以人为本”的服务理念。

4.1.2 地下公交枢纽站开发优势

城市公交枢纽是居民出行中各种交通方式的转换点，是各类换乘中最普遍的交通方式。公交枢纽网络的覆盖和渗透在提高人们出行效率的同时，也改善了区域的交通条件，提高了地区的交通可达性，提升了地区的整体品质。与传统的地面公交枢纽站相比，地下公交枢纽站具有以下优势。

1. 节约土地资源

我国城市发展沿用外延式的粗放经营模式，城市土地利用的集约化程度较低。然而随着城市人口的急剧增加，城市空间资源消耗殆尽，空间拥挤、交通堵塞、环境恶化等一系列问题严重制约了城市的发展，这一矛盾在城市中心区尤为突出。利用地下空间建设交通枢纽，有利于节约城市的土地资源，提升城市土地利用的集约化程度。

2. 改善地面交通

通过地下交通枢纽的建设，可以形成集公交枢纽、停车场和配套服务功能为一体的综合性交通枢纽。地下交通枢纽可以将到发的公交、旅游大巴以及小汽车等车辆集中于地下，减少这些车辆对地面道路资源的占用。同时，通过合理设置出入口，地下交通枢纽可以消除车辆在路边停靠时对道路交通的干扰，有效地改善区域地面交通整体运行状况。

3. 解决交通零换乘

交通枢纽如设置在城市地下空间内，可以十分便捷地与大运量的地下轨道交通车站相联系，大大增强交通枢纽的客流集散能力，同时也为地铁乘客换乘地面公交提供便捷的联系通道，对提高地区公共交通的整体服务水平有很大的促进作用。

4. 结合城市公共空间建设

地下综合交通枢纽可以充分利用城市绿地、道路、广场下的地下空间，将各类交通设施向城市公共空间下部空间转移，进行与周边其他地下功能的同步开发，形成城市地下公共空间与地下综合交通枢纽相结合的综合开发模式。

5. 消除对城市的割裂，促进城市整体更新

一般而言，城市中心区地面的铁路线会极大地影响城市区域的完整性，割裂城市整体发展，不利于城市基础设施的整合和有效利用。将铁路客运站及穿越市区的铁路放入地下，并结合城市既有的道路交通和轨道交通，建设城市综合客运枢纽，形成便捷地下交通网络，将会大大提高城市运行效率。

6. 实现地上地下一体化发展

在建设地下公交枢纽站的基础上，结合其他各类设施的综合开发，可形成一个核心式的地

下空间综合体，实现地上地下一体化发展。

7. 连通周边地块

通过地下交通枢纽的建设把建筑物内部和周边地块的地下空间有机地结合起来，可以形成完整、通畅的地下空间体系，并使地上地下的功能相互补充、相互依托，最大程度地满足人们的需求，形成复合功效的综合开发模式，以交通枢纽的建设为契机带动整个地下空间的开发。

与传统的地面公交枢纽相比，地下公交枢纽在各类设施的布局方法、出入口的设置、内部流线的组织、乘客与车辆的安全以及地下公交消防设计等诸多方面有着更高的要求。比如地下公交枢纽的出入口设计，由于公交车本身高度的限制，要求坡道敞开段有一定的长度，而且敞开段范围内又无法布置其他的设施。在枢纽基地面积有限的情况下，出入口的设置位置将对枢纽内的整体布置、流线组织起到至关重要的作用。同时，出入口面对城市道路交叉口要保证一定的距离，太近则会对城市交通产生较大冲突，造成城市拥堵。因此地下公交枢纽的出入口设计须与整体方案布局及城市道路相协调。另外，要考虑内部流线组织，在大部分情况下，由于受到用地的限制，地下公交枢纽的内部空间较小，而且由于公交车型较大，转弯半径要求高，柱网比一般地下空间建筑跨度要大，连接上下层的坡道也会占用大量空间。这些问题所导致的空间不足会给枢纽内部的流线组织带来困难，同时流线的组织还应考虑停车位的设置形式，从而满足车辆进出停车位的要求。

下文通过对地下公交枢纽站的各类规划设计要素进行分析，提出规划原则和设计方法，并通过工程案例进行进一步探讨。

4.2 地下公交枢纽站规划与设计

公交枢纽是城市组织交通运输、保证交通网络畅通的基本条件。由于交通发生吸引源的分布、交通运输网络特点和自然环境等因素的影响，使得同样的地域范围和同样的交通网络上，布局不同的公共交通枢纽系统，会导致不同的交通运输效率和社会经济效益。因此，公交枢纽场站的合理布局是以整个交通运输系统和社会的经济效益为目标，综合考虑交通发生吸引源的分布情况、交通运输条件等因素，对公交枢纽进行优化和调整。

4.2.1 地下公交枢纽的规划原则

地下公交枢纽的规划应与城市总体规划相协调，与城市用地布局紧密结合。地下公交枢纽也是城市总体规划的一部分，应当符合城市总体规划。由于地下公交枢纽的建设同时会推动周边地区的发展，为周边的土地开发创造条件，因此，在布置地下公交枢纽时，应当综合考虑周边用地布局，以城市土地利用发展规划为依据布置地下公交枢纽站。

地下公交枢纽宜设置在城市道路用地之外，与道路用地紧密结合，方便人流和车流的集散。宜同区域路网、公共汽车等线路相结合，一般设置在人员集中、客流量较大的位置，乘客步行距离应控制在以该站为中心的350 m半径范围内，最远的乘客步行距离不宜大于700～800 m。

应强调各种交通运输方式的综合协调，充分考虑综合交通枢纽之间的相互协调、相互依托，从而保证整个运输过程的连续性，提高运输效率。通过路网优化确定规划区内最优的综合交通网络布局和公路、水运、铁路和航空在综合交通运输系统中的分担比率，通过枢纽场站的布局使各种交通方式有机衔接，从而实现各种交通方式相互协调的规划目标。同时，还要确定建设项目的优先顺序及实施时间序列，做到有步骤、有计划地实施规划。

地下公交枢纽应规划建设与管理运用并重。地下公交枢纽站在规划建设中既要重视发展“硬件”，建设必要的运输服务设施，又要认真研究“软件”的开发设计，建立科学合理的组织管理系统，使枢纽内的硬、软件系统结合为一个有机整体，真正实现融管理于服务之中这一科学有效的运行机制。

地下公交枢纽站的出入口与城市道路平面交叉口的距离应符合《城市道路平面交叉口规划与设计规程》的规定和要求。

4.2.2 地下公交枢纽站设计原则

总的来说，城市地下公交枢纽设计的原则就是要体现以人为本、公交优先和人性化的环境景观。城市地下公交枢纽设计一般遵循以下原则：

(1) 突出“以人为本”原则。应合理衔接布设各种交通方式，步行系统与视觉引导系统设计简洁合理，实现各功能间的“零换乘”，并提高换乘过程的有效性和舒适度。

(2) 以交通枢纽内、外部人行、车行到达、换乘、离开的各类流线为基础并根据环境需求对它们进行合理组织及整合。实现人车分流、不同交通方式流线的分流、进场与出场方向的分流。

(3) 尽可能控制用地面积，充分利用立体空间。考虑各种交通方式的运行特征，紧密结合枢纽周边用地特征与环境条件，通过合理优化的内部布设及便捷的立体布设，实现空间的充分利用和各种交通方式设施的协调配合，并考虑与周边建筑等结合布置，注重通过加强各空间层面的联系实现枢纽功能。

(4) 合理设计地下公交枢纽的功能布局，设定枢纽站的出入口、公交停靠站、停车场、调度和司机休息场所、商业服务实施用地、环境景观绿地等的不同功能地块的分割和联系。

(5) 研究不同交通方式和与之有换乘关系的不同公交线路之间的协调与衔接，避免机动车、非机动车和人流组织之间的交叉，保证换乘过程的便捷性和连续性，努力实现乘客换乘时间和车辆无效停滞时间最短。

(6) 枢纽应根据外部交通条件有效设置出入口，且其车行系统及人行系统应与周边建筑、道路系统进行整体设计，提高车辆进出效率，扩大枢纽的辐射带动作用。

(7) 设置必要的非机动车和社会车辆停车场，吸引个人交通转向公共交通，为实现“P＋R”出行方式提供便利。

(8) 乘客候车站台、公交站房、商业建筑、景观、咨询服务台和视觉引导系统等需统一设计，并能体现城市的风貌特征。

(9) 提高老弱病残孕等出行弱者的出行便捷度，减少其换乘过程中的识别及通行障碍。

4.2.3 地下公交枢纽的平面布置

一般情况下，公交车从道路进入地下枢纽区域内的公交落客点，待乘客下车后，留驻于公交车蓄车场进行等候、修理或加油等准备工作，随后根据调度室指挥，再次到达站台旁载客后离开。整个运行过程体现了公交"到发分离，场站分离"的流线组织形式，并可满足公交服务的连续性与连贯性。通过研究国内外常规公交换乘枢纽的布局特点和共性，地下公交根据落客、蓄车和上客三大功能的集中程度及相互位置的不同从而形成不同的布局方式，可归纳为岛式、站台式和组合式三种布局形式。下面分别对这三种布局形式的特点、优缺点和适用条件进行介绍。

1. 岛式方式

岛式方式又可以分为停靠站在岛外和停靠站在岛内两种形式。

1) 停靠站在岛内

该类布局形式使得公交线路停靠站点都集中在枢纽的中间岛上，乘客上下车和换乘都可以在中间岛上进行，因此人流和车流的冲突会比较小，换乘距离短，便于换乘。因为车辆要绕岛作顺时针行驶，这种形式的枢纽站就会产生行驶路径的交织。这样在车辆运行时就会降低运送效率，并且这种布局形式的待发车辆进入停靠站位时会不太方便。为了减少岛的长度以减短换乘路径，可以把停靠处做成锯齿状。这种停靠方式适用于线路终点站，而不适用于中间站的线路，因为这样停靠方式车辆不能顺利无阻地离站。另外，中间岛的形式也可以根据枢纽的用地条件来确定，可以设计成多边形或其他样式。所有的停靠站在岛内的岛式枢纽，由于站点间距短，不需要行人穿越车行道。因此它适用于换乘关系紧密的情况，但必须给予岛上出发和到达的乘客以指引。见图 4-2。

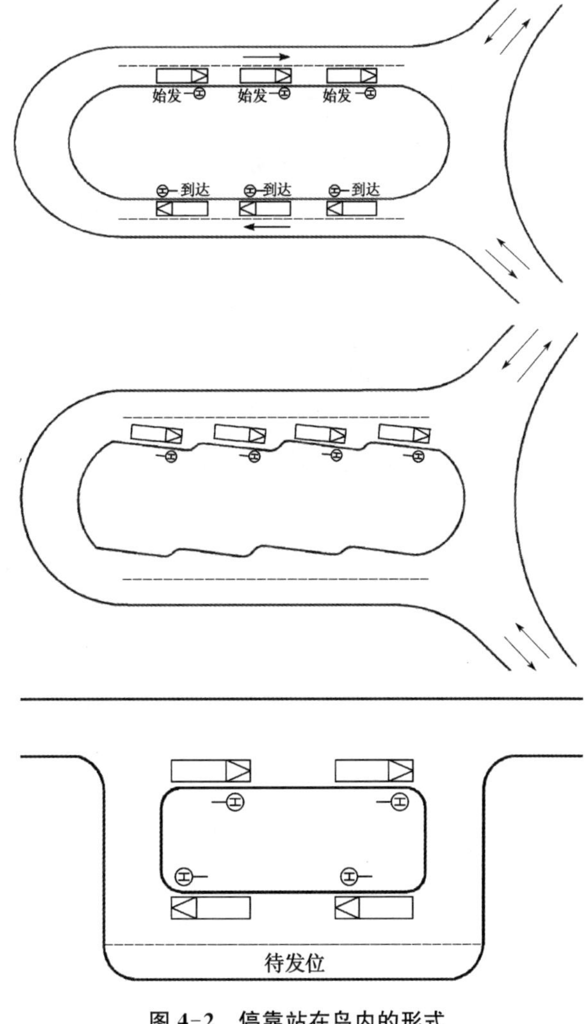

图 4-2 停靠站在岛内的形式

2）停靠站在岛外

该类布局形式由于不同公交线路停靠站点分散布置在枢纽的周围，所以乘客上下车和换乘都在周边步行区域内进行，从而避免了人流和车流的冲突。由于车辆绕内部的岛作逆时针行驶，因此行驶路线不产生交织，枢纽运行的安全性和效率都比较高。另外，该类布局形式在枢纽的中央位置设置了公交车辆的待发车位，解决了停靠站在岛内布局形式中“因停靠站停车空间不足而带来的车辆无处停放的问题”；并且由于外缘较长，停靠站在岛外的枢纽所需基本面积会小于停靠站在岛内的枢纽。这种布局形式的不足之处在于乘客区域较为分散，线路之间的换乘不是十分便捷。此外，车辆从待发位驶入停靠站时也会不太方便。见图 4-3。

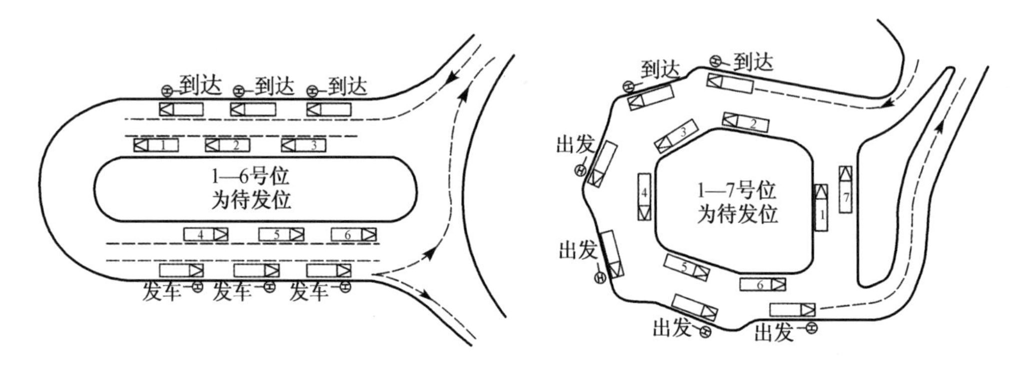

图 4-3　停靠站在岛外的形式

枢纽的形式主要由场地条件和外部车行交通及内部人行流线的要求而决定。如果为了缩短乘客换乘距离，枢纽交通设计时应该优先考虑紧凑型的设计，避免狭长的停靠站。通过锯齿形停靠边缘可使过长的外缘延伸得到控制。

外部停靠的岛式布局，适用于客流量大并伴随大比例的始发和终到交通，以及换乘路线较少的情况。进出站的乘客不需要穿越车行道，站内换乘的乘客也不需跨越车行道而到达换乘线路，但可能会有较长的换乘路径。因此必须对交通关系认真分析，布置相应的站点。

2. 站台方式

与用地较少的岛式方法比，停靠站布置在单独的站台上，能够让枢纽站容下更多的线路。这种方法在区域性交通或在位于城市中心的枢纽中运用较多。该类布局形式采用前进停车、前进发车的停放方式，站台对应发车方向可以垂直布置或斜向布置，斜向站台布置避免了车辆竖向排列时驶离车辆对前后车矩的要求，减小了车辆驶离时的驾驶难度，而且当车道较窄时，这样的布置可以让车辆平行于路缘石紧挨站台进站，且各线路进出站台比较方便。斜向的停靠站台使得单位停车面积较小，节约用地。站台的斜角可以由枢纽用地条件来决定。见图 4-4。

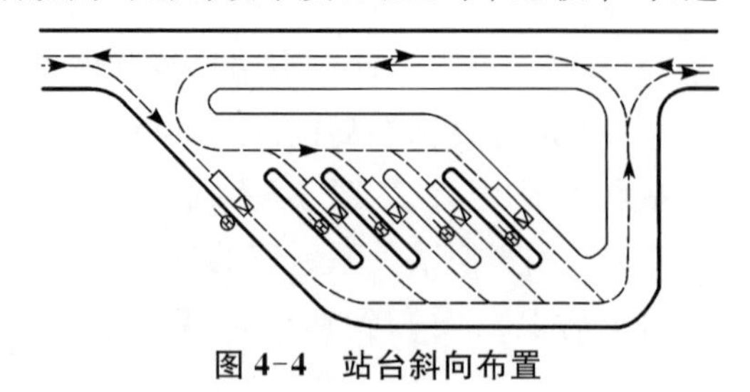
图 4-4　站台斜向布置

垂直的布置适合进站和出站较宽的车道。但要让司机使车辆平行于站台停靠，须有足够的入口宽度才行(图 4-5),特别是铰链车,为了能正确地行驶和节约车道宽,最好把它的进出车道布置在站台和进口之间。这类站台方式的缺点在于乘客上下车需要穿越车行道,人流与车流冲突会比较严重。由于各停靠站停靠线路固定,因此灵活性比较差,当某个停靠站停车空间不足时,该停靠站的公交线路不能使用其他停靠站台。通常,城市公共交通枢纽站应布置在道路交通空间以外,并且有分离的进出口。只有在特殊情况下,枢纽站才能占用城市道路空间。对于这种类型的枢纽站,为了容纳高峰时加车和工作休息时的车辆,需要指定专用场地,但这样会导致较长的空驶路径,严重影响运行的经济性。

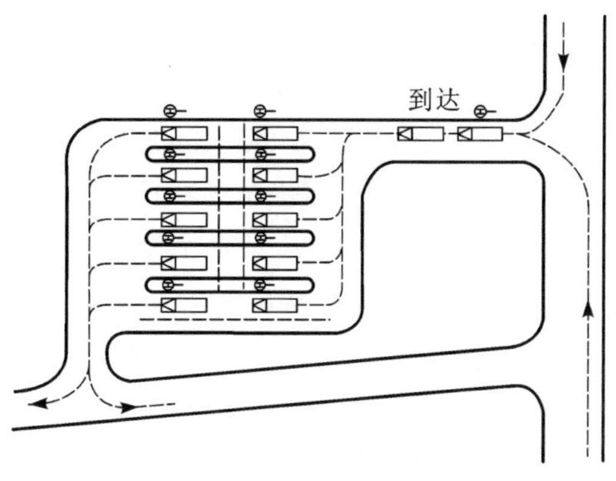

图 4-5 站台平行布置

3. 组合方式

当公交枢纽与轨道交通终点站接驳时,公交枢纽可以采用椭圆形岛式布局与轨道交通衔接,公交车的到达站与轨道交通的出发站位于一侧,公交车的始发站与轨道交通的到达站位于另一侧,这样在主要换乘方向上实现公交与轨道交通之间的同站台换乘,使两种交通方式的衔接更加紧密便捷。图 4-6 为德国汉诺威一个名为 Empelde 的公交与轨道交通换乘枢纽站。

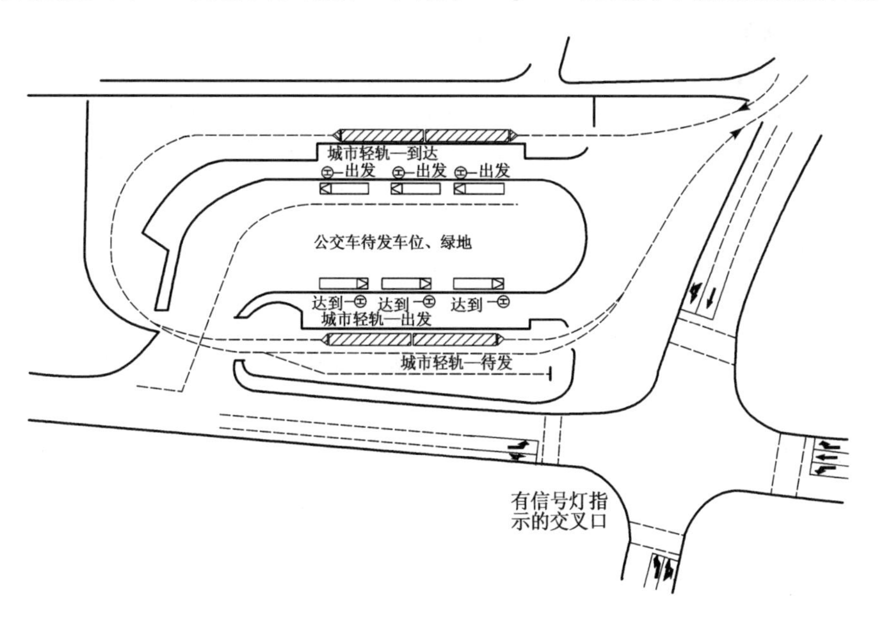

图 4-6 汉诺威 Empelde 枢纽站

4.2.4 地下公交枢纽的竖向布置

随着枢纽向集约型发展,节约土地资源,并讲求零换乘的交通衔接方式,不少公交系统考虑在地下空间建设,一般以设置在地下 0～15 m 为宜。以下介绍四种利用地下空间的公交系统竖向配置方式。

1. 地面设置公交场站，地下布置停车场

目前南京龙江新城市广场的公交站就是采用了这种公交场站，它利用一层的部分空间建设公交场站，地下设置停车场，而建筑体地上部分则是商业中心。

2. 地下一层布置公交站厅，地面层布置公交

这种布置方式在枢纽建设中应用较多，它具有节约用地、布局灵活、实现零换乘和人车分流的优点。例如深圳福田综合交通枢纽就采用了这种立体公交体系。一般公交首末站会针对不同方向的车流，应用不同的出入口及车道边进行组织，而乘客可以通过自动扶梯由地下站厅层到达地面层搭乘公交。

3. 地下一层落客站台

天津站的站前广场公交站就是这一模式。到达天津站的乘客可以在地下公交站下车后，通过自动扶梯前往站前广场地上部分，然后购票进站乘坐火车。

4. 公交完全地下化

这是指将公交首末站和公交停车场等空间完全布置在地下。欧洲最大的公交换乘中心拉德芳斯换乘枢纽就是这样的典型实例，枢纽群楼中间建有一个巨大的空中广场，地下空间则设置有地下道路、地下停车场和地下公交车站等，这样的布局让原本拥挤的巴黎市区增加了67 hm^2的步行系统。其地下一层设置有14条公交线路，公交进出车道环绕中央地下停车场。地下二层为中央换乘大厅，设有售票点和商业设施。地下三层为地铁1号线站台层，地下四层为RER-A线的站台层，有4股轨道平行排列。目前天津的于家堡交通枢纽是我国第一座全地下换乘的交通枢纽，所有交通形成全部设置在地下，对于层高要求较高入地难度大的公交换乘也全部通过地下空间解决。

4.3 地下公交枢纽设计标准

地下公交枢纽设计可参考上海市工程建设规范《公共汽车和电车首末站、枢纽站建设标准》(DG/T J08-2057-2009，J11467-2009）和《城市公共交通站、场、厂设计规范》(CJJ15-2011)。

公交枢纽站是指乘客集散、转换交通方式和交通线路的公共汽车和电车线路的车站。

公共汽车标准车为：车身长12 m，宽2.5 m，高3.3 m。

4.3.1 选址和总平面

1. 选址宜符合以下规定

(1) 应纳入城市总体规划，且便于与其他客运交通衔接。

(2) 宜设置在城市道路用地之外，与道路用地紧密结合，方便人流和车流的集散。

(3) 宜同区域路网、公共汽车等线路相，一般设置在人员集中、客流量较大的位置，乘客步行间距应在以该站为中心的350 m半径范围内，最远的乘客步行间距不宜大于700～800 m

半径范围。

(4) 新建交通枢纽的出入口与城市道路平面交叉口的距离应符合《城市道路平面交叉口规划与设计规程》的规定和要求。

2. 总平面设计要求

(1) 枢纽站的平面布局,应按照机非分离、人与车分流的原则,避免乘客、车辆流向冲突,满足分区明确、布局合理、流线分明、通行便捷的要求。

(2) 枢纽站的设计应根据规划要求,做到近远期结合、预留发展用地,既能满足近期使用要求,又能兼顾长远发展。

3. 枢纽站平面功能组成

(1) 供公共汽车车辆运行的区域,应包括车辆出入口、等候发车区、迴车道等。

(2) 供乘客、运营工作人员使用的综合性服务区域,比如侯车站台、调度用房、管理用房、员工餐厅、司机休息室、公共厕所等。

(3) 满足人员出行需求、协调周边环境的公共配套设施区域,比如电子设备、站点绿化、停车位等。

4. 公交枢纽站用地规模

枢纽站的建设用地标准,应按照规划的公共汽车线路规模确定,在站点建设用地规整的前提下,各类站点用地面积可参照表 4-1 中的规定。若部分建设用地难以满足站点各项基本功能要求,宜适当扩大建设用地规模。

表 4-1　　公交枢纽站点建设用地面积(以上海地区为例)

站点线路规模	用地面积/m^2		
	内环线	内外环间	外环外
1 条线路	800	1 000	1 000
2 条线路	1 500	1 800	2 000
3 条线路(含)以上	$700\times n$	$800\times n$	$900\times n$

注:表中 n 为站点线路条数。

5. 公交枢纽站管理用房建筑规模

公交枢纽站管理用房建筑规模参见表 4-2。

表 4-2　　公交枢纽站管理用房建筑规模(以上海地区为例)

站点线路规模	用地面积/m^2		
	内环线	内外环间	外环外
1 条线路	50	50	60
2 条线路	60	60	70
3~5 条线路	$30+10n$	$40+10n$	$35+15n$
6~10 条线路	$10n$	$10n$	$10n$
10 条线路以上	可按线路分组设置方式参照上述标准执行		

4.3.2 基本设施

枢纽站通常应由车辆运行设施、综合服务设施、公共配套设施组成，其中综合服务设施包括管理用房、候车站台、信息系统及相关设施、标识设施等。

站内建筑应做到配置合理、功能齐全、使用方便，在综合客运交通枢纽站内的首末站建设过程中，宜充分利用土地资源，做到有分有合，资源共享，协同建成。

1. 基本设施

1）车辆运行设施

车辆运行设施应包括车辆出入口、等候发车区、迴车道。在枢纽站内宜实行上客区、下客区空间分离，上客人流、下客人流、车流相互不干扰。

等候发车区提供车辆等候发车的功能，每条线路宜满足 3 辆车同时等候发车的规模要求，每辆公共汽车泊位尺寸应按长度不小于 15 m、宽度不小于 3 m 的标准设置。

站内车道应按照运营车辆的轨迹划定，直行段宽度应不小于 7 m，转弯段应满足转弯半径的技术要求，最小转弯半径应符合《城市道路工程设计规范》的规定。

车辆运行区内公共汽车标准通行空间的净空高度应不低于 3.8 m，双层公共汽车通行空间的净高应不低于 4.6 m。

公共汽车进出站，与非机动车、乘客主要出入口宜分开设置，安全距离宜小于 5 m，若要设置在一起，应用物理分隔。

2）管理用房

管理用房宜包括：调度室、职工休息用餐室、厕所、更衣室等。

管理用房建筑面积应按线路条数确定，一条线的首末站管理用房面积在 50～60 m^2 之间，2 条及 2 条以上线路的枢纽站的管理用房宜集中设置。

3）候车站台

候车站台设计应有利于乘客上下车，站台净宽应不小于 3 m，站台长度至少满足 2 个公共汽车泊位需求，应不小于 30 m。

室外候车站台应设置带遮掩和避雨顶棚的候车廊，候车廊净高宜不低于 3.5 m，其设施不得影响候车乘客和行车安全。

4）标识及无障碍设施

枢纽站内应设置乘坐规划牌、线路走向图等标识。标识宜由文字和图案组成，统一格式标记，统一颜色，文字宜配备英文，图案宜简单明了。标识宜设置动态信息导向标志，并应和信息系统连接。标志尺寸应规范化，图形标志应符合《图形标志使用原则及要求》(GB/T15566)的规定或要求。首末站、枢纽站的无障碍设施的配置和设计应符合《无障碍设计规范》(GB50763)的有关规定或要求。

2. 公共配套设施

枢纽站内公共配套设施宜包括公共厕所、停车位、绿化。停车位包括机动车停车位、非机动车停车位。

1）公共厕所设置

集中 3 条及 3 条以上公共汽车和电车线路的枢纽站，若站点周围区域 300 m 范围内无公共厕所，宜配建公共厕所。公共厕所的建设应符合《城市公共厕所规划和设计标准》的规定或要求。

2）机动车停车位设置

枢纽站应结合停车换乘的功能和换乘客流需求设置相应规模的社会机动车停车位。出租车停车位的设置应依据换乘客流需求确定匹配的规模，并宜同社会机动车停车位分开。

3）非机动车停车位设置

在枢纽站用地范围内，可因地制宜设置满足乘客需求的非机动车停车位，吸引和方便乘客换乘。枢纽站供线路运营工作人员使用配建的非机动车停车位，宜与服务乘客换乘的非机动车位分开设置。非机动车停车位不得紧靠枢纽站的出入口。

3. 防灾设施

枢纽站应设置防火、防震、防水等防灾设施，防灾设施的建设参照国家和地方现行建筑设计防火、防震、防水等相关规范执行。枢纽站设置防火设施应符合《建筑设计防火规范》的相关规定或要求。

枢纽站应配置紧急报警系统，并应符合《火灾自动报警系统设计规范》的相关规定或要求。

枢纽站设置防震设施应符合《建筑抗震设计规范》、《城市抗震防灾规划标准》、《建筑抗震设计规程》的相关规定或要求。

枢纽站内管理用房、候车廊等建筑设置防水设施可参照《建筑防水卷材试验方法》的相关规定或要求。

建筑物内枢纽站安全出口应直接通向室外，安全疏散口及每跑楼梯净宽不得小于1.6 m，安全出口须设置明显标识及事故应急照明设施。

4.4 地下公交枢纽与其他交通的接驳

地铁、地下公交、地下车库及地下公共服务设施相结合开发的综合交通枢纽已经成为一种发展趋势。综合交通枢纽的建设可促进交通与商业的发展，充分发挥各自的优势。在平面规划设计时要充分考虑交通枢纽内各种流线组织。枢纽交通组织设计应坚持以人为本的原则，以乘客方便、快捷为宗旨，将各种交通方式分类渠化，有序组织，尽量考虑同站台换乘，构筑完善的行人系统，重视残疾人保障设施。应以提高各种交通方式的换乘效率为前提，优化各种交通方式的布局流线设计，尽量实现各种交通方式之间的无缝御接，达到“零换乘”效果。

4.4.1 目标

应通过合理有效的交通组织管理达到运输服务水平的改善和交通系统整体效率的提高，构建“人性”、“高效”、“安全”，多方式和多层次的“一体化出行服务体系”。

人性：舒适、捷达、方便、无障碍、高质量、高水平。

高效：多式联运、系统连续、衔接紧凑、最短换乘、快速疏解。

安全：人车分离、流线顺畅、立体交叉、行走(驶)安全、交通管理智能化。

4.4.2 原则

1. “公交优先”的原则

发展公共交通是现代城市解决城市交通问题的基本战略，在进行交通换乘枢纽的交通组织设计时，这一点应得到充分的体现。

2. “以人为本”的原则

应最大程度地满足行人对换乘便捷、快速、安全、舒适的要求，缩短行人在枢纽内的换乘时间，提高交通设施服务水平。公共交通枢纽应该将换乘关系密切的停靠点集中在一个对各线路都很便利的停靠区域内。

4.4.3 接驳设计

在研究城市公共交通枢纽交通组织设计时，通常需要处理三种交通方式之间的接驳设计，即公交与轨道交通的接驳设计、不同公交线路之间的接驳设计、公交与其他交通方式(步行、自行车、小汽车和出租车等)之间的接驳设计。见图 4-7。

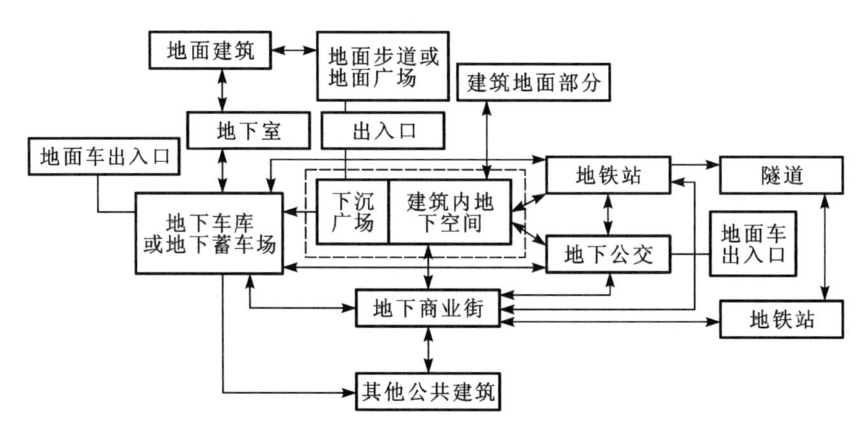

图 4-7 三种交通方式之间的接驳设计

1. 公交与轨道交通的接驳

轨道交通和常规公交是城市公共交通系统中最主要的两种交通方式。轨道交通具有运量大、快速、准时和环保等优势，而常规公交相比轨道交通弹性更大，更改线路和站点比较容易。因此，后者可以用来为前者集结和疏散客流。二者之间的换乘衔接必须做到换乘过程的连续性、配置设施的通畅性和客流过程的通畅性。

通常已建成的地铁与公交站点距离较远，且需要出地铁后再换乘，效率较低，不便捷、不舒适，不利于人流快速疏散。而地铁一体化立体化模式下公交站点可以与地铁在垂直方向对应连接，或者在较近距离内与地铁站点水平联系，这种模式能够极大地缩短人们的步行距离，减少换乘时间。地铁中心可设置更多公交线路，并在较大地铁站设置公交终点停靠点，提高地铁与公交的高效接驳，实现更快速的人流疏散。例如香港沙田就将巴士总站、出租车、地铁线路与新城市广场垂直布置，使用者可以从商业通过扶梯直达巴士总站、出租车停靠点，也可以通过扶梯直达地铁站点，这种换乘方式清晰而直接。作为地铁立体化开发的成功案例，新城市广场成为整个区域的活动中心，而支撑它的则是地铁与公交的无缝对接。

公交与轨道交通的接驳通常有以下几种形式：

(1) 公交车停靠在路旁，乘客利用竖向垂直交通及地下通道与轨道交通相联系。

(2) 当公交车与轨道交通处于同一平面时，公交停靠站和轨道交通站台连通或合用，并用地下通道联系两个侧式站台，以确保有一个方向的换乘条件，不但方位好，而且步行距离短。

(3) 当公交车与轨道交通处于不同平面时，通过设计一条路径，使公交车到达站与轨道交通出发站同处一侧站台，公交车出发站与轨道交通到达站同处另一个站台。

(4) 当与由多条公交线路交汇形成的公交枢纽进行衔接时，如果该公交枢纽换乘布局模式为岛式，则可以考虑将地下通道的另一个出入口设置在公交枢纽范围内的中间位置，以方便乘客在公交与轨道之间进行换乘；如果该公交枢纽布局模式为站台式，则可以考虑利用地下通道将每个公交站台与轨道交通车站直接相连，以避免人流进出站对车流的干扰。

2. 不同公交线路的接驳

不同公交线路之间的接驳设计应该保证乘客尽可能少的步行距离和换乘时间，实现安全方便的换乘。因此，在交通组织设计中要做到：

(1) 各线路的停靠站，应该从缩短换乘路径的角度出发，尽量集中布置。不同线路间的换乘距离以小于 50 m 为宜。

(2) 上下客站点分开。一个方向的线路停靠点原则上要集中。如果一条线路往返方向都停靠在同一个站点，那么至少停车点应分开，以避免发生乘错车的情况。

(3) 相互有换乘关系的线路应该尽量安排在同一个站台上。对于有多条线路的大型公共交通枢纽，应该将换乘关系密切的停靠点集中在一个对各线路都很便利的停靠区域内。但这样可能会因为车辆的绕路或转弯而造成运行上的不便。

3. 公交与其他交通方式的接驳

这里的其他交通方式主要是指步行、非机动车、小汽车和出租车交通方式。下面将分别对这四种方式的接驳设计进行介绍。

1) 步行

步行是一种最基本的交通方式，人们出行不管采用什么交通工具都必须伴有步行，而且它是一种最有利于环境保护的交通方式。一般来说，人们所能接受的乘车步行时间为 10 min，相当于 600 m 的距离。倘若能提供通往枢纽站的完善直达的步行通道，以上可以接受的步行距离还可以得到进一步的延伸。考虑到城市公共交通枢纽附近土地使用强度高、各种活动频繁，必须提供独立的人行步道，以连接枢纽合理步行吸引范围的街道、住宅区、商店等，并尽量与机动车流分开。步行通道除了满足客流集结和疏散要求，还要设置良好的导向标识、过街横道线和中央安全岛以及交通标识系统。此外，还应为方便残疾人出行设置无障碍设施。

2）非机动车

非机动车交通是一种既节约道路资源又环保的绿色交通方式，并且在国内外大城市中越来越受到人们的关注。由于城市公共交通枢纽站多种交通模式车辆进出比较频繁，加之大量的非机动车交通，势必会增加枢纽站的交通冲突。非机动车交通接驳设计应该遵循以下原则：

（1）减少非机动车辆的行驶对机动车道的干扰。

（2）减少非机动车辆的行驶对进出站的公交车辆的干扰。

（3）非机动车停车场的建设要与周边建筑相协调，尽量控制在距离枢纽站 50～80 m 范围内，在不影响枢纽其他功能的情况下也可以把非机动车停车场设置在枢纽站内。

（4）保证非机动车存放的方便和安全。

3）小汽车

经济发展导致小汽车保有量的不断增加是社会发展的必然。它不仅给城市道路交通增加了压力，并且由于“P＋R”和“临时停车-离开”等新的交通方式的出现，同时也对城市公共交通枢纽的停车问题提出了更高的要求。对于老城区或者主城中心，由于用地紧张，P＋R 交通出行的比例较小，小汽车停车场可结合枢纽周边社会停车场布置。而在主城边缘地带的公共交通枢纽或组团中心轨道交通枢纽，P＋R 出行方式的比例相对会比较多，通常需要在枢纽周边配建较大规模的小汽车停车场，以鼓励外围居民使用公共交通工具进入主城中心。对于“临时停车-离开”交通出行方式，在对枢纽进行交通设计前需要研究一下枢纽终端交通手段的形态，研究是否有必要导入，并尽量避免对公交车辆进出造成干扰，停车位置要靠近公交车到达站，减少乘客步行距离，同时还要避免临时停车空间被其他目的行为占据，变为长时间停车。

4）出租车

出租车的接驳设计可参考上述“临时停车-离开”的方式进行设计。

4.4.4 流线组织人性化设计

1. 可识别的人行流线空间

可识别的人行流线空间，即人们在地下空间通行时，能够清楚地感知自身在某个特定空间环境中所处的具体位置，以及其所处空间的各种流线关系等。可识别的人行流线空间可大大缩短行进时间，从而提高地下空间立体化的效率。许多地下空间的大厅长达几十米，而且至少有两个或两个以上出入口通向不同的城市街区、转换口或商业空间等，因此乘客在地下大厅能正确辨析流线方向非常重要。快速、正确的辨析通行方向可以使乘客快速高效地实现各类交通方式间的换乘，可以有效减少人流间的冲突，减少换乘距离，从而减小封闭空间的拥挤可能达到人流的高效疏解。可识别的人行流线空间，能为人们提供良好的步行环境。

例如，北京在地铁站地下空间设计中就采用了多种手法营造可识别的人行流线空间：地铁站点与其在城市中所处的地理位置拥有视觉上的联系；地铁人行流线运用鲜明的色彩增强其标识设计。北京轨道交通站点的艺术化设计，紧密结合地面的人文景观情况，选取相同或者相似的要素,往地下延伸。

2. 绿色流线

采光和通风的设计是实现绿色人行流线的关键,活泼、明亮、具有引导性的采光或照明可以缓解封闭的地下空间带来的压抑感,并可起到动线引导的作用。良好的通风系统也可提高地下空间的舒适性,缓解换乘或乘车等候时的焦虑情绪。清新的空气,明亮的光线不仅可为人们提供人性化的交通空间,同时也为人们营造高品质的、充满活力的环境。如上海外滩客运交通枢纽就以采光中庭作为空间的核心对流线和各交通功能进行组织和联系,不仅从垂直空间上较好地组织交通流线,同时也为地下空间引入更多自然元素。见图 4-8。

图 4-8 地下空间光环境和通风系统

4.4.5 交通组织实例分析

下面以石家庄新客站综合交通枢纽为例,对其地下国铁、公交、出租车等交通组织进行分析研究。

石家庄新客站拥有京石线、原京广线和石青客运专线在内的 6 条铁路正线,其东西站前广场下有两条城市轨道交通线路经过并设站,与火车线路形成有效衔接。同时,东、西站前广场下的交通枢纽还设置了公交车、出租车和社会车辆等多种交通方式,与铁路客运站及城市轨道交通站点共同构成大型综合交通枢纽。

石家庄新客站综合交通枢纽综合考虑新客站、站前广场景观、地下空间与区域交通的关系,结合地下空间内各种交通与服务设施的关系,对各项功能进行综合优化、整体协调,达到功能分布明确、集约利用土地、提高使用效率的目的。设计以东西广场交通功能为首要条件,整合各类交通设施与流线,各类交通设施布局划分明确,将各类交通功能就近布局,减少乘客换乘距离,对人行空间与车行空间进行有效分隔,为乘客提供一个相对安全的通行环境。见图 4-9、图 4-10。

新客站的东、西广场在功能上有所区分,东广场地下空间以交通功能为主,对接东部主城区,客流量大,两条轨道交通布置于此,为了构建公交、地铁及公交城区线与市域线之间的零距

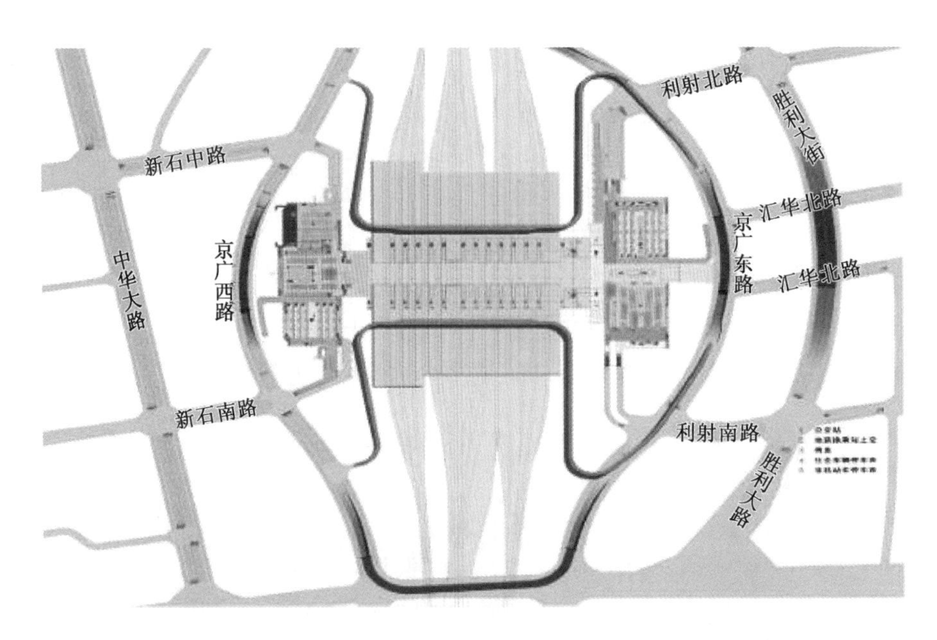

图 4-9　石家庄新客站总平面图

图 4-10　石家庄新客站鸟瞰图

离换乘，在东广场地下空间地下一层北侧设置 30 个公交上客点，中央区域设置地铁及换乘大厅，南侧设置集中商业区，实现了铁路、地铁、公交零距离换乘。地下二层北侧为社会停车库，南侧为出租蓄车场空间，安排充足的上客位，实现了铁路与出租车的零距离换乘。中轴区域是出站的主通道，设置围绕地铁站厅的换乘大厅，乘客从铁路出站后可在此方便换乘公交、出租车及社会车辆，各功能设施布局分明，换乘流线清晰。

西广场地下空间以辅助交通(社会车、出租车)为主，地下一层南侧设置地下公交候车岛，提供 24 个上客点，采用地面停车下客、地下接客的方式，与铁路客站的交通组织一致，方便西广场到发客流使用(图 4-11)。

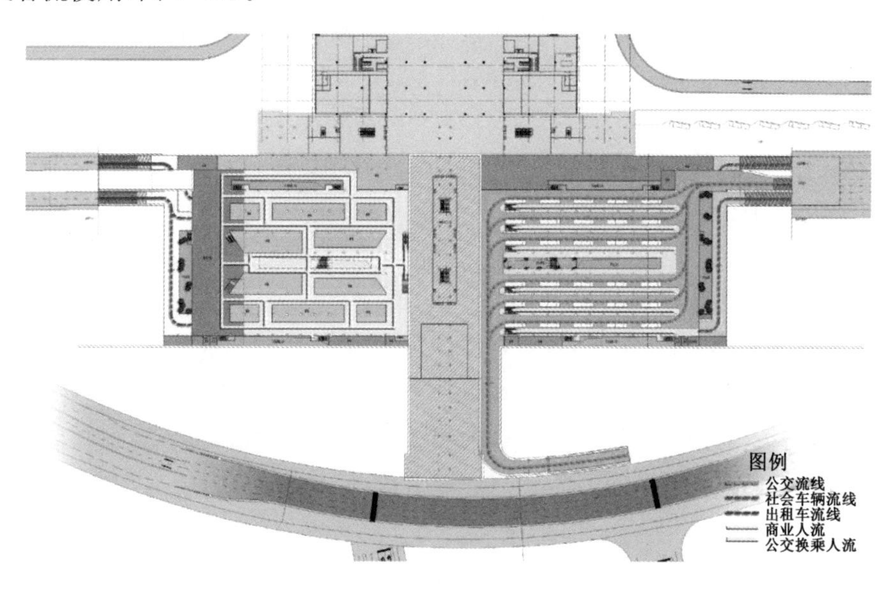

图 4-11　石家庄新客站西广场流线分析图

石家庄新客站综合交通枢纽在其东、西广场地下设置公交、社会车辆、出租、为一体的综合枢纽的同时，利用地面直通新客站二层出发层的高架车道将旅客直接送达出发层。配合新客站上进下出人流组织的同时，构建多维度、立体化、集约化的综合交通枢纽。见图 4-12。

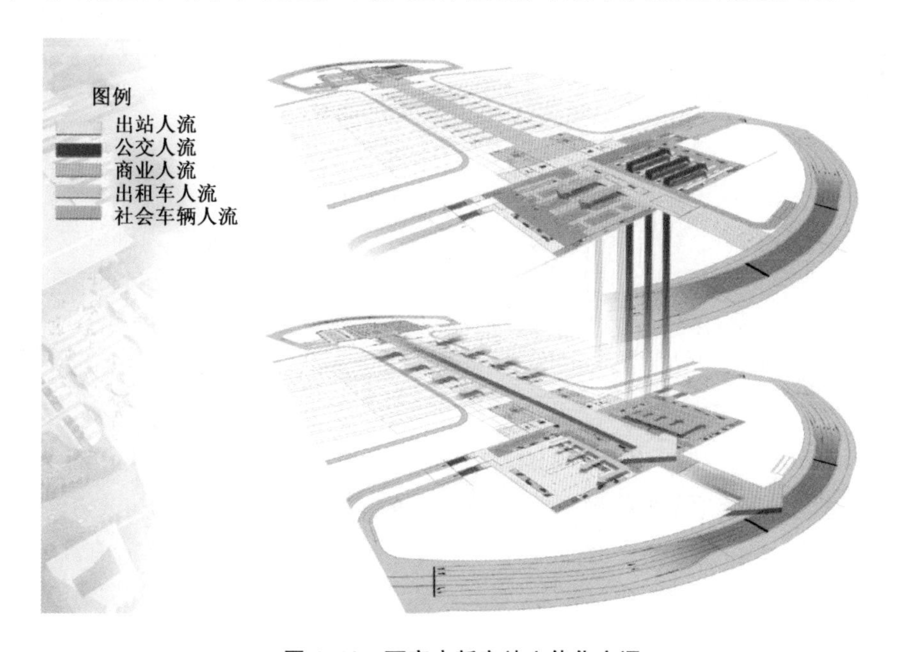

图 4-12　石家庄新客站立体化交通

石家庄新客站综合交通枢纽交通组织方式充分体现了“以人为本”、“人车分流”的设计理念，围绕铁路、轨道交通、公共交通等多种客流需求，合理布置客流集散点和进出站及换乘旅客的出行方式，最大限度方便旅客的集散和换乘；并且车站内外接口合理通畅，功能齐全，绿化环境与广场交通设计协调，体现了“人性”、“高效”、“安全”，多方式和多层次的“一体化出行服务体系”的设计要求。

4.5 地下公交枢纽消防设计

4.5.1 消防性能化的引入

地下公交枢纽由于功能的要求，其建筑面积相对较大、使用功能复杂、人员密度高等多种因素同时存在，消防设计尤其重要。在设计过程中设计师不但要保证建筑合理功能布局和功能流线，同时又需要保证建筑消防安全性，多种因素综合必然导致建筑在设计中存在某些问题，而这些问题采用现有的国家相关规范难以解决，或者虽然能解决却无法满足公交枢纽的使用需求。

目前较普遍的问题是地下公交的布局及使用的特殊性导致防火分区难于划分；人员密度大导致的疏散宽度设计难于满足规范要求等等。对于如何解决这些问题，现在很多的大型项目都引进了国外目前较流行的消防性能化设计，采用性能化的方式对地下大空间中功能要求高、人员密集的建筑消防设计进行评价以及对其消防设计中的不足进行补充。上海莘庄地铁站上盖综合开发项目中的南北公交枢纽就是采用了消防性能化进行设计，通过找出合理方式对存在的消防问题进行处理后，使地下公交枢纽消防安全性能达到国家规范要求同等水平。

4.5.2 消防性能化案例——上海莘庄地铁上盖综合开发项目

莘庄地铁站上盖综合开发项目位于上海市闵行区莘庄地铁站，该用地区域内交通集结了轨道交通和铁路交通网络，紧邻莘庄立交；基地内现有地铁 1 号、5 号线，并有国铁规划金山支线及沪杭客运专线，将整个莘庄站一分为二，南北广场隔空相望，使地块内部的支路系统及周边干路系统联系不畅。地铁站南北广场周边已有一定规模的商业、住宅区域，两侧公交线路密集，受限于轨道、国铁交通网络的分隔，周边居民出行需“常绕三分路”，严重影响闵行莘庄地区商业发展及交通运营。

1. 设计理念

设计中利用“大平台”作为莘庄站上盖综合开发的“基底”板，运用“大平台”的手法概念，在铁路、轨道交通等交通用地上方搭建平台，并在南北布置道路将平台与周边市政道路连通。平台层上布置有住宅、办公、公寓式办公、酒店及商业等建筑物；平台下至地面层布置有商业、公交枢纽站、地铁换乘大厅及配套的集散广场等功能空间；在平台层及地面层均沿建筑物周边设有环通道路并与市政道路连通，各建筑物及功能空间在平台层和地面层设有人员直达室外的出入口。见图 4-13。

图 4-13　上海莘庄地铁上盖综合开发项目鸟瞰图

2. 南公交枢纽平面布置

南公交枢纽及相邻区域位于大平台下方，主要包括南公交枢纽、南集散广场以及梅陇西路通道三大部分，总建筑面积为 18 301 m^2。其中南公交枢纽占地面积为 8 000 m^2，南公交枢纽顶部有大平台遮盖，结构高度为 8.15 m。南集散广场位于南公交枢纽东、西两侧，建筑面积为 3 100 m^2。东块区域集散广场为室外区域；西块区域集散广场西向为全敞开面，顶部有大平台板遮盖，结构高度为8.00 m。集散广场作为换乘枢纽重要的一部分，日常起到沟通地铁与公交换乘人流的作用，为 24 h 开通的通道。见图 4-14、图 4-15。

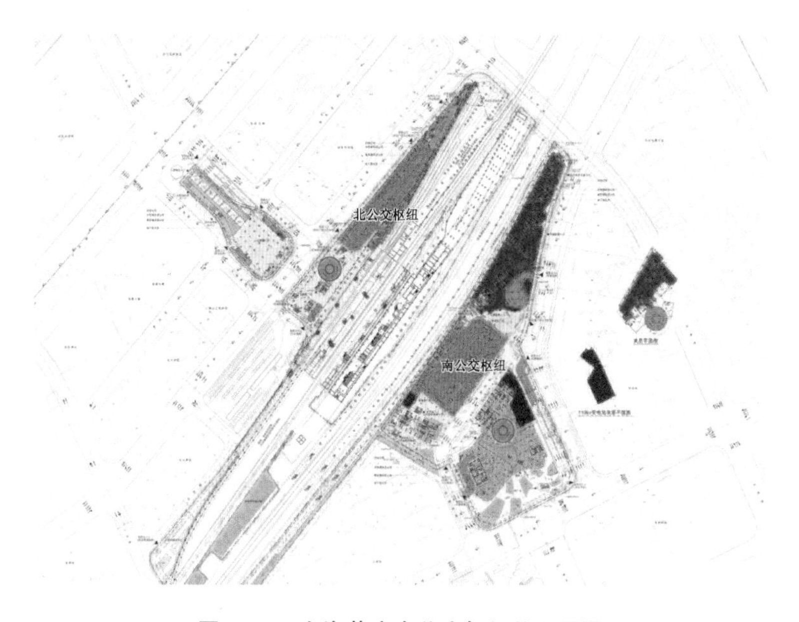

图 4-14　上海莘庄南公交枢纽总平面图

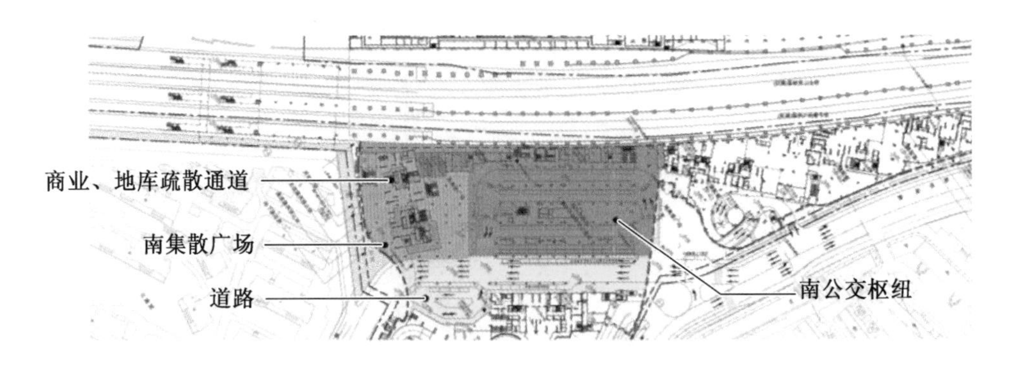

图 4-15　上海莘庄南公交枢纽广场

南公交枢纽南侧布置有梅陇西路东西联络通道，道路宽度 20 m，地块红线内长度约为 227 m，上部大平台遮挡区域长度约为 150 m，道路区域结构高度为 8.00 m。枢纽用地面积约 8 000 m²，可满足 8 条公交线路到发要求及出租车候、落客功能。站内设 8 条公交线路并设置 3 处下客车位。公交车道设计宽度为 7 m，候车岛最小设计宽度为 5.5 m。同时根据规划要求布置出租车站台，出租车位 28 个，按市区与闵行区线路分两列布置。社会车辆根据最新规划结论布置于外围道路，不进入枢纽内部。公交站内办公、管理及设备用房独立设置，方便今后运营及管理界面。公交枢纽平面布置具体见图 4-16。

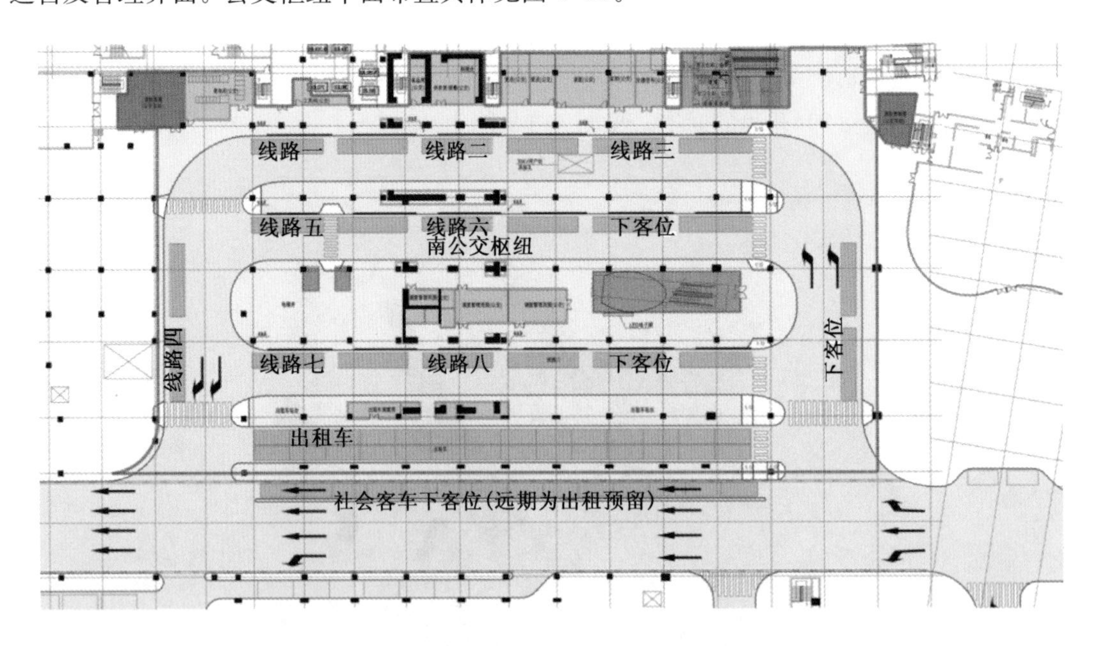

图 4-16　上海莘庄南公交枢纽平面布置

办公、管理及设备用房包括调度室、更衣、休息、就餐、公厕、交通信号、配电间、备品、消防泵房及消防控制间，总面积约 1 000 m²。枢纽内办公、管理、设备平面布置具体见图 4-17。

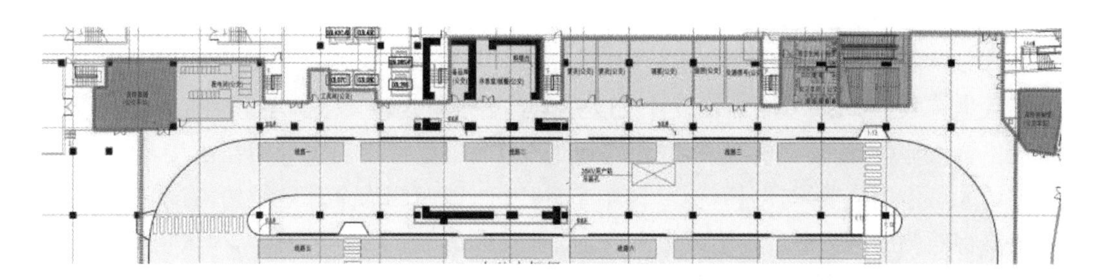

图 4-17 上海莘庄南公交枢纽内办公、管理、设备房平面布置

3. 南公交枢纽消防设计

南公交枢纽与集散广场及梅陇西路通道相互连通，并在东、西两侧与室外完全贯通。由于使用功能特点，为保证车辆及人员的高效通行性，各功能区之间及各区域内部都难以设置物理防火分隔。设计师对南公交站、集散广场按照现有相关建筑防火规范做了防火分区的划分。从防火分区图中可以看到，由于面积过大，整个公交枢纽场站被防火墙和防火卷帘划分为三个防火分区，平时会严重地影响公交车辆的行驶安全；若火灾发生时，防火卷帘也难以保证完全落地，无法有效地阻止火势的蔓延。现有规范下的防火分区示意图见图 4-18。

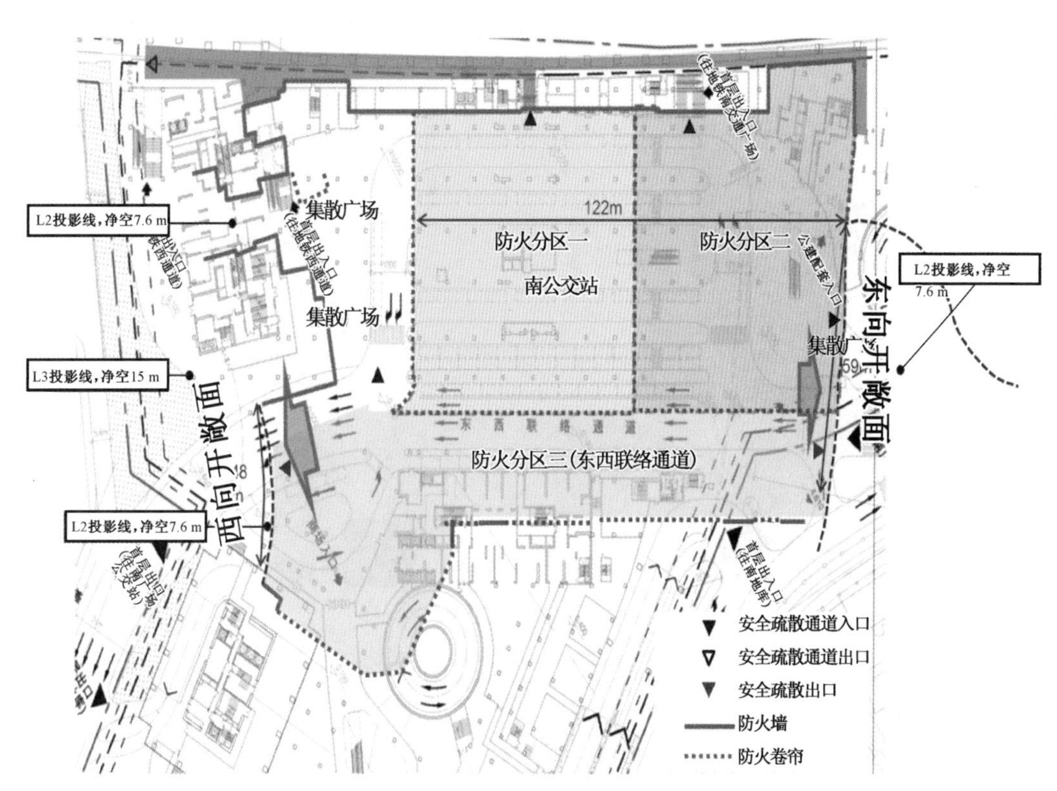

图 4-18 上海莘庄南公交枢纽防火分区示意图

所以建议整个南公交枢纽与西侧的南集散广场及梅陇西路通道按一个防火分区考虑。由于该防火分区面积较大，疏散距离也相应较长，加上大型综合交通枢纽人员密集，疏散口设置宽度及数量有限，其人员安全疏散设计难以完全满足现行规范要求。考虑到西侧的南集散广场平面位置优势（将南公交枢纽、梅陇西路通道及 L2 层西通道与室外相互衔接，有利于上述三个区域人员借用疏散）与结构优势（为半室外空间，即西侧为全开敞结构，有利于热烟的排放），建议将西侧的南集散广场论证作为上述三个区域人员的"准安全区"，以解决其人员安全疏散问题。

4. 消防性能化设计概念

1）防火分隔策略

设置防火分区的根本目的是尽可能地将火灾限制在一定区域内，限定和缩小火灾蔓延危及的范围，以降低火灾导致的生命财产损失。由于大型综合交通枢纽建筑形式及特殊功能需求，要求提供保证水平畅通的使用功能及开敞通透的建筑视觉美观，难以严格按照现行防火规范设置物理的防火分隔措施。

因而建议采用"防火单元"、"防火隔离带"等概念进行防火分隔，以防止其内的火势向高大空间内蔓延，以弥补无法在整个大空间内设置防火分隔的不足（图 4-19）。

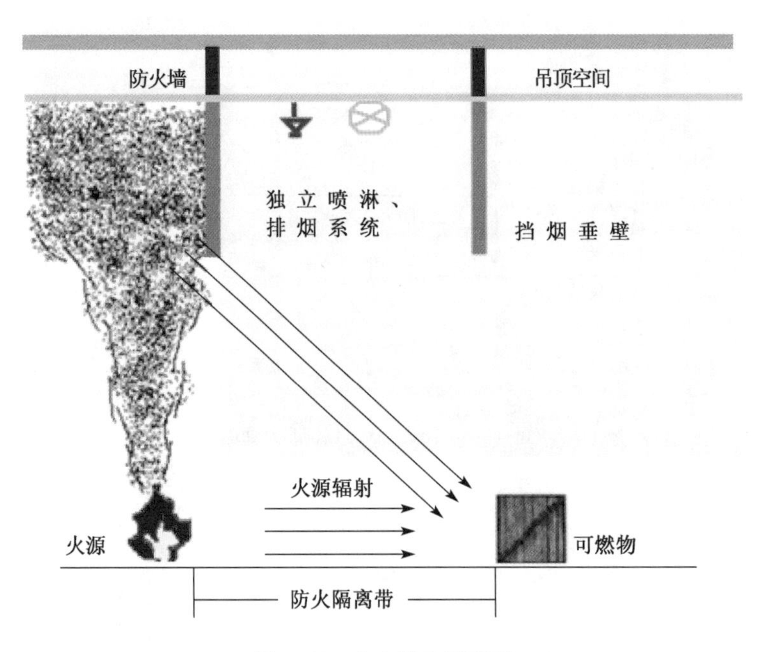

图 4-19 火灾发生示意图

（1）防火单元。

随着现代化进程的加快，越来越多的超大规模、超大空间的新型建筑不断兴建，这类空间由于建筑结构及使用功能的要求，难以实施防火分隔。但对于这类高大空间中的办公、设备、附属用房等，可以利用"防火单元"的概念，对其单独进行保护，使其满足防火功能要求。所谓

“防火单元”即指在大空间内具有围护结构(如防火玻璃、墙体等)的用房,控制其面积,并按要求设置机械排烟系统、自动灭火系统、自动报警系统等消防设施。

(2) 防火隔离带。

“防火隔离带”概念最初提出是在城市消防规划建设与建筑防火管理中,为提高整个城市的防火能力,在工厂、商业、居住区等建筑相互间都应预留出足够的间距作为防火隔离带,防止着火建筑的辐射热在一定时间内引燃相邻建筑。随着超大空间、超大防火分区建筑的不断出现,“防火隔离带”的概念开始被借用到室内消防设计与规划中。诸如会展中心、机场大型综合交通枢纽等高大空间建筑,若采用传统防火分区划分方法将无法保证建筑的使用功能与视觉效果,因而采用设置防火隔离带的方法进行分区。

所谓“防火隔离带”即在建筑内根据可能的火灾荷载及火灾规模设置相应宽度的通道,该通道内不设可燃物,并配合喷淋、排烟系统的作用,避免火灾时隔离带一侧的火焰辐射蔓延至另一侧,以防止火灾向大面积范围内蔓延。采用这种方法划分的防火分隔区域虽然没有采用实际的防火分隔构件,但仍然能够满足阻止火势蔓延的安全目的,因而可以视为“逻辑防火分区”。

防火隔离带设置要求如下:

① 隔离带需设置明显的标识;

② 隔离带平时仅作为人员通行区域,不得设置任何固定可燃物;

③ 隔离带上方需设置相应消防设施;

④ 隔离带应保证一定的宽度。

2) 人员疏散性能化设计概念

(1) 准安全区及分阶段疏散策略。

从目前国内外研究现状来看,在建筑内设置“准安全区”是解决大型综合交通枢纽这类人员密集的大空间建筑的人员疏散问题较为常用的方法。

由于莘庄地铁上盖综合开发项目大型综合交通枢纽整座建筑体量庞大、人员密集、疏散路径长,将所有人员疏散到室外无疑需要较长时间,因而迫切需要在建筑内部合适的位置设置相对安全的区域,作为火灾区域人员疏散的缓冲过渡带,也就是上述提及的“准安全区”。所谓“准安全区”往往指大空间建筑形式内火灾荷载较小的半室外、下沉广场及一些基本无可燃物且一定时间内受火灾影响小、基本无烟气影响的室内区域。

由于建筑内的部分区域其疏散路径长,当人员到达最终的室外出口后可能需要很长时间,但是其实在疏散过程中,人员离开火灾发生区域后进入另一个不受火灾影响的区域内,实际上是处于一个相对安全的区域。因此,人员可以通过这些过渡区继续向室外疏散,而在这些准安全区域内的人员也是安全的。

必要时首先疏散火灾等紧急事件影响区域,只在极端失控,特大火灾时进行整个交通枢纽人员疏散,并且人员进入相对安全区域继续向室外疏散的策略即为分区分阶段疏散。

准安全区的选择和设置应综合考虑以下几个因素:

① 建筑的平面布局和功能联系;

② 可燃物的分布情况；

③ 消防设施设置情况；

④ 防烟分区的划分。

(2) 区域人流量确定方法。

对于办公及商业建筑，可以使用人员密度系数(m^2/人)来确定人员数量。然而，对于大型综合交通枢纽类的建筑，其目的为人员输送，而人员在大型综合交通枢纽内的大多数区域是流动的，只有在办公区等部分区域人员才会是固定的。因此仅按照密度确定人员数量得出人员数量是不符合实际情况的。

对于这类建筑，需要使用人流量的方法，确定待疏散区域人员数量的两个关键参数是该区域的设计流量(人/h)和人员在该区域的逗留时间(min)，而这两个参数由大型综合交通枢纽客流量设计及班次分布决定。

$$人员数量 = 人流量(人/h) \times 逗留时间(min)/60$$

相关同类场所人流量的实地或资料统计：通过对相关大型综合交通枢纽调查取样，对人流密集区域采用人流量方法或实际采样相结合加以确定。

5. 消防性能化设计策略

1) 防火分隔策略

(1) 南公交枢纽、西侧的南集散广场及梅陇西路通道按一个防火分区考虑，总面积为18 301 m^2。

(2) 为避免南公交枢纽及梅陇西路通道火势及热烟向西侧的南集散广场"准安全区"蔓延，西侧的南集散广场与相邻功能区域之间，建议设置防火隔离带进行分隔，通过热辐射分析确定防火隔离带宽度不应小于 15 m(图 4-20)。

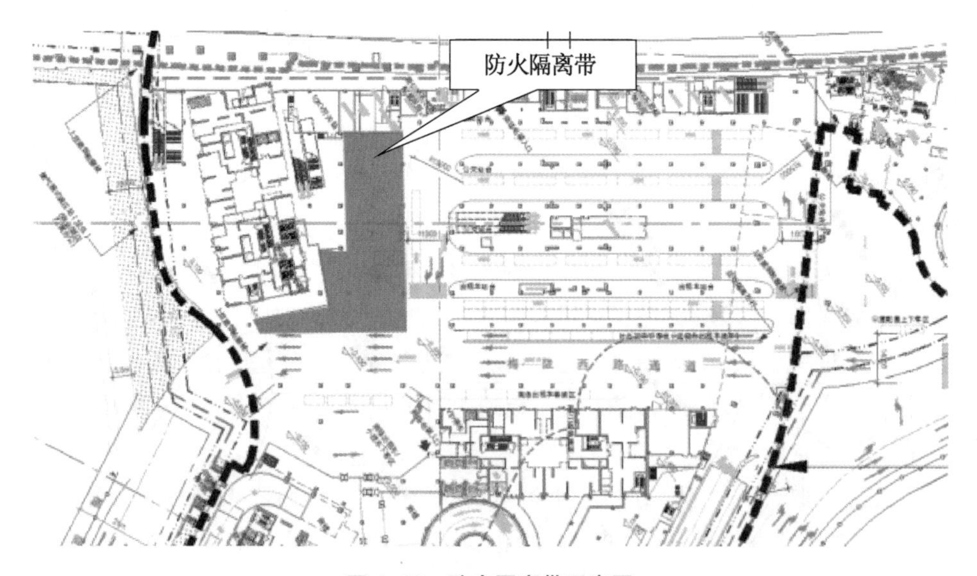

图 4-20　防火隔离带示意图

(3) 防火隔离带设置要求：

① 隔离带需设置明显的标识。为将防火隔离带与其他区域进行有效区分，建议可采用涂层、不同颜色地砖或内墙上标注等方法对防火隔离带区域设置明显标识。

② 防火隔离带平时仅作为人员通行区域，不得设置任何固定可燃物。

③ 隔离带上方需设置相应消防设施。对应防火隔离带上方应设置防烟分隔(根据模拟分析，防火隔离带防烟分隔净高不应低于 2 m)，其内应设置独立自动灭火系统、自动报警系统以及机械排烟系统。

④ 隔离带应保证一定的宽度。根据防火隔离带间距分析，隔离带宽度不应小于 15 m。

(4) 防火单元设置要求：

L1 层南公交枢纽及集散广场内的办公设备用房这类局部无独立疏散条件(人员需进入公共区，与公共区人员共同疏散)的房间按防火单元设计。防火单元应采用耐火极限不低于 3.0 h 的隔墙及 1.5 h 的顶棚围合，防火单元面积根据性能化分析给出，且其内机械排烟系统、自动报警系统、自动灭火系统等消防设施按照现行规范设置。

虽然防火单元作为较适合此项目公交枢纽办公后期区域的防火设计形式，在某些方面的设计可相对降低要求，但相应在另外一些方面的消防设计则需要进行加强，同时对某些设计条件进行限制。针对该工程中防火单元的设置提出的相关限制和要求如下：

① 防火单元的面积要求：防火单元的设计理念是把大面积火灾荷载分割为若干个各自独立的小型区域，实现单个防火单元发生火灾时，火灾的最大蔓延区域和火灾损失可降低到最低。因此防火单元的面积要有一定的限制，否则即不能实现降低火灾风险的设计目的。在该项目中的防火单元设计中，单个防火单元面积控制在 300 m^2 之内，设计中可以单个房间作为一个防火单元，也可把多个面积之和不大于 300 m^2 的房间设计为一个防火单元。

② 防火单元内消防系统设计要求：防火单元是独立的防火防烟区间，其区间的防火防烟措施必须得到保证。在火灾时必须能够把火灾和烟气控制在防火单元内，所以要求防火单元内应设置自动喷水灭火系统、机械排烟系统以及其他相关消防设施，具体设计要求如下：

A. 防火单元内应设置自动喷水灭火系统，而且采用动作温度 60 ℃，$RTI<50(ms)0.5$ 的快速响应喷头。

B. 为把火灾控制在防火单元内，建议防火单元内自动喷淋灭火系统喷头应加密设置，喷头间间距控制在 2.4 ～2.8 m 之间。

C. 防火单元均应设机械排烟系统，每个防火单元作为一个防烟分区，单套排烟系统控制面积不得超过 2 000 m^2，每个排烟系统排烟量应按照其控制防火单元中面积最大的两个单元面积排烟量不小于 60 m^2/h 计算。若为单个房间防火单元，则防火单元内可只设一个排烟口，若为多房间防火单元，则需要在每个房间内均设排烟口，否则防火单元内各房间应顶部连通。

D. 排烟系统风管穿越防火单元位置应设置 280 ℃熔断防火阀，风管及保温材料应采用不燃材料。

E. 防火单元内除应按规范要求设置火灾探测器之外，每个防火单元内还应在靠近出口位置设置手动火灾报警按钮。

③ 防火单元与防火单元的防火分隔要求：防火单元与防火单元之间采用耐火极限不低于2.0 h的实体墙体进行分隔，实体墙上不允许开设门窗，单侧连续成组布置的防火单元叠加面积不应超过2 000 m²。

(5) 为给疏散人员提供一个相对安全的避难环境，西侧的南集散广场应严格进行可燃物控制。

2) 烟控策略

(1) 为保证顶棚蓄烟仓高度，延缓热烟层下降时间，建议采用孔板、格栅类非封闭式吊顶。

(2) 南公交枢纽、梅陇西路通道及西侧的南集散广场，距离室外30 m范围以内区域采用自然排烟，30 m范围以外区域采用机械排烟，不同排烟区域间设置1 m净高防烟分隔，各功能区机械排烟区域设置情况如下：

南公交枢纽及梅陇西路通道，利用防烟分隔(1 m净高)，按面积不大于2 000 m²，长边不大于60 m划分防烟分区，共划分为5个防烟分区，并设机械排烟系统。防火隔离带独立划分为一个防烟分区，对应隔离带两侧上方设置防烟分隔(2 m净高)，其内设置独立机械排烟系统。西侧的南集散广场机械排烟区域小于2 000 m²，按一个防烟分区考虑。

(3) 按"防火单元"要求设计的办公设备用房按规范进行排烟设计。

(4) 对于南公交枢纽及西侧的南集散广场中设置的上到L2层的楼扶梯，应在开口四周下方设置不低于500 mm的防烟分隔并增设加密喷头，以阻止或减少烟气向上层空间的蔓延(图4-21)。

图4-21 防烟分隔、加密喷头实例图

(5) 烟气控制效果：在公交枢纽自动喷淋系统有效的前提下，南公交枢纽及相邻区域内的排烟设施在模拟时间(1 200 s)内能有效控制热烟层下降;与西侧的南集散广场之间设置的防火隔离带,也能较好地阻止或延缓热烟蔓延,保证"准安全区"人员安全疏散(图 4-22)。

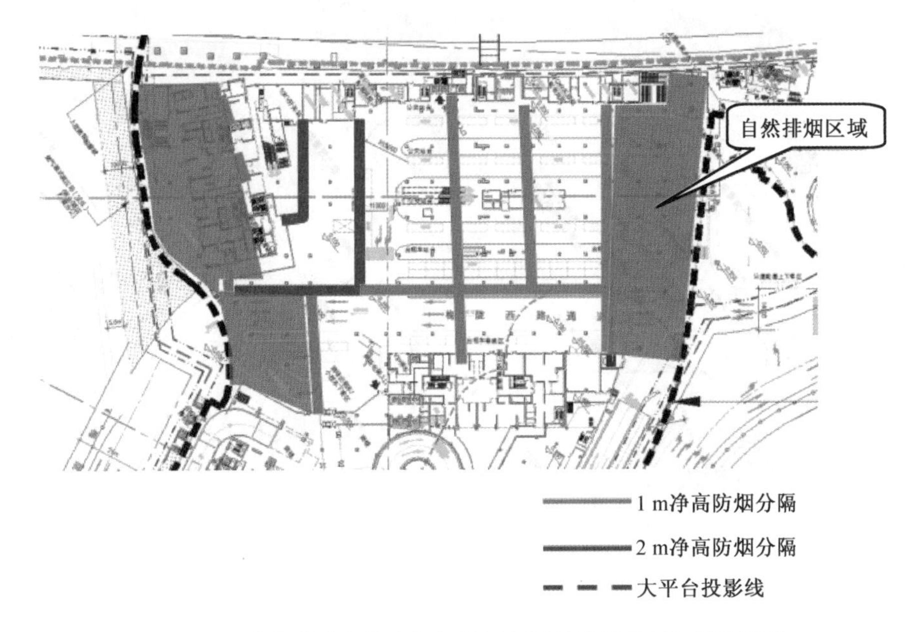

图 4-22 上海莘庄南公交枢纽及相邻区域防烟分隔设置示意图

3) 消防安全设施

南集散广场"准安全区"消防安全设施:南集散广场"准安全区"应按规范设置自动灭火系统、火灾自动报警系统(建议在规范基础上适当增加手动报警按钮数量)、疏散指示导系统、应急照明系统等。

其他未明确提到的相关消防设计应按现行国家规范执行,同时应加强消防安全管理。

4.6 地下公交枢纽相关案例——上海外滩交通枢纽

4.6.1 项目背景

上海外滩交通枢纽位于上海十六铺地区,地块面积(以道路红线为界)约 1.46 hm^2。此地区是上海传统的航运、商业中心,在上海发展的历史,特别是航运史中,十六铺地区占有举足轻重的地位。同时,作为上海外滩沿江景观线的重要组成部分,十六铺地区也将在未来的上海城市发展中承担至关重要的角色。通过外滩交通枢纽的建设,将在十六铺地区建成人性化的,交通组织流畅,功能布局合理,功能与景观、环境相融合的国际一流的交通枢纽和景观绿地。

外滩交通枢纽服务对象为:十六铺地区的城市公共交通车辆(仅考虑普通公交车的始发站,不考虑电车停靠)和旅游车辆。

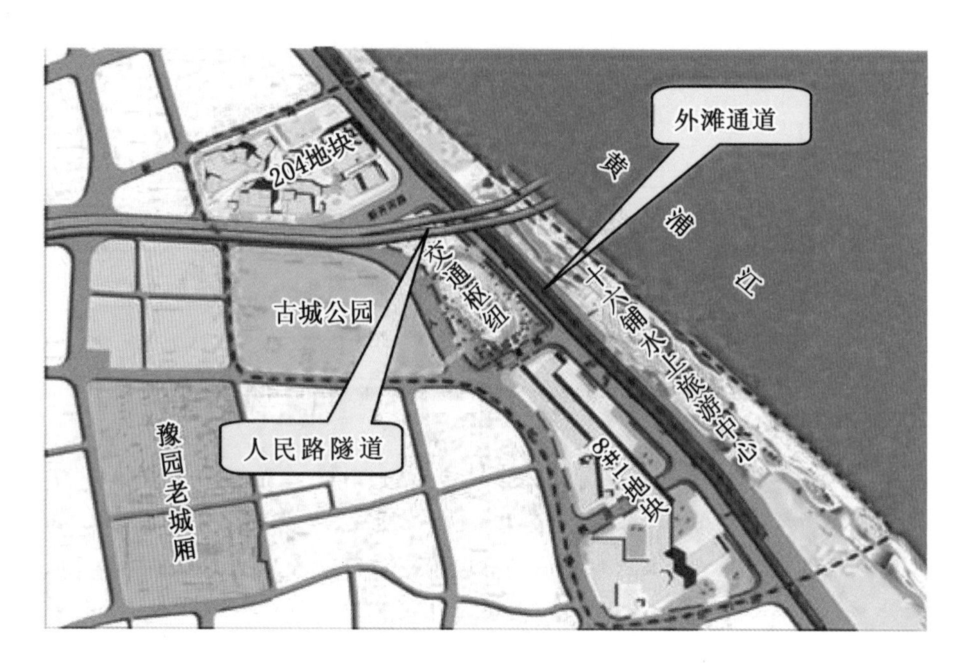

图 4-23 上海外滩通道位置示意图

1. 建设规模

1）公交枢纽规模

外滩交通枢纽是规划 2010 年上海世博会前建成的 60 个综合交通枢纽之一。根据公交客运枢纽规划，外滩交通枢纽内共需布置 4 条公交始末线路，每条线路提供约 3 个上下客泊位。

2）旅游车库规模

上海城市综合交通研究所（后简称交研所）以外滩通道建设、十六铺地区开发（204 地块、8#1 地块）为背景，对外滩十六铺地区的旅游车泊位需求流量做了预测，并根据十六铺水上旅游中心、中山东二路地下空间开发和外滩交通枢纽的最新方案，对交通枢纽建成后对区域交通的影响进行了评价。

根据交研所交评报告，十六铺地区对旅游车的泊位的需求数为 150 个，故外滩交通枢纽旅游车库的规模应根据区域的需求和基地布设条件来确定，泊位数不宜大于 150 个。

2. 功能定位

外滩交通枢纽工程包括地面城市景观绿化、公交枢纽和旅游车停车三大功能，是一个与规划公共绿地相结合，服务十六铺、外滩、豫园地区旅游观光功能为主，公交换乘和集散功能为辅的综合交通枢纽。

外滩交通枢纽的设计应本着“以人为本”的基本原则，合理布置人行流线、车行流线，为人、车均提供一个安全、便捷、舒适的通行环境。同时在有限的空间内合理布置枢纽结构体系及柱网，合理布置停车位。

外滩交通枢纽的建设，应处理好以下六大关系：

1）枢纽建设和相关工程建设的关系

外滩交通枢纽位于外滩十六铺地区，是外滩通道和人民路隧道两大重点工程穿越的重要节点。外滩通道从枢纽东侧中山东二路下穿过，人民路隧道从枢纽基地北端下方穿越。因此在枢纽的设计和建设过程中，必须要处理好其与相关工程的关系。

2）枢纽内部各种交通的组织和衔接

外滩交通枢纽是集合公交枢纽、旅游车停车、公交人员集散、旅游人员集散以及地下空间客流多种流线的城市新型交通枢纽。因此，处理好枢纽内部的各种交通流线的行进线路，合理分配内部空间是非常重要的环节。

3）枢纽内部交通与外部交通的衔接

在处理好枢纽内部流线的基础上，也应充分考虑内部交通与外部交通的相互关系，做好内、外部交通的衔接问题，从而使枢纽的出入更便捷，对外部交通的影响最小。

4）枢纽内部环境与功能布局的关系

外滩交通枢纽是人员相对集中的地下公共空间，其功能布局的合理性和内部环境的舒适性都将决定枢纽的整体服务水平。因此，在设计过程中应充分考虑枢纽内部合理的功能布局，同时也要为人们创造一个舒适的地下空间环境。

5）枢纽建设与周边地块开发的关系

外滩交通枢纽周边的8-1地块和204地块、中山东二路地下空间、十六铺水上旅游中心的开发设计也正在进行中，枢纽设计应考虑与周边这些地块的关系，做好与周边地下空间的衔接，为未来地区性地下空间开发打好基础。

6）枢纽景观与沿江、腹地景观的关系

外滩交通枢纽地块性质为城市公共绿地，基地也处于豫园—古城公园—十六铺水上旅游中心—黄浦江—陆家嘴金融贸易区视觉通廊中的重要节点，也是黄浦江沿江天际线的重要组成部分。枢纽的景观设计也是在设计中必须处理好的重要关系之一。

同时，在设计过程中，应充分考虑工程实施的可操作性，提出有利于工程实施和进度控制的最佳方案。

4.6.2 建筑设计方案

1. 建筑平面设计

外滩交通枢纽共分4个层面。地面层为城市公共绿地，地下一层为公交枢纽及下沉式广场，地下二层为旅游车候客区，地下三层为旅游车停车区和设备区。总建筑面积为37 599 m^2。

1）地面层

地面层为城市公共绿化景观，为了满足规划要求及绿地景观需求，同时也考虑到十六铺地区城市景观效果、枢纽在南外滩地区的重要地理位置以及公交车和旅游车等大型车辆出入枢纽的便捷性，地面层城市公共绿地主要为半地上形式，并通过城市绿地景观设计处理与古城公园绿地连成整体，形成黄浦江畔十六铺地区的大型城市景观绿地。基地南侧公共绿化中设置一人行出入口，可以下到地下一层交通枢纽，方便周边人群的使用。见图 4-24。

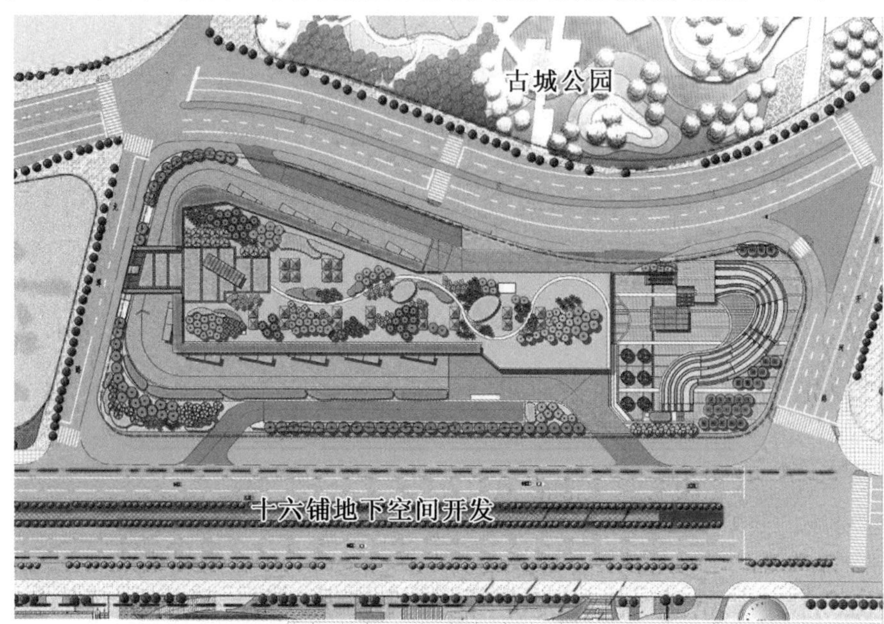

图 4-24　上海外滩交通枢纽总平面图

地面层共设置 4 个车辆出入口，其中在中山东二路西侧南北两端分别设置 1 个旅游车出口和 1 个公交车入口，在人民路东侧南北两端分别设置 1 个旅游车入口和 1 个公交车出口。根据道路规划设计，中山东二路、新开河路为城市次干路，人民路和龙潭路为城市支路，现有枢纽出入口布置方案由于枢纽基地范围、设计标准等多方面原因，距离路口均为 30 m 左右，长度不满足规范要求。由于结合枢纽建设，该工程将对枢纽周边道路进行同步改造，因此通过有效的道路设计和交通组织，可减小枢纽出入口对周边道路交通的影响，使枢纽周边道路交通更为有序、通畅，从而有效地解决了枢纽车辆出入口设置影响问题。

2）地下一层

地下一层主要功能为公交枢纽及下沉广场，通过基地北侧下沉广场将地面人流引入，基地南端布置公交枢纽停车区，公交车通过中山东二路入口进入交通枢纽，通过人民路出口进入城市道路。地下一层为满足公交车通行净高要求，采用上翻梁结构处理，板底净高保证 4.5 m，建筑面积为 4 657 m^2。枢纽提供 3 个公交车集中下客位，4 条公交线路共 8 个上客位，满足公交车全天运营的需求。见图 4-25。

下沉广场面积为 1 720 m^2，是地面与交通枢纽的过渡，通过弧形大台阶可以将地面人流引入交通枢纽，达到地面空间与地下空间之间完美的过渡和转换，同时也为城市居民提供了一个交流的自然环境，丰富了城市空间(图 4-26)。地下层公交枢纽的布置以人车分流为目的，为行人和公交行车提供各自完全独立的流线和安全的通行环境。公交枢纽的站台采用岛式站台形式，乘客集中在核心的站台候客区域内，候客区面积为 3 176 m^2，公交站台周边停靠。这样

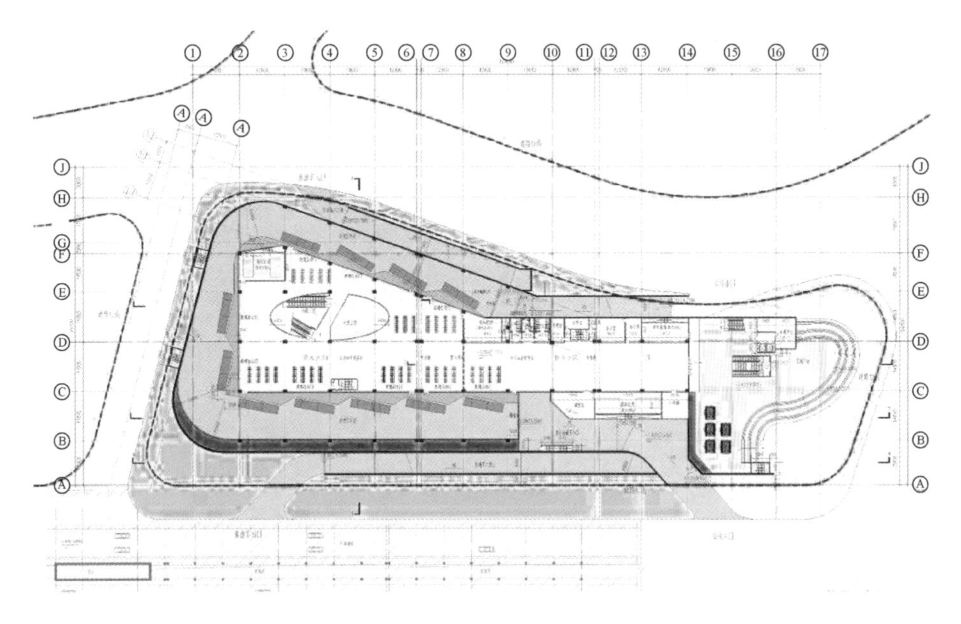

图 4-25　上海外滩交通枢纽地下一层平面图

图 4-26　上海外滩交通枢纽下沉广场效果图

的布置形式合理，人车分流，乘客上下车方便、安全，与公交流线互不影响。在公交候客区和公交行车区间采用屏蔽门分隔，将环境较差的行车空间与环境舒适的候客空间分隔开来，隔绝了公交所产生的废气与噪声。而公交候客区所提供的舒适环境有别于传统公交枢纽混乱嘈杂的局面，为乘客们提供了一个安全、舒适、整洁的公交枢纽候客环境：顶部设置玻璃采光顶将自然阳光引入地下空间，改善了地下空间的舒适性。公交停靠站采用斜列式的布置形式，合理的布局形式既能满足公交停靠的需求，又不会阻碍其他公交车辆的通行。

地下一层公交枢纽行车区域采用敞开式，自然采光通风形式，节约能耗，同时有效地排除汽车产生的废气。地下一层通道两侧设置设备用房，为候车区乘客提供一个舒适的候车环境。

3）地下二层

地下二层主要功能为旅游车候客区，层高 5.8 m，建筑面积为 17 284 m²，可提供 14 个旅游车上下客位。旅游车候客区采用环岛式布局，面积为 5 065 m²。基地西段集中布置设备机房。候客区与停车区之间采用玻璃自动门设计，减少相互间的干扰，为旅客提供一个安全舒适的候车环境。见图 4-27、图 4-28。

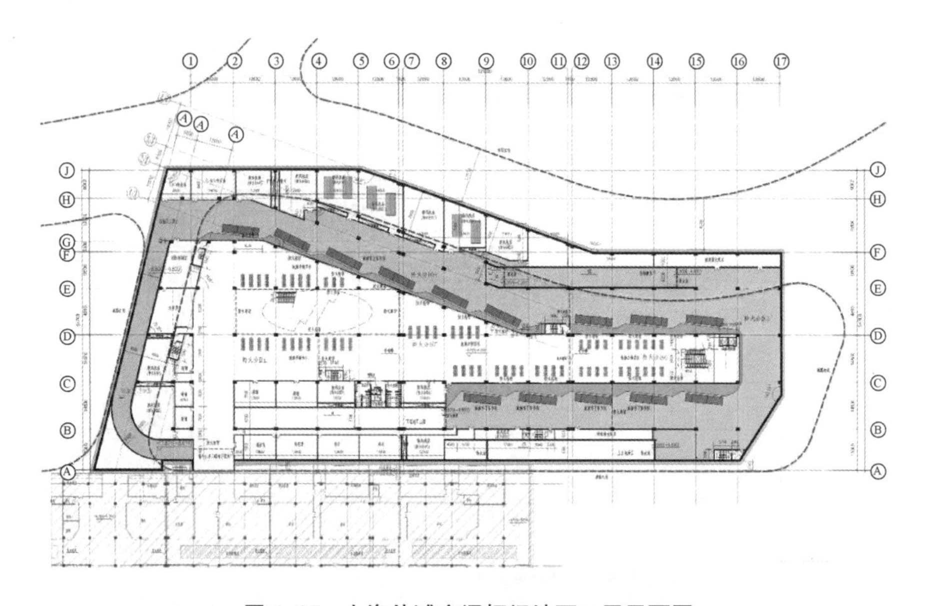

图 4-27　上海外滩交通枢纽地下二层平面图

图 4-28　上海外滩交通枢纽候车区中庭效果图

交通枢纽地下二层除满足旅游车候客的需求外，还考虑了与周边地块的连接的可能性。在基地东南侧的候客区预留了与外滩通道地下空间的接口，形成规模性的整体地下空间综合利用工程。未来交通枢纽将成为外滩地区地下空间的重要联系节点，宽敞舒适的地下环境能吸引人流进入地下空间，并通过连通道到达各个目的地，从而充分发挥交通枢纽位于地下的优势，汇聚地下人气，使整个外滩地区地下空间形成一个有机的相互联动的整体。

地下二层利用了龙潭路和人民路下 14.5 m 空间，主要设备用房区域主要集中于平面外围，从而确保核心区域人流环境的宽敞舒适及环形车流流线的顺畅。同时为了更好地利用地下空间，提高地下三层的停车效率，地下二层设备区域内还设置了一部分地下三层所需设备用房，以达到地下空间资源的高效利用。

4）地下三层

地下三层主要功能为旅游车停车区及设备用房，层高 5.8 m，建筑面积为 15 658 m^2，可提供 97 个旅游车停车位。在基地北侧的东端预留一个与中山东二路地下空间车库的连接通道，在未来地下空间建设完成后，通过这条车库连接通道，将能串联起十六铺地区东西向的车库，从而达到车库停车资源的最大共享。见图 4-29。

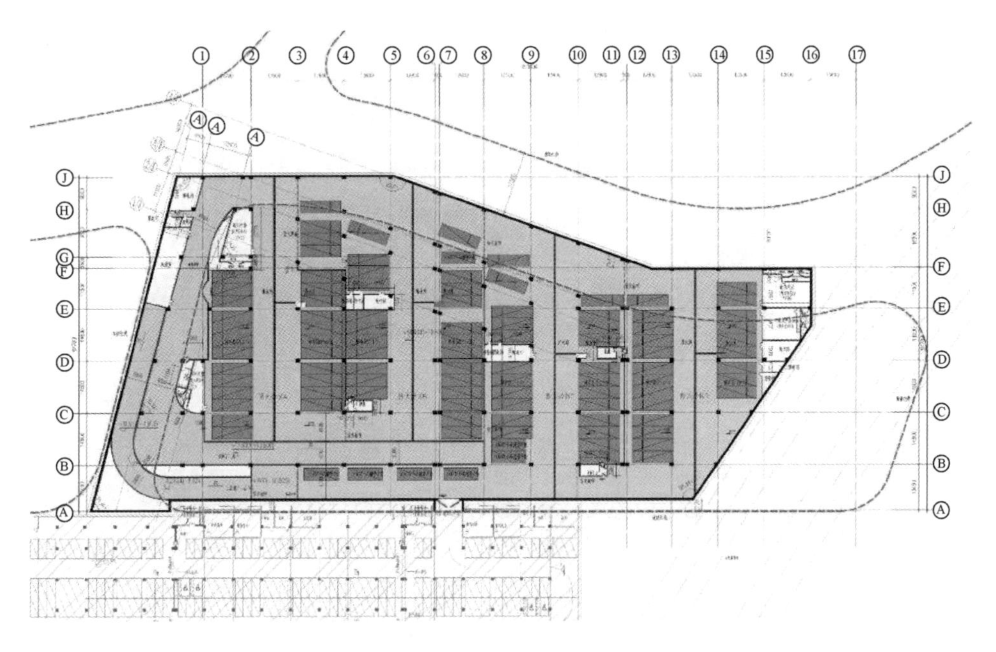

图 4-29　上海外滩交通枢纽地下三层平面图

与地下二层一样，地下三层利用了龙潭路和人民路下 14.5 m 空间，设备用房主要布置在枢纽南北两端，中间部分最大限度安排旅游车停车位，满足停车需求。同时为了确保工程的可实施性和安全性，地下三层未使用人民路隧道上方空间。

2. 建筑竖向设计

此工程地面层为绿化，考虑到外滩交通枢纽所处地理位置的特殊性，枢纽正处于豫园一十六铺—黄浦江—陆家嘴景观通廊上，因此，枢纽景观覆土完成面标高（除乔木外）不应高于防汛墙标高（相对标高 3.40 m，绝对标高 7.40 m）。设计考虑景观覆土完成面标高不应高于 3.30 m（相对标高）。

交通枢纽地下一层下沉广场作为地面层与地下层的过渡空间，起到将地面人流引入交通枢纽的联系作用，并通过自动扶梯，电梯可以将人流进一步引入地下二层候客集散广场，这就可以与中山东二路地下空间有效连接起来，使整个外滩地区地下空间形成一个有机的整体。同时基地南侧的人流可以通过公交枢纽地面层屋顶绿化下到地下一层公交候客区。地下二层与地下三层通过楼梯相连。交通枢纽分为三层，地下一层为公交枢纽及下沉广场，地下二层为旅游车候客区，地下三层为旅游车停车库。将中山东二路道路标高设为＋0.000，相当于绝对标高 4.00 m，地面层相对标高为 1.800 m；地下一层层高为 4.8 m，相对标高为－3.000 m；地下二层层高为 5.80 m，相对标高为－8.800 m；地下三层层高为 5.80 m，相对标高为－14.600 m。见图 4-30。

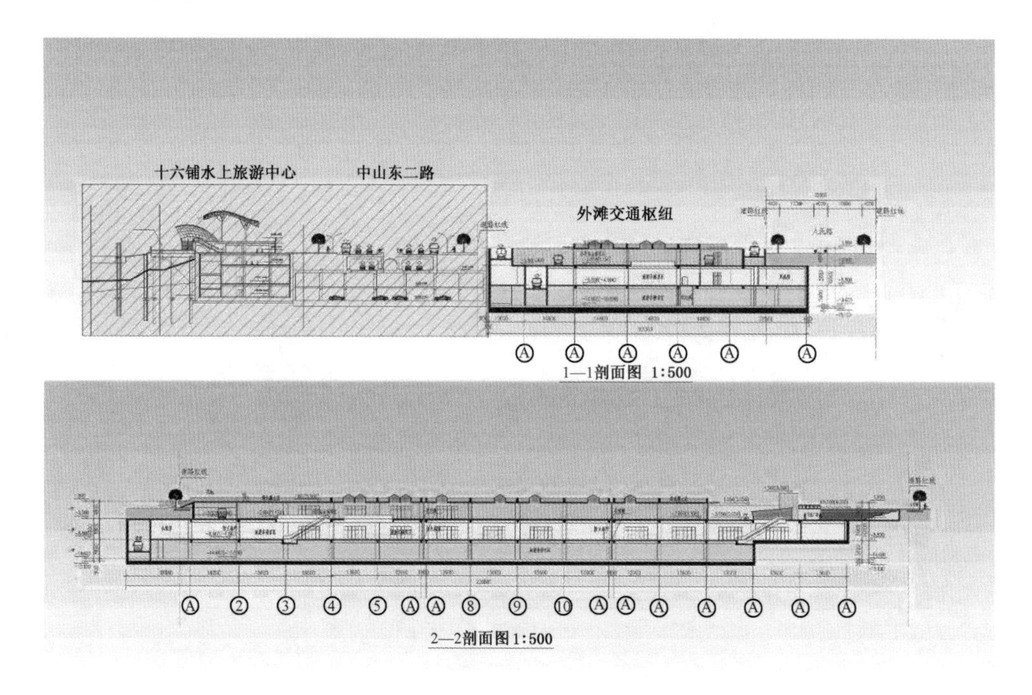

图 4-30　上海外滩交通枢纽剖面图

外滩交通枢纽地下二层旅游车候客区东侧连接中山东二路地下二层地下公共通道（相对标高为－9.700 m），高差 0.9 m，高差通过楼梯踏步、无障碍坡道解决。

3. 流线设计

1）地面层流线

（1）道路流线组织：

人民路、新开河路和中山东二路按双向组织交通，龙潭路按西向东单向组织交通。龙潭路-中山东二路交叉口和龙潭路人民路交叉口禁止左转通行。

(2) 公交车流线(图 4-31)：

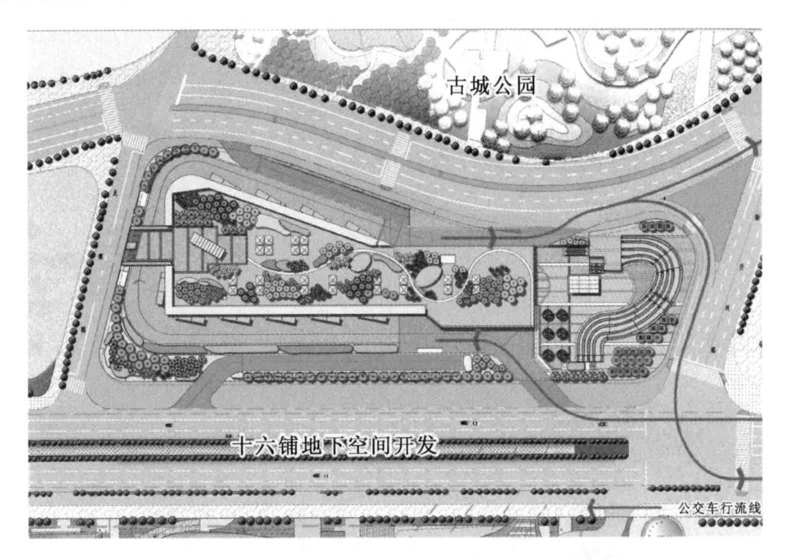

图 4-31　上海外滩交通枢纽地面层公交流线图

126 路、55 路、22 路、926 路来向——由北向南，经中山东二路右转由中山东二路入口进入枢纽；

55 路、22 路去向——从人民路出口驶离枢纽，经人民路右转进入新开河路，再左转进入中山东路，向北行驶；

26 路、926 路去向——从人民路出口驶离枢纽，沿人民路向西行驶。

(3) 旅游车流线(图 4-32)：

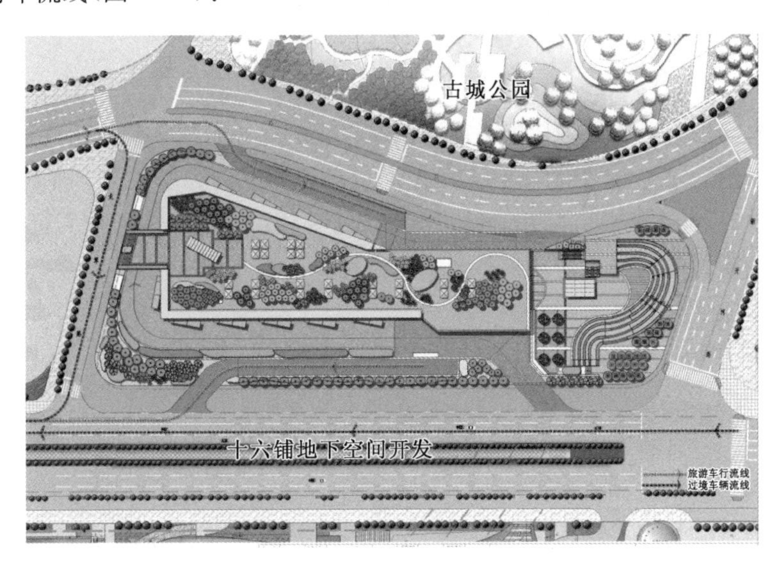

图 4-32　上海外滩交通枢纽地面层旅游车流线图

南部车流来向——由人民路向北行驶，由人民路入口进入枢纽；

南部车流去向——从中山东二路出口驶离枢纽，沿中山东二路向南至复兴路；

西部车流来向——由复兴路、东门路等进入人民路，由人民路入口进入交通枢纽；

西部车流去向——从中山东二路出口驶离枢纽，沿中山东二路向南行驶，右转回到东门路和复兴路；

北部车流来向——沿中山东二路到东门路右转，到人民路再右转，从人民路进口进入枢纽；

北部车流去向——从中山东二路出口驶出向南，到东门路沿中央分隔带掉头向北行驶，或到东门路右转，到人民路再右转后向北行驶。

（4）地面人行流线（图 4-33）：

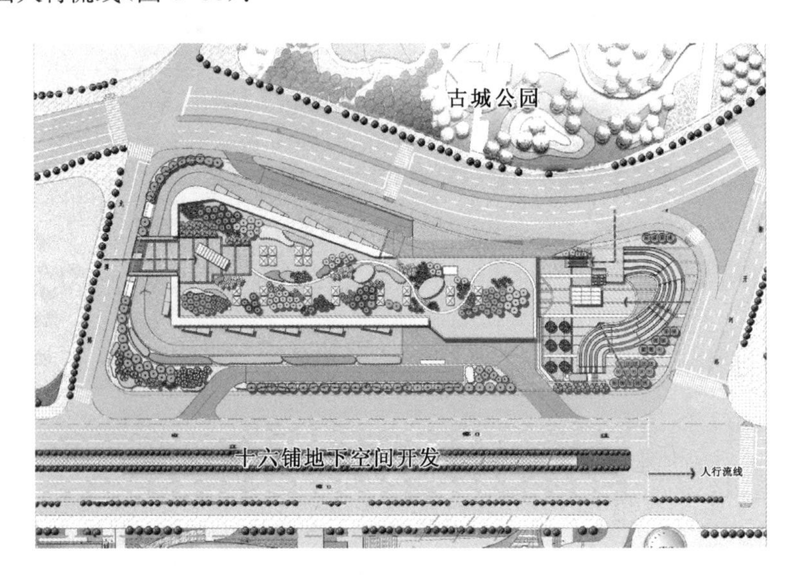

图 4-33　上海外滩交通枢纽地面层人行流线图

外滩交通枢纽的地面人流可以通过南北两端设置的标志性出入口进出交通枢纽。南端出入口设置于枢纽地面层绿化空间内，行人可以通过设置于龙潭路上的阶梯平台广场上行至景观绿化层面，进入枢纽内部。北端出入口设置于地下一层下沉广场内，行人可以通过人民路、新开河路沿街的阶梯广场和自动扶梯下至下沉广场进入枢纽内部。

2）地下一层流线

地下一层为公交枢纽层，人流可通过前述地表绿化内出入口与下沉广场出入口进入公交候客区，候客区作为人员汇集活动的区域，乘客通过候客区上下公交车。公交车地面入口设在中山东二路侧，在基地内环通后通过人民路侧出口连接到城市道路。见图 4-34。

3）地下二层流线

地下二层为旅游车候客层，人流可通过设置于上层下沉广场内的电梯、自动扶梯以及设置于公交候客区中庭内的自动扶梯进出。通过旅游车候客大厅可以与中山东二路地下空间有效

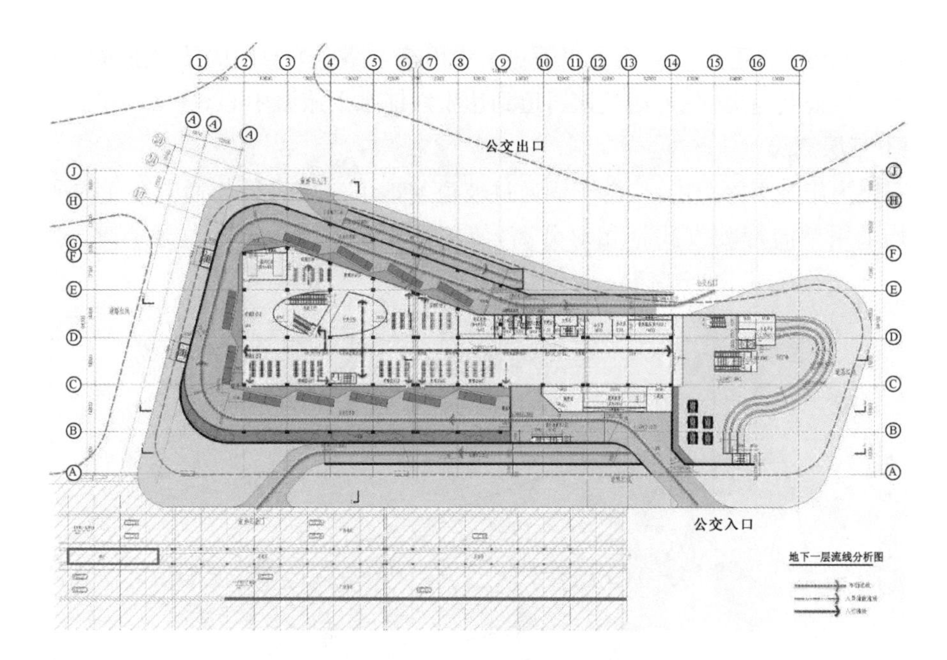

图 4-34　上海外滩交通枢纽地下一层流线图

衔接。下客旅游车从地面人民路入口直接下行至地下二层旅游车下客车位进行下客，下客后通过坡道下行至地下三层旅游车停车库停车。上客旅游车通过地下三层旅游车停车库上行坡道上至地下二层上客车位进行上客，上客后可通过直通室外设置于中山东二路侧的出口坡道上行至外地面道路。地下二层采用岛式候车形式，车流在候客区外围环形，与人流不产生交叉，确保人车分流，通行安全。见图 4-35。

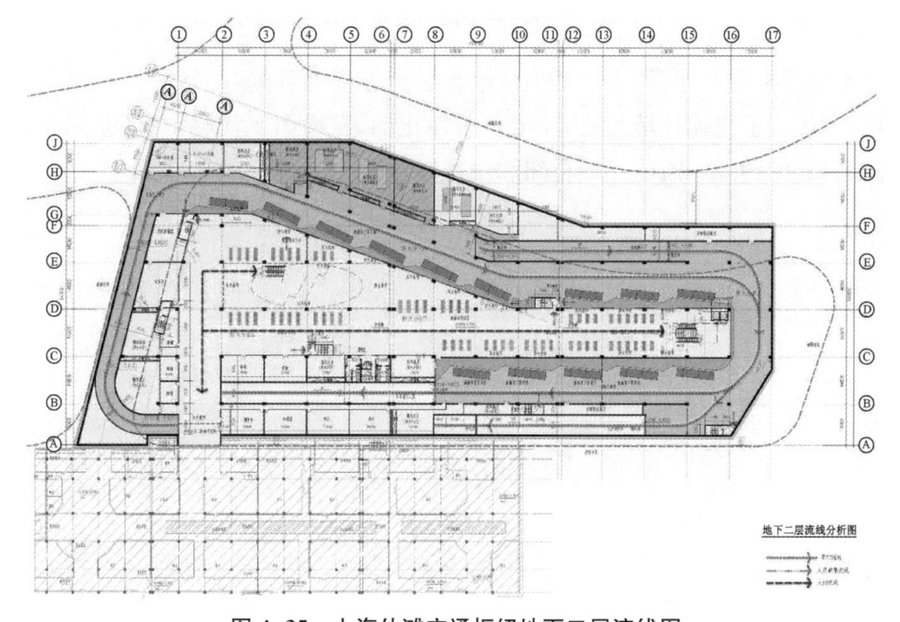

图 4-35　上海外滩交通枢纽地下二层流线图

地下二层旅游车候客区内游客可以通过与中山东二路地下空间的接口进入中山东二路地下空间地下二层公共通道，并可通过该通道到达十六铺水上旅游中心。

4）地下三层流线

地下三层为旅游车停车层，旅游车辆通过坡道与地下二层进行连通。车库内通过流线和停车流线均采用单向行驶方式且相对分离，使旅游车在车库内部的交通有序、安全。见图4-36。

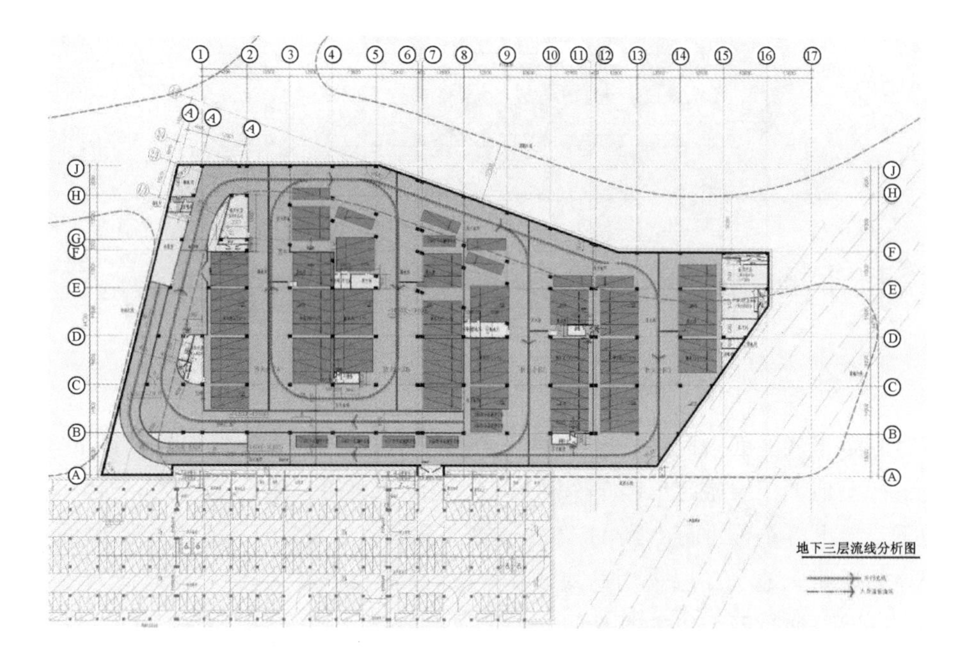

图 4-36　上海外滩交通枢纽地下三层流线图

通过外滩交通枢纽的建设，十六铺地区改善了地面交通环境，缓解了地区停车需求，提升了交通可达性，优化了整体环境品质，建成了人性化的，交通组织流畅，功能布局合理，功能与景观、环境相融合的国际一流的交通枢纽和景观绿地。

5　地下步行交通系统

5.1 概述

5.1.1 地下步行通道与步行交通系统概念

地下步行通道是指位于地面以下，独立或与建筑物及其他城市设施相结合的，以人的步行活动为主要内容，为优先满足步行行为需要而设立的各种城市构筑物及其附属空间。[41]

地下步行交通系统是指地铁站点、城市下沉广场、商业建筑等城市公共地下空间由地下的步行通道有序连接，形成的连续步行网络体系。它是在城市密度增加，地铁交通、地面交通大规模发展的背景下，为了强化建筑物与交通系统的联系，并且缓解路面交通人车矛盾而产生的。地下步行系统的主要组成部分包括，地下步行通道、开敞空间以及地下公共交通。其中地下步行通道是指修建于各个设施之间，供行人使用的步行通道，在地下步行系统中起着重要作用，是将其他地下商业设施、服务和公共空间连接起来的纽带。[46-47]

5.1.2 地下步行通道与步行交通系统的发展及现状

1. 地下步行通道

早在古代，土耳其就有地下城，这些地下城通过地下步行通道连接，并且，地下城内也有步行通道。土耳其地下城的这些古地道可以视为国外地下步行通道的雏形。

美国俄克拉荷马城地下步行道位于俄克拉荷马州，地下步行隧道和天桥连接着 20 个方形街区和市中心的 30 多座建筑，长约 1 200 m，是美国规模最大的全封闭式步行系统。

这一地下步行系统的第一条隧道是在 1931 年开始施工，横穿百老汇大街，连接着 Skirvin 饭店和 Skirvin 大厦，其他大部分主要的地下建筑是 1972—1974 年间建造的，20 世纪 70 年代后曾扩建、翻修，2006—2007 年的翻修花费了 200 万美元。改造后的地下通道具有清晰的方向标志，在不同路段安装有不同颜色的彩灯，利用色彩作为导航工具，要想从地点 A 到地点 B，你只要遵循从绿灯到红灯再转向黄灯的路线就能抵达，分段的彩色通道能帮助游客在空间中找到方位，并引发其视觉兴趣，见图 5-1。

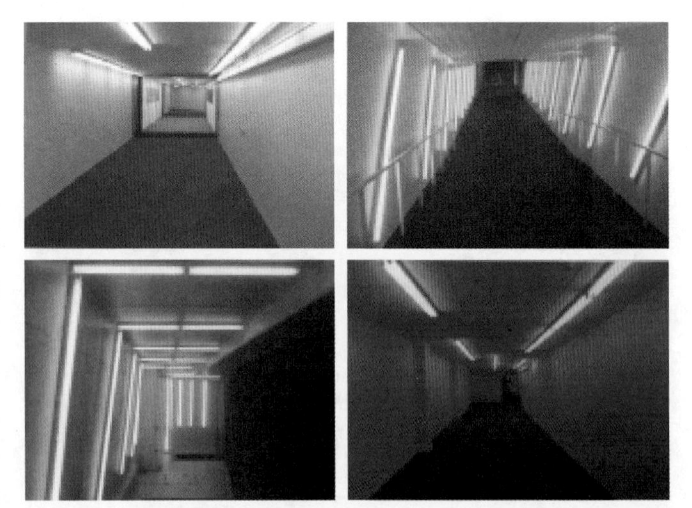

图 5-1 有不同颜色的彩灯以指引方向的俄克拉荷马城地下步行系统

在中国，汉、宋、明各朝都有古隧道存在。古代的人们建造了这些通道，从地下穿过河流、山体、城墙，这可以看作我国最早的地下交通的雏形。古代的隧道交通功能尚在萌芽中，人们挖掘这些隧道除了用于通行，更多的是用作军用战道、逃生秘道和藏身通道等，这些隧道大多是步行通道。直到近代地下通道（准确地说是利用近现代科技建造，以满足城市居民通行为目的的地下通道）才真正地在地下交通中发挥主角作用。中国历史上最早的人造山体隧道是石门隧道。石门位于古褒斜道南端汉中褒谷口七盘岭下，隧洞长 16.3 m、宽 4.2 m，南口高 3.45 m，北口高 3.75 m，两车在洞内可并行。石门隧道开凿于公元 1 世纪，始于汉明帝永平六年（公元 63 年），到九年（公元 66 年）4 月建成，距今已有 1 900 多年的历史，是世界上最早的人工穿山隧道。

在当代，地下步行通道的案例比比皆是。以重庆市曾家岩站人防通道为例，重庆市渝中区地下大型骨干人防设施位于重庆轨道交通 2 号线曾家岩站与人民广场之间，南接三峡博物馆地下人防工程，并通往人民广场，北接 2 号线曾家岩车站。连接通道中间用电梯竖井及梯道斜井接通中山四路和市政府办公区，是 2 号线曾家岩车站的配套工程。该通道战时具有防护功能，平时作为人行通道使用。

地下人防主通道宽 8～12 m，长 303 m，属直线型单洞。5 个 7 m 宽支洞为配电房、水箱间、送排风机房、泵房和公共厕所。中央大厅可以容纳上千人，平时作为市民休闲活动场所，战时可以作为人员避难场所，见图 5-2。

图 5-2　地下人防主通道连接通道内景

曾家岩站人防通道与渝中区其他人防设施、人民广场、地铁车站等相连通，功能合理、环境协调。通道内环境宽敞明亮、标识清楚、人行交通流线合理。战时可以起到人员防护、疏散等功能;平时将地面人流引入地下,可缓解地面交通压力,并与轨道交通车站形成便捷连通,同时可以作为市民休闲娱乐的场所。目前该通道及人防设施已经成为重庆市民日常休闲活动的重要场所。

2. 地下步行交通系统

说到地下步行系统,不得不提的还有加拿大的蒙特利尔地下城。蒙特利尔地下步行系统是1962年从Ville-Marie区最初的地下步行道发展起来的,之后,有新的建筑物的地下层被连接到Ville-Marie区的地下步行道,随后,逐渐又有新的建筑物的地下层被连接到原有的地下步行系统中,不断扩大。1963年,世界博览会选定将在蒙特利尔市召开,带来了蒙特利尔市地产业的兴旺和地铁建设的发展。1964年,建造车站的计划全部完成,蒙特利尔市开始以长期租约的形式出售土地,允许经过公众投标在地铁之上建造其他建筑。随着1966年地铁站主体建成,蒙特利尔地下步行系统连接到文德站、Chateau Champlain酒店、加拿大广场办公大楼、文德广场、温莎火车站等,形成地下城的核心,地下步行系统还连接到维多利亚广场站、证券交易大厦等。1967年世界博览会之前,已有10座建筑被地下步行系统直接连接到

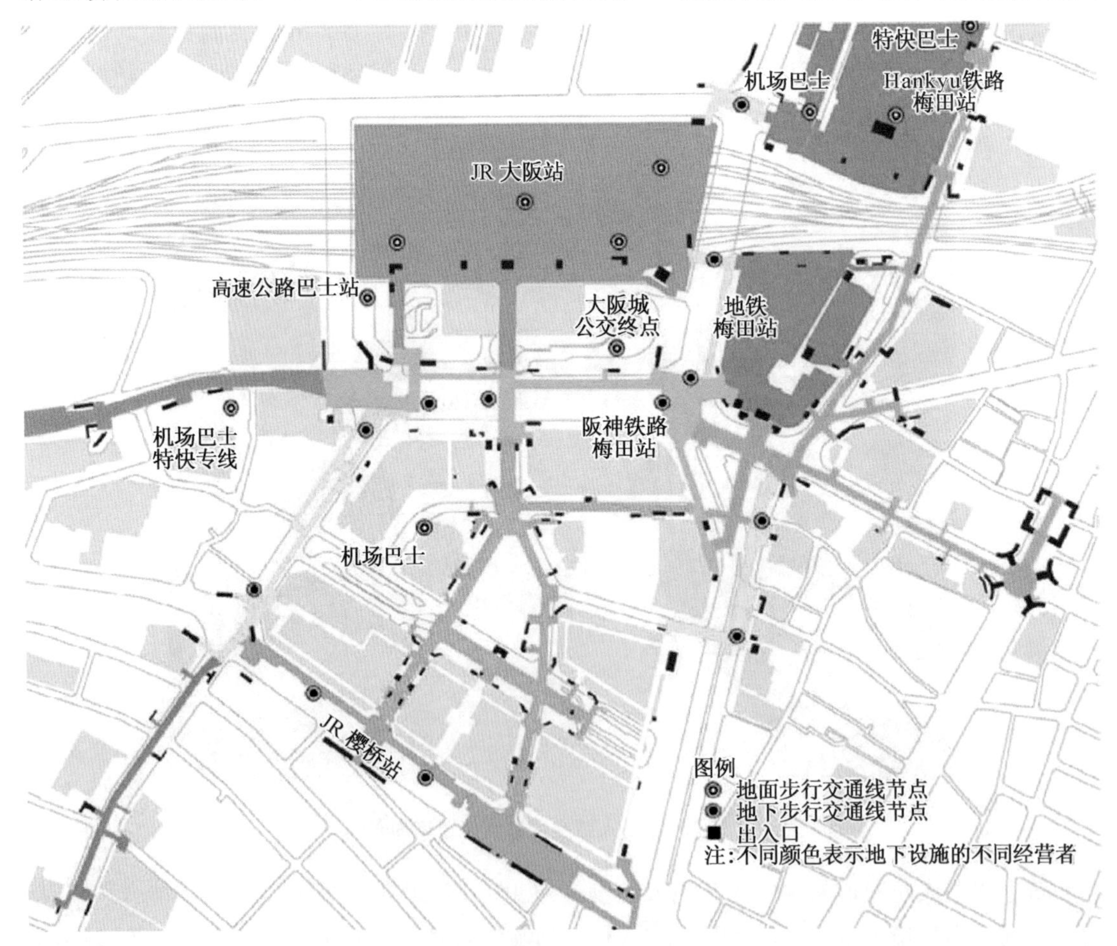

图5-3 梅田地下街分布图

地铁车站。

现在的蒙特利尔市地下步行系统，总长 33 km 左右，覆盖了大约 12 km^2 的区域。地下步行通道的最小尺寸是高 3 m、宽 5 m。蒙特利尔地下步行系统的效率极高，每天都有大约 50 万人通过地下步行系统进入互相连接的 60 座大厦之中，覆盖了全部办公区域 80％的办公空间和相当于城市商业总面积 35％的商业空间，影响面达到了 360 万 m^2 的空间。虽然地下步行系统的排名很难有一个标准，但蒙特利尔地下步行系统在长度、面积、连接的商店数等方面，都领先于其他城市的地下步行系统，从这个标准来说规模是最大的。

日本是一个小国家，能提供给人们生活和工作的土地面积并不大。在东京、大手町、银座、新宿，地铁站的站厅与周围建筑的地下室衔接起来，构成了强大的地下步行网络。

其中梅田地区位于日本大阪市的北面，是 JR 线、阪急线、地铁等轨道线路集中的西日本的巨大交通要道，也是商务、办公、娱乐、文化、信息等城市功能集中的地区。尤其是位于梅田地区中央的钻石地区，发挥着大阪市近代城市建设先驱的作用。由于战前的都市规划，北面一半的区域被 20～25 m 的道路围住，以超级街区（superblock）的方式形成城区；而战后的中心地改造，在南面一半区域建成了 20～40 m 的道路和 4 栋商业办公的复合性大楼。位于该地区南端的国道 2 号线的地下，有 1995 年开业的新站，还有 1993 年开业的关西国际飞机场，因此，钻石地区的人流量从 1993 年后不断增加。

大阪钻石地区是大阪商业活动的中心，位于梅田地区的一角，由于片福铁道联络线的整合，这一地区变得更加重要。由于其位置的重要性，步行者、汽车、路面停车的拥挤问题逐渐突显，造成了道路功能低下的结果，难以应对未来更大的交通流量。为此，大阪建设局引入了“地下交通网络系统”的概念，对地下公共步行通道、地下公共停车场进行了整合，以确保地上交通的流畅性和效率，并增加步行者的通行舒适度。

由于该地区的大部分步行者是轨道车站的乘客，通过将地铁和建筑地下空间相连，并在地下层的水准进行规划，在方便大楼就业者工作的同时，成功地缓和了地面的交通状况。

自 1963 年开业以来，以“梅之地下”的爱称被大家所喜爱的梅田地下中心，在 1970 年，包括“与自然共生”的“泉之广场”在内的第 2 期开业，在 1974 年为年轻女性提供新型时装的高级时装街菩提香街开业，在 1987 年 4 月，经过 1 年多的大改装，以白色基调为主的地下街“Whity 梅田”诞生。

“Whity 梅田”不仅追求安全性和舒适性，而且具备了有各种各样信息发送功能的流行时尚、新潮时尚、多样化时尚、独创性时尚的最先进的商业设施（图 5-4）。

“Whity 梅田”位于大阪北面（习惯上称 kita）各交通要线端点的汇集处，与 JR 大阪站、地铁、阪神、阪急的各“梅田站”、地铁东梅田站连接，每天有 60 万人的客流，是日本具有代表性的既方便又永远充满活力的舒适性空间。

法国巴黎的蒙巴纳斯站也是地下步行系统的典型案例。蒙巴纳斯站位于巴黎第十四区，是巴黎地铁系统 4 号线、6 号线、12 号线、13 号线四线换乘枢纽，同时连接蒙巴纳斯火车站

图 5-4　梅田地下街实景

(Gare Montparnasse)。

该站 4 条线路建于 1906—1910 年，最初 4 条线路分设 2 座地铁车站，4 号线与 12 号线设有 Montparnasse 站，12 号线和 13 号线设有 Bienvenüe 车站；1930 年建成长大通道连通 2 个车站。1942 年 2 个车站合并为一个车站 Montparnasse-Bienvenüe。1970 年现在的蒙巴纳斯火车站建成(图5-5、图 5-6)，同时在长大通道中修建了长达 185 m 的自动步道(图5-7)，用于更好地连接铁路及轨道交通间的换乘，该通道每天客流量达到 11 万人次。

图 5-5　蒙巴纳斯火车站

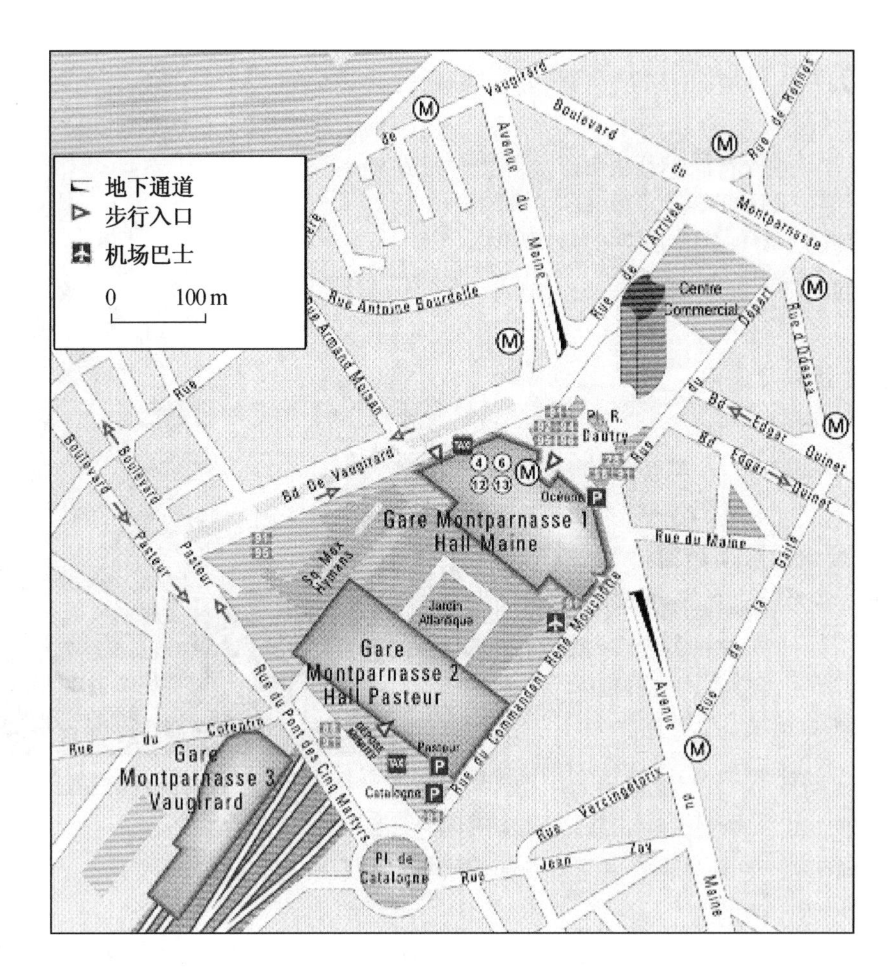

图 5-6 蒙巴纳斯火车站总图

图 5-7 蒙巴纳斯火车站的长通道

蒙巴纳斯站开通了 7 个出入口，其中 1 号出入口直接进入蒙巴纳斯火车站；2 号出入口进入 Bienvenüe 广场；4 号出入口直接进入蒙巴纳斯大厦（图5-8），蒙巴纳斯大厦高 210 m，是巴黎市最高的一幢现代化商务楼；7 号出入口直接进入周边地下商业中心。

图 5-8　蒙巴纳斯大厦

5.1.3　开发背景及作用

1. 开发背景

1）自然条件影响

由于地下空间较少受外部环境影响，并且能提供全天候的活动场所，因此地下步行系统在寒冷、多雨等自然环境恶劣的地区发展速度较快。如加拿大的多伦多与蒙特利尔市，由于严寒的气候影响，大量的城市功能与公共活动被移入地下空间，在欧美国家中发展出最为庞大的地下步行系统。再如中国北方城市哈尔滨，也是由于气候的缘故而发展地下空间，应该说是中国对地下空间开发利用最早也是最成功的城市了。[47]

2）城市发展空间的需求

世界上许多特大型城市的旧城中心区，由于地面资源开发空间有限、地价高昂，很多商业以及交通设施仅仅存在于有限的地面空间根本无法满足众多人口的需求。而且，如果仅仅对城市的规划作地面上的重整，不仅不能达到空间上扩大的效果，还会影响城市正常运作、影响人们的生活。所以迫切需要一个更好的方式来缓解由于空间不足给城市以及居民带来的压力。城市地下空间的建设，以地下步行系统为基点，着手开发地下空间资源，扩大环境容量，这成为平衡土地资源紧张与经济利益需求的现实可行的途径。

3）地铁交通带来的影响

地铁的出现和发展很大程度上改变了城市居民的生活方式。在出行、购物、娱乐等各个方面影响着人们的生活，并在城市层面出现了新的商业需求和聚集活动。地铁的发展也为地下空间的发展带了机遇，使得建筑项目和地下设施能够有效地结合起来，获得共同发展。地铁车站带来了大规模的人流，同时为商业设施和公共空间提供了连接纽带。地下步行系统的发展，很大程度上也是受地铁运行等交通方式转变的影响。

2. 主要作用

在大城市建设良好的地下步行交通系统具有重要的作用：

(1) 提高道路的通行效率。步行系统将人流、车流彻底分开来，人、车互不干涉，能提高道路的通行效率,有助于解决交通拥堵问题。一直以来,新加坡和香港治"堵"的经验之一便是将整个城市的步行系统连接成完整的有机系统,而且步行系统的建设与城市绿化相辅相成,形成"生态绿廊"。

(2) 增加步行者通行的便捷性和安全性。规划良好的步行系统可以为行人提供一个完整、连续的行进路线,大大减少行人与机动车之间的冲突机会,提高步行者出行的安全性。完整的步行系统对于形成城市街道良好的秩序有着很好的促进作用,能够很好地提高城市交通体系的运转功能。

(3) 有利于增加城市公共空间的吸引力,有助于城市居民生活品质的提高和多样化发展。现代城市步行交通系统,不仅仅可以起到通行、联系的作用,同时也是城市公共空间和城市景观的重要组成部分。步行系统的包容性很强,城市公园、商场、景观等要素都可以接入步行系统,成为系统的扩充。道路、广场、公园一体化形式的步行系统,又会大大增强其吸引力,对于丰富城市生活有着重要的意义。地标式的城市步行交通系统,不仅可以很好地体现城市公共空间的社会性,也可以极大提高居民对于城市的认同感。

(4) 有利于城市经济的发展。地下步行系统串联的步行街、商业区等,在街道步行化后,步行人数增加,更多的市民和外来游客在此流连、购物、休憩,从而会增加步行街的商业利益。20 世纪 60 年代,美国大城市的市中心,由于"郊区化"的影响开始逐渐衰落,白天繁忙的市中心在晚上下班后就变成了一座寂静的"死城",为了拯救市中心,市政府采取了一系列措施,其中,商业中心的步行化战略是市中心复兴的首要方法。

实例:上海杨浦区五角场的环岛下沉式广场(图 5-9)链接了五个角上的各大商业设施,位于邯郸路、四平路、黄兴路、翔殷路和淞沪路 5 条道路的中心,形成近 5 km 长的地下步行系统,呈现了"人下(在地下)车上(在路面)"的交通格局(图 5-10),承担了人流通行的组织功能,成为五角场地区地下空间利用的重要组成部分。

图 5-9　上海五角场环岛下沉广场鸟瞰图

图 5-10　上海五角场下沉广场地面现状

5.2　步行交通系统规划

地下步行通道简单讲是指修建于地下的供行人公共使用的步道,而把这样的步行道路,有序地、有组织地组合在一起,就形成了地下步行系统。

5.2.1 组成与基本类型

一般而言，地下步行通道主要包括地下人行通道和地下商业通道（又称之为地下商业街）两种类型。地下人行通道是专供行人穿越马路或街道的地下通道，而地下商业通道一般一侧或两侧设有店铺，其通道功能分担了部分购物的人流，以缓解由于商店拥挤带来的交通不畅。

地下步行系统一般设置在城市中心的行政、文化、商业、金融、贸易区，这些区域应有便捷的交通条件与外相接，如公交车枢纽站和地铁车站。区域内各建筑物之间由地下步道连接，四通八达，形成步行者可各取所需而无后顾之忧的庞大空间。

地下步行系统按所属的建筑主体的类型分为四种，分别为交通型、商业型、复合型和特殊型。

交通型地下步行系统所属的建筑主体包括交通枢纽和公共交通两大类，其中交通枢纽是指服务于城际间的大型客运中心，而公共交通是指城市内部交通系统的节点设施。从属于交通枢纽主体的地下步行系统，其作用主要是作为火车站、客运站、航空站等大型客运中心的地下集散或地下换乘空间；从属于公共交通主体的地下步行系统，其作用包括作为地面或地上公交站场的出入口和通道，以及作为地下机动车公交站场和地铁站点的地下集散或地下换乘空间。

商业型地下步行系统是地下街、地下中庭、下沉广场、通道和出入口的组合，作为商业用途服务市民。

复合型地下步行系统由地铁站点、地下街、停车、下沉广场、通道和出入口等共同组合而成，实现商业与交通的复合功能。

特殊型地下步行系统主要用于安全防灾的特殊用途，例如防空防灾的疏散通道。

除此之外，地下步行系统又可以按照连通类型进行分类，包括连通型和非连通型，其中连通型分为地上与地下连通和地下与地下连通两种。地上与地下连通是地下通道与地面或地上空间的组合，例如上文的地面或地上公交场站的出入口和通道的类型。地下与地下连通包括通道与地下公共服务空间相结合以及通道与地下停车空间相结合两类。

5.2.2 地下步行系统规划特点与重点考虑的内容

地下人行通道主要满足行人过街、地块连通等功能，实现机非分离、方便联系的目的。

地下步行交通系统规划有如下特点：

(1) 地下步行交通系统一般设置于城市中心区，具体布局应综合周边土地利用设置于通行人流集中的位置，并宜与商场、文体场（馆）、交通枢纽、轨道站点等大型人流集散点连通。

(2) 地下步行交通系统规划布局应结合城市地面人行系统、其他交通系统、市政设施、周边环境等整体规划，并制订分步实施计划。

(3) 地下公共人行通道系统应满足消防疏散、紧急避难和安全防范要求，并保证 24 小时全天候畅通。

在地下步行系统规划时，应对以下几方面的内容作重点考虑：

(1) 明确地上与地下步行交通系统的相互关系；

(2) 在集中吸引、产生大量步行交通的地区，建立地上、地下一体化的步行系统；

(3) 在充分考虑安全性的基础上，促进地下步行道路与地铁站、沿街建筑地下层的有机连接；

(4) 利用城市再开发手段，以及结合办公楼建造工程，积极开发建设城市地下步行道路和地下广场。

5.2.3 地下步行交通系统布局模式

地下步行交通系统布局模式包括以地铁(换乘)站为节点的地下步行系统、以地下商业为中心的地下步行系统和棋盘网络式地下步行系统三种形式。

1. *以地铁(换乘)站为节点*

以地铁(换乘)站为节点，通过地下步行道的连通，使得地铁车站成为人流量与商业设施、服务及公共空间的联结纽带。实际上，地铁站在支持和促进该处房地产发展方面起了重要的作用。上海徐家汇地区地下空间地下一层步行系统平面图如图 5-11 所示，其轨道交通 9 号

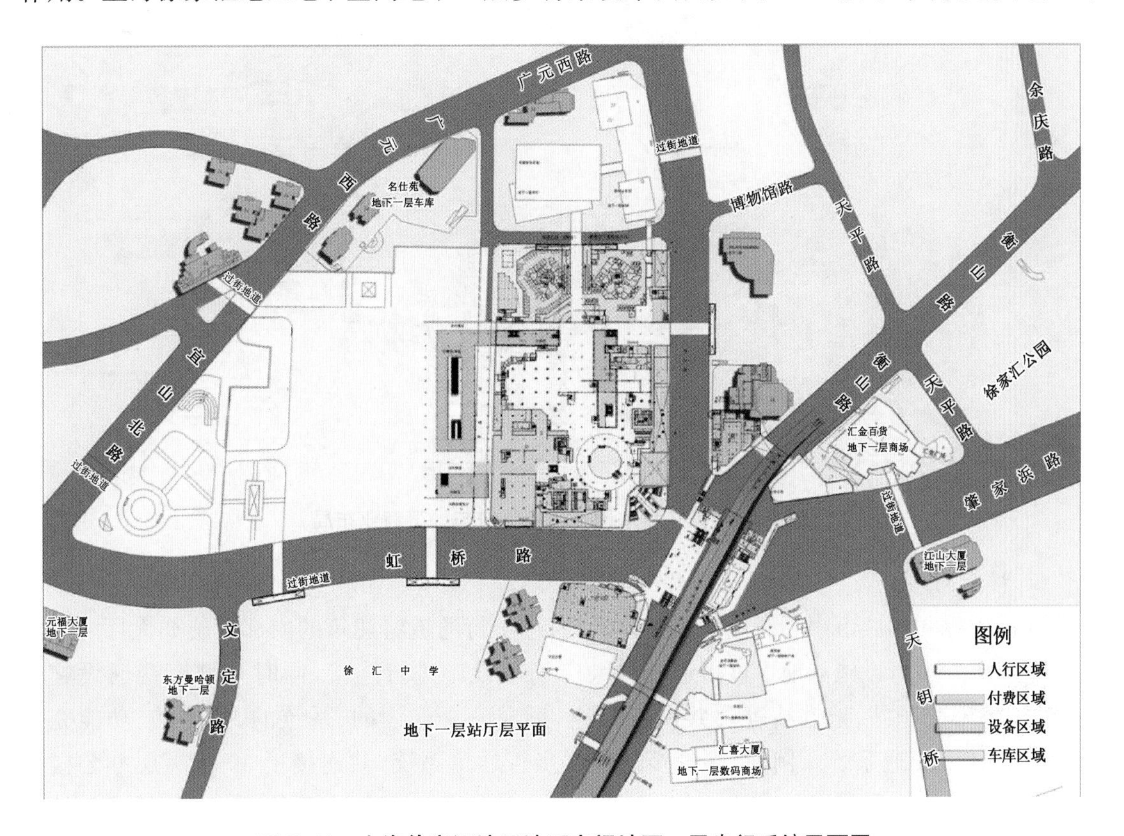

图 5-11　上海徐家汇地区地下空间地下一层步行系统平面图

线、11 号线的站厅层集散大厅与港汇广场、恭城路西侧地块地下商场形成一体，以轨道交通 1 号线的地下一、二层为纽带，辅以相关的通道，将中心广场的东方商厦、太平洋广场、汇金、美罗城、汇银广场等周边建筑地下一层联系起来，形成了一个四通八达的地下步行系统及商业空间。

2. 以地下商业为中心

在现有的城市中心区，地下步行系统的再开发有助于中心区的振兴与发展，往往、网络系统的形态比较随意，其发展模式为在地下步行道沿线发展商业，在改善封闭通道中枯燥感的同时，还可获得经济效益。加拿大蒙特利尔地下城就是这样的例子(图 5-12)，整个地下城由地下步行系统形成串联空间，将地铁站点、地下停车库、供货车用通道、地下商场等进行有机连通，扩大了城市交通、商业等设施容量，延长了消费活动时间，增加了更多的就业机会和商业价值，使蒙特利尔城市中心区高聚集城市功能得到整合与优化。

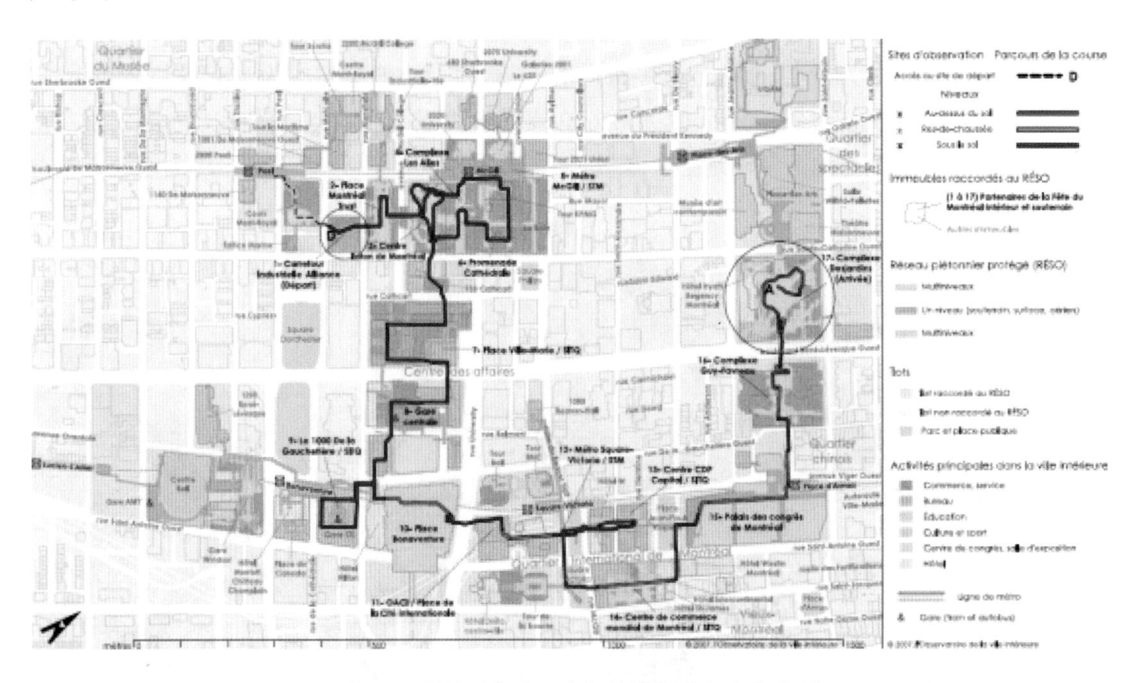

图 5-12　蒙特利尔地下步行系统与地下商业布局

3. 棋盘网络

在高楼林立的城市中心商业区和办公区，通过步行通道将建筑的内部设施如大厅、走廊、地下室和室外步行设施如地下过街道、天桥、广场等设施进行连接，同时与城市交通设施进行整合，将公交车站、地铁站等公共设施相连，形成一个连续的、系统的、整体的、功能完善的棋盘式城市交通系统。例如，多伦多的地下步行通道系统，共连接了 30 幢高层办公楼的地下室、20 座停车库、1 000 家左右的商店和 5 座地铁站。在整个系统中，还布置了几处城市花园和喷泉等景观，这些精心的设计共同打造了规模庞大、交通方便、环境优美的城市地下步行系统，在世界上首屈一指。图5-13为多伦多地下步行系统，图 5-14 为多伦多地下步行系统一角。

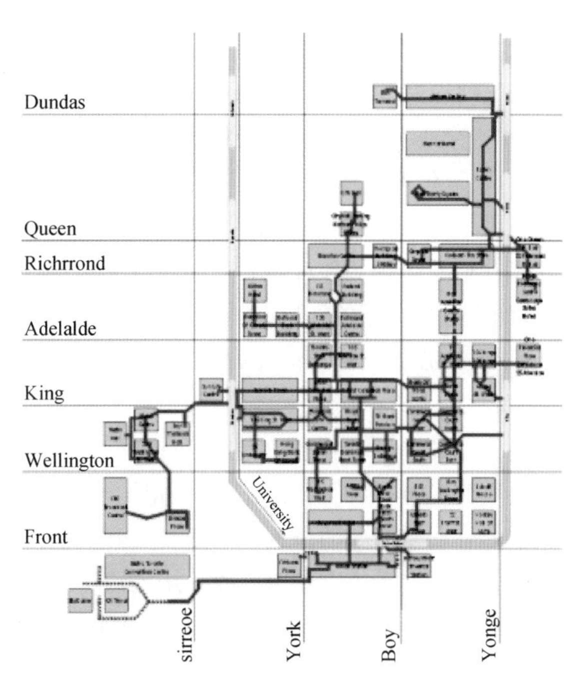

图 5-13　多伦多地下步行系统

5.2.4　地下步行系统规划要点

1. 合理的选址

地下人行通道的选址是建设的重要内容，需要考虑各方面的因素，如人流、机动车流、商业设施、道路密度和整体规划等因素，只有全面细致的规划才能够最大限度地发挥城市地下人行通道的功能。尤其地下通道是难以改建和拆除的，因此一旦建成，将成为永久性的交通设施，在规划过程中不仅要考虑当前状态，还要综合未来的发展趋势。

图 5-14　多伦多地下步行系统一角

2. 清晰的内部流线组织

地下通道一般与外界环境缺乏有机联系，人们对于地下通道的形状、走向以及和建筑的关系难以有清晰而明确的印象，因此需要对于地下通道的人流组织系统进行细致的规划，以解决由于多功能复合和多线路汇集造成的交通连接问题，增强空间的有序性、功能性和可识别性，确保人流可以安全并且迅速地疏散。

地下步行网络系统主要分为水平交通组织和竖向交通组织。水平交通组织的作用主要是引导人流，可以通过材质变化、空间缩放等方法，引导人们判断当前位置与出入口之间的位置关系。竖向交通主要考虑入口与垂直交通的关系，一般设置在平面的几何中心，并且靠近入口位置。同时，水平交通组织和竖向交通组织的联系必须便利而且明确，以确保步行者方便通行。

3. 强化入口形象

地下通道大部分位于地下或者完全位于地下，很多情况下，入口是其唯一可见要素。因此入口在形象识别和外观影响上都起着无法替代的重要作用。不同用途的入口设计应该有所区别，如供行人使用的入口、工作人员使用的入口和货物进出的入口，应当具有明显的区别设计和引导，增强方向的导向能力。

4. 统一的标识系统

人在处于某一环境中，十分重要的就是方向感和时间感，但一到了地下，方向感和时间感就会受到影响，因而会带给人们一定的心理压抑，所以可以通过文字符号以及图案的介入，使人们能够明辨所处的位置。因此，标识系统在地下环境设计中扮演着十分重要的角色，能够直接完善人们对于地下步行交通系统的评价。该系统不仅具有导向性，对于整个地下空间而言，还具有装饰意义，营造出一种独特的环境氛围，使人们感受到人性化的关怀体贴。

地下通道没有远近距离的和高层建筑等参考目标，放置统一的指示标识是非常必要的。

5. 与轨道交通车站及周边地下空间连通

应依据城市轨道交通网络规划、轨道交通选线专项规划和地区控制性详细规划，明确轨道交通地下车站与周边地下空间的连通规划控制要求，并纳入地区控制性详细规划中。

地下车站与周边地下空间连通的适应性应符合表 5-1 规定。

表 5-1　　地下车站与周边地下空间连通适应性

周边地下空间类型	地下车站区位			
	重点地区		一般地区	
	核心开发区	规划引导区	核心开发区	规划引导区
商业、商务办公	●	◎	◎	◎
文化、体育等公共设施	●	◎	◎	◎
居住区	◎	◎	◎	◎
公交枢纽	●	◎	◎	◎
公共地下停车库	◎	◎	◎	◎
对外交通（机场、铁路、港口、长途公交等）	●	●	—	—
地下广场、通道等地下人行系统	●	◎	◎	◎
与轨道交通人流活动无关，或连通后或施工时易产生安全隐患的地下空间，包括：地下机动车道、市政场站设施设备用房、仓储设施等	×	×	×	×

注：1. ●：应连通；◎：宜连通；×：不连通；—：不存在。
2. 重点地区指市级中心、市级副中心、地区中心（包含新城的核心区）、综合交通枢纽地区。
3. 核心开发区指地下车站站址边界线外侧 200 m 范围；规划引导区指地下车站站址边界线外侧 200～500 m 范围。

5.3 地下步行交通系统建筑设计

5.3.1 一般原则

城市地下公共人行通道宜形成一定空间组织序列，流线清晰，环境宜人，辨识性强。

地下公共人行通道应与各功能地下建筑、轨道交通站点、公交站点、地下静态交通系统、相邻地下空间及地面人行系统等紧密衔接，形成完整的地下步行交通系统。

在城市地下空间内，与公共交通功能或综合交通枢纽单元直接连通公共人行通道、人行楼梯、自动扶梯的通过能力，应按交通单元的远期超高峰客流量确定。超高峰设计客流量为该交通功能单元预测远期高峰小时客流量或客流控制时期的高峰小时客流量乘以超高峰系数(1.1～1.4)。

不同层高的功能单元应通过坡道、台阶进行衔接。

5.3.2 人行出入口

城市地下步行交通系统主要出入口应面向从地面上进入地下空间的主要人流方向，或临近公共交通线路的车站。出入口的建筑形式，宜采用合建式，应满足规划、环保和城市景观的要求。当出入口朝向城市主干道时，出入口前应有集散场地。

城市地下步行交通系统主要出入口应处于地下空间的人流集中位置，便于人流集散。直接至地面出入口宜与主体形成一次转折。

封闭出入口口部可设卷帘门，敞开式出入口其卷帘门设置可移至暗埋通道处。地坪装饰面应采取防滑措施。

城市地下步行交通系统出入口的数量，在考虑均匀分布和主次分明的前提下，取决于其总宽度要求，即在营业高峰时间内有足够的通过能力，不致拥挤和堵塞。尤其是主要人员出入口，宜水平进出，即在出入口前设置一个下沉广场。

出入口宽度应按远期分向设计客流量乘以 1.1～1.25 的不均匀系数。特殊情况下，当某一出入口不能满足计算宽度时，应调整其他出入口宽度，以满足总设计客流量的通过能力。

5.3.3 人行通道

人行通道设计需要确定合理的宽度，一般情况下人行通道宽度应按其是否承担城市地下连接功能、两侧是否设置商业设施等因素而有所不同。工程设计中人行通道的人行道宽度宜根据人流特征、高峰特征、连通设施的特征确定，并根据人流量计算复核通道宽度。

新加坡城市设计导则规定，地下公共人行通道作为公共行人路网的一部分时，需要依照公共运输系统运行时间段开放使用，两侧有商业的地下公共步行通道净宽不得小于 7 m，单侧有商业的地下公共步行通道净宽不得小于 6 m。而日本地下街中规定，公共地下人行道的最低宽度 W 不少于 6 m，其宽度根据以下算式来计算，但到公用卫生间、机械安装处、防灾中心的人行道等不包括在此标准内：

$$W \geqslant \frac{P}{1\,600} + F$$

式中，W 为地下公共步行通道净宽(m)；P 为 20 年后的高峰客流(人/h)；F 一般取 2 m，无商店时取 1 m。

若 20 年后地下公共步行通道的高峰客流按 9 600 人/h，则有商业的地下公共步行道最小宽度为 6+2=8 m，两侧无商业的宽度为 7 m。

美国交通运输研究委员会编制的《公共交通通行能力和服务质量手册》中给出了公共人行通道的服务水平分级标准，如表 5-2 所示。

表 5-2　　公共人行通道服务水平分级标准的说明

服务水平	分级说明	人均面积/(m^2/人)	通行能力/[人/(min·m)]
A	应用在公共建筑、商业中心等无客流高峰的建筑中	≥3.3	≤23
B	在交通枢纽建筑中，可以应对偶尔不很严重的客流高峰	2.3～3.3	24～33
C	广泛应用在交通枢纽、公共建筑、开放空间等有明显客流高峰而空间受限的场所	1.4～2.3	34～49
D	应用在最拥挤的公共空间中	0.9～1.4	50～66
E	如体育场、轨交换乘，设计应对高峰的能力需要得到细致的评估。步行速度减缓至约 51 m/ min	0.5～0.9	67～82
F	通行标准是失控的，更多的应用于等候空间而非交通空间	<0.5	—

综合当前国内外相关标准，人行通道基本通行能力和服务水平可参考表 5-3 的规定。行人较多的重要区域通行能力宜采用低值，非重要区域宜采用高值。

表 5-3　　通道的服务水平分级

服务水平	行人占据空间/(m^2/人)	期望行人流量和步行速度		
		平均步行速度 S/(m/min)	通行能力 V/[人/(m·min)]	饱和度
A	≥3.3	79	0～23	0.0～0.3
B	2.3～3.3	76	23～33	0.3～0.4
C	1.4～2.3	73	33～49	0.4～0.6
D	0.9～1.4	69	49～66	0.6～0.8
E	0.5～0.9	46	66～82	0.8～1.0
F	<0.5	<46	—	—

设计服务水平一般采用C级服务水平，但不应低于D级，超高峰设计客流量应按交通功能单元预测远期高峰小时客流量或客流控制时期的高峰小时客流量乘以1.1～1.4的超高峰系数确定。考虑到我国地下人行通道内的高峰客流明显高于上述国家，因此我国的设计标准应适当提高，有助于提高地下步行通道内部的使用品质。

综上所述，人行通道宽度设计应根据通行能力、建筑标准等要求确定，且最小通道净宽不宜小于表5-4中的规定。

表5-4　公共人行通道最小通道净宽

使用功能	具有城市地下连接功能的人行通道			一般公共人行通道
	两侧有商业	单侧有商业	无商业	
通道最小净宽/m	10	8	6	4

注：公共人行通道中间局部有开孔的，公共通道净宽度总和不得小于表中要求。

人行通道除满足相应服务水平要求，保证足够的宽度外，应尽可能短捷、通畅，避免过多的转折。此外，设计还应符合以下规定：

(1)公共人行通道内不宜设有台阶，设有坡道时，坡度不宜大于5%，不应大于8%。

(2)人流密集的功能单元与公共人行通道相接时，应适当扩大接口处公共人行通道的宽度(图5-15)。

(3)公共人行通道与车行交通空间连通时，公共人行通道出入口地面应高于相邻车行道地面，高差不小于150 mm；并应设置防止车辆进入的隔离墩等禁入设施；地面高差设置台阶时，应设置轮椅坡道，满足无障碍通行的要求。地下人行通道与非机动车通道相连通时，可参照执行。

图5-15　扩大宽度的人行通道

5.3.4 集散大厅

在交通流线的交叉点或人流集散区域应合理布置集散大厅(图 5-16),以实现人流集散、方向转换、空间过渡与场所衔接。

图 5-16 布置合理的集散大厅

集散大厅与其出入口楼梯和通道、自动扶梯、自动人行道等部位的通过能力应相互适应。

集散大厅面积根据建筑类型、规模、质量标准和功能组成等因素确定,通行区应满足表 5-3的面积定额指标,与交通功能单元连接的主通道上的集散大厅,应满足能容纳远期高峰小时 5 min 内双向客流的集聚量所占面积(按 0.5 m^2/人计)。

5.3.5 下沉广场

兼作地下建筑出入口的下沉广场应设置在方便人流进出地下建筑的主要地段,并与城市道路或地面广场相连接。下沉广场周边地面应设置一定规模的集散场地,适当设置非机动车的停放场地。在下沉广场设计时应明确划分交通路线、活动区域及服务区域,见图 5-17。

图 5-17 下沉广场

人员进出地下交通设施的路线应短捷流畅;应设残疾人通道,其设置应符合《方便残疾人使用的城市道路和建筑物设计规范》(JGJ50)的规定。

下沉广场位于城市道路尽端时,宜增设通往广场的道路;位于干道一侧时,宜适当加大下沉广场进深。

5.3.6 台阶、坡道和楼梯

城市地下步行交通系统入口的提升高度超过 6 m 时，应设上行自动扶梯；超过 12 m 时应设上、下行自动扶梯。城市地下步行交通系统内部高差超过 5 m 时，应设上行自动扶梯；超过 10 m 时，应设上、下行自动扶梯。

对于与地下换乘车站合建的城市地下换乘大厅，自动扶梯设置数量应酌情增加。分期建设的自动扶梯应预留位置。

出入口楼梯踏步应采取防滑措施。

5.4 轨道交通车站与地下步行系统的连通设计

5.4.1 概述

从 20 世纪 80 年代后期，香港开始大规模建设、改造“步行系统”。在此后的十多年间，香港先后建成了长长短短近 600 条空中连廊和人行天桥，与地下通道相结合，组成了一个完善的“步行系统”(图 5-18)，人们可以轻而易举地抵达各政府部门、港交所、客运码头、著名银行、保

图 5-18 香港的天桥步行系统

险公司、大型商场、电影院等，交通十分便利。尤其是将轨道交通车站与区域步行系统进行有效衔接，从而将各个自成体系的、相对独立的区域步行系统再连接起来，形成一个更大规模、更大体系的城市性的步行系统。

轨道交通的乘客大多是步行，这是它与区域步行系统衔接的最佳契合点。这既有利于输

送和疏散区域步行系统内的大量客流，提高区域步行系统的人气和活力。通过这种“轨道交通＋步行”的连通方式，可有效解决大城市的交通拥堵和环境污染等问题。

5.4.2 案例剖析

下文以上海江湾-五角场地区地下交通系统为例，详述地铁车站该如何与区域步行系统连接。

1. 情况介绍及分析

上海江湾-五角场是服务于上海城市东北部的综合性市级副中心，规划范围 3.11 km^2，地下空间开发量约为 100 万 m^2，为一含有地下步行系统、机动车系统、停车系统、轨道交通、商业服务等的地下空间综合体，主要包括五角场站、环岛下沉广场、江湾体育场站三部分。在地下一层为行人提供大范围公共活动的空间，建立公共建筑、地下商业、公交站点以及轨道交通站点的直达步行系统，单向直线距达 1 100 m(图 5-19)。

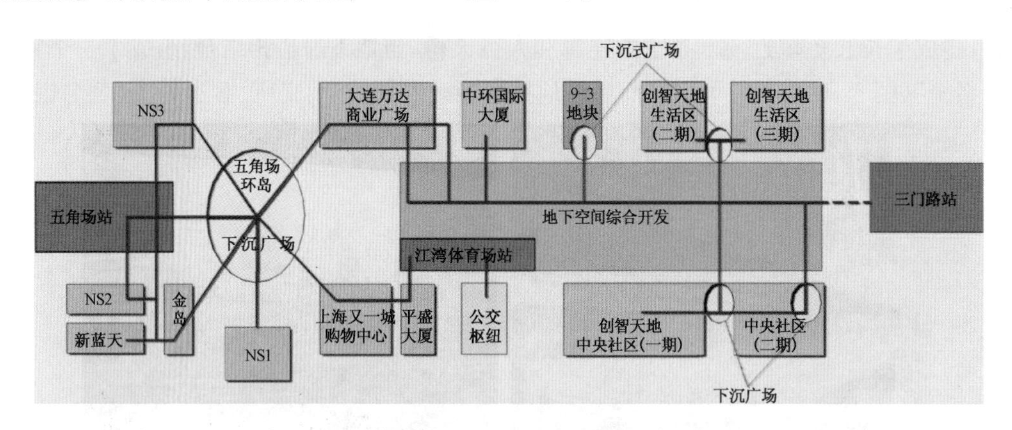

图 5-19 上海江湾-五角场地下空间与轨道交通车站的关系

五角场地区的中心有一个开放式的下沉广场，被上方的“彩蛋”遮挡了一部分，形成半开放式的下沉广场(图 5-20、图 5-21)，该下沉广场起到了连接五角场五大区域的功能。

图 5-20 五角场俯视图

图片来源：www.baidu.com

在四平路靠近区域中心广场处设轨道交通 10 号线五角场地铁车站，车站主体位于道路红线以内，靠两条通道分别与位于道路两侧的 NS3 地块和东方商厦地块相衔接(图 5-22)，并接入环岛下沉广场。通道内布置有楼扶梯，解决站厅与所衔接地下空间之间的高差问题。两个衔接通道在站厅交汇处，又形成了一个小过厅，突显了其与地块相衔接的功能。

图 5-21　五角场下沉广场实景图

图片来源：作者自摄

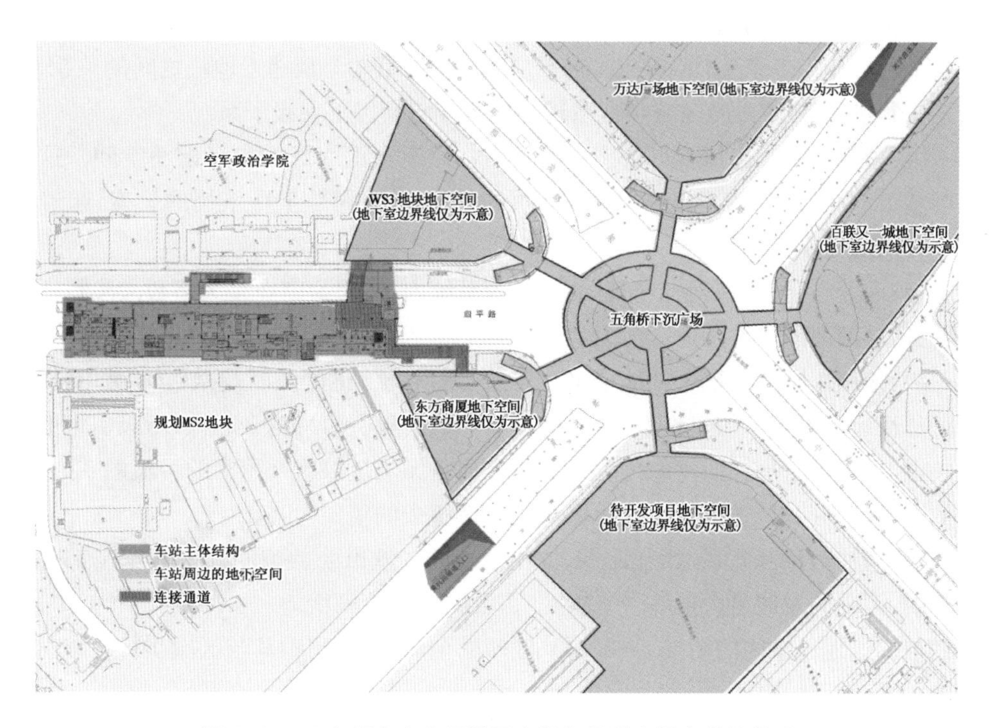

图 5-22　五角场中心广场地下空间与轨道交通车站的关系

五角场地区的步行衔接系统是比较完善的。该系统包括一个位于地下一层的中心广场和从中心广场发散出去至五个地块地下一层的衔接通道，很方便地解决了 5 个独立地块的衔接问题，大大提升了各地块的可达性，同时也创造了一个舒适的区域步行环境。

从图 5-22 中可以看出：五角场五条马路交汇的中心，是一个椭圆形的下沉广场，从这个广场上又分出 5 条通道直接通往五个地块内的地下空间，同时，每条通道在刚进入地块红线处，设有 1～2 个直通地面的出入口，共 9 个。这 9 个出入口解决了下沉广场的疏散问题。

与轨道交通 10 号线的五角场站一样，江湾体育场站也经过五角场商圈，一个地铁出入口位于淞沪路（邻近百联又一城），与百联又一城地下街连通。

如果将步行系统的概念进一步扩大，将各地块内的商业街空间纳入步行系统内。则整个五角场区域的步行系统可分为两级：第一级是椭圆形的下沉广场和通往地面出入口的五条通道，24 小时全天开放，是公共性最强的城市空间；第二级就是地块内的商业空间，归属商场管理，在商场的非营业时间不予开放，其公共性稍弱。

在第一级系统中，公共性更强的是椭圆形下沉广场，它是步行的枢纽空间，五条步行通道交汇与此，在此完成彼此的客流交换；与之相比，五条通道的公共性又稍弱一些。

2. 分析结论

（1）地铁车站与周边地下空间相衔接的模式，与车站所处地区的城市规划定位、地下空间开发的理念和强度等因素有关。

如果车站位于城市的副中心等重要区域，其站位的选择、与周边地下空间的关系等问题，都要将整个区域作为一个整体来考虑，而不是仅仅考虑车站与最邻近地块之间的关系。

（2）一个完整、有活力的区域步行系统的内容应包括以下三级子系统：

第一级：公共空间。包括步行衔接通道及由各通道交汇而成的步行枢纽空间。这是公共性最强的城市空间，24 小时全天候开放。其中步行枢纽空间是步行系统的灵魂，起着提升区域环境品质的关键作用。

第二级：商业空间。将商业空间也纳入步行系统内，是因为商业是大多数人步行活动的目标，是步行活动的起因和维持地区活力的源泉。

第三级：地铁车站。地铁车站能带来大量的步行客流，也能及时疏散大客流；能提高区域的步行可达性。随着城市的建设发展，一些重要区域的吸引力将越来越大，所吸引来的客流也将越来越大，越来越密集。而仅靠传统的地面交通是无法疏散这么密集的客流的，必须要有轨道交通的加入。因此，地铁车站一定是区域步行系统中的重要内容。

这三级子系统，相互联系，相互促进，也相互制约。城市公共空间和地铁车站都是为商业空间服务的，商业的发展也为地铁带来客流，为公共空间带来活力。

地铁与周边地下空间的衔接，一定要从区域的全局考虑，理顺其与区域步行系统内各子系统之间的关系。

5.4.3 连通设计

1. 一般规定

连通工程的总体布局，应符合城市规划、城市交通规划、环境保护和城市景观的要求。

连通工程的建设规模应与客流预测相匹配，保证人员通行安全、集散迅速，并具有良好的通风、照明、卫生、防灾等设施。地下交通设施的内部空间宜体系简单，方向感良好。

连通工程宜实现无障碍通行。

2. 建筑布局设计

连通方式的选择应根据地下车站与周边地下空间的相对空间关系、建设时序、地下管线和地下构筑物等情况确定，可选用通道连通、下沉广场连通、垂直连通等形式。

通道连通是最常见的一种连通方式。这种连通方式较多地出现在城市地下空间开发利用的早期阶段，以及地下车站与周边地下空间的建设不同步的时候。

(1) 通道连通布局设计应符合下列要求：

① 连通通道宜短、直，通道的弯折不宜超过 3 处，弯折角度不宜小于 90°。

② 连通通道的宽度，应根据通道的预测客流、通道的服务水平以及场地条件等确定，并应符合下列要求：

A. 连通通道的净宽不宜小于 4 m；

B. 设有自动人行道的连通通道净宽不宜小于 8 m。

③ 连通通道的长度超过 300 m 时，宜设置自动人行道。

④ 连通通道的净空高度(地面装饰面至吊顶面)不应小于 2.4 m。

当车站主体侵入地块内时，结合地块的规划情况，可在车站与地块的地下空间之间，设置下沉广场。下沉广场作为一个“阳光地带”，有助于减少人们对地下空间的不良心理预想。

下沉广场很多时候也是作为大型地下空间的一种防火隔离区而存在的，一定规模的下沉广场，能够切断火灾的蔓延，防止飞火延烧，在熄灭火灾、控制火势、减少火灾损失方面有独特的贡献。

下沉广场连通布局设计应符合下列要求：

① 车站直接开向下沉广场的门洞处，应设置高度不小于 0.8 m 的防淹闸槽。

② 下沉广场的地坪坡度不得坡向车站门洞。

③ 下沉广场的设计应符合本规程第 8.2.1 条的规定。

(3) 当通道布置在地铁车站的上方时，通道与车站需通过楼梯、自动扶梯、垂直电梯等进行垂直连通。

垂直连通布局设计应符合下列要求：

① 用于连通的楼梯、自动扶梯、垂直电梯等垂直交通设施应设置在地下车站主体结构以外。

② 在主要通道内、楼扶梯平台处，以及连通的接口部位等人流量较集中处，不应设置影响

客流疏散的落柱。

(4) 用于连通的自动扶梯的设计应符合下列要求：

① 当两侧地坪高差超过 6 m 时，应设置上行和下行自动扶梯。

② 自动扶梯工作点至前方影响通行的障碍物的距离，在车站一侧不宜小于 8 m，在其他地下空间一侧不宜小于 6 m。

③ 采用重载型自动扶梯。

3. 无障碍设计

由于轨道交通线路设计受制约因素较多，建设难度大，因此，原则上有与地下车站连通需求的民用地下空间的地面标高设计跟从地下车站的站厅层地面标高设计。有高差时，宜在接口部位建设无障碍设施。

接口部位的无障碍设施可采用无障碍电梯、坡道、盲道或其他措施，并应设置国际通用无障碍标识牌。

接口部位通行区不得设置障碍物，地面应平整、防滑、不积水。

接口部位设置坡道时，其纵坡坡度不大于 8%；当纵坡大于 4%时，地坪装饰面应采取防滑措施。

地下交通设施(包括下沉广场)内盲道铺设应连续，并构成系统。

下沉广场内通往车站及周边地下空间的入口处，若设置平台，则平台宽度不应小于2.0 m。

4. 内部环境设计

连通后形成的地下交通设施内部环境应开阔、明亮，并具有良好的方向感和可识别性。

在有条件时应充分利用自然光，设置天窗、采光井或下沉广场。

装修应采用防火、防潮、防腐、耐久、易清洁的环保材料，地面材料应防滑耐磨。

装修材料的选用应经济、实用、可靠，便于施工和维修。

照明应采用节能、耐久的灯具，并宜采用有罩明露式。

连通体内设置色灯广告时，其位置、色彩不得干扰导向、事故疏散、服务乘客的标识。色灯广告箱尺寸应模数化。

连通通道内设置在离壁式内墙处的广告箱宜为嵌入式。

5. 内部空间可识别性设计

(1) 内部空间可识别性设计应符合下列要求：

① 连通后形成的地下交通设施内，应设置各种导向、事故疏散、服务标识，并应符合有关规定和要求。

② 地下车站与周边地下空间内的导向标识系统应根据管理界面的划分，符合各自的规范要求。

③ 周边地下空间内应设置指向地下车站的导向标识，且其图形符号、信息内容应符合轨道交通相关规范的要求。

④ 地下车站内宜设置指向其他空间的导向标识。

⑤ 接口部位应分别标识描述对方空间的导向信息。

地下建筑内的内部空间可识别性，不能仅依靠导向标识系统，因在灾害(特别是火灾)发生时，往往只有紧急照明系统起作用，导向标识系统很多已毁坏或是不能起到作用。必须同时利用建筑设计的理论和手法，使地下公共通道的内部空间自身就具有较强的可识别性。

(2) 建筑空间的可识别性设计应符合下列要求：

① 地下内部建筑空间的可识别性设计，应增强乘客的方向感，提高紧急疏散状态下的疏散效率。

② 与地下车站相连通的周边地下空间内部，宜布置标志性节点空间，各节点空间之间的距离宜为 80～100 m。

5.5 设计实例

5.5.1 上海虹桥商务区地下步行系统与中央轴线地下步行通道

1. 项目概况

1) 规划背景

上海虹桥商务区核心区及周边区域将形成服务长三角的商务中心，用以进一步加强上海对内对外的交通联系，更好地服务长三角地区、服务长江流域、服务全国。基于集约高效、活力宜人、环境友好、形象有力的规划理念，虹桥商务区核心区的总体布局，是形成“一轴、两核、五区”的空间结构，如图 5-23 所示。

(1) “一轴”指虹桥枢纽区域东西向空间发展轴，枢纽本体交通设施以枢纽轴线呈对称布置；

(2) “两核”指由枢纽发展轴串联的两个功能重要核心：交通功能核心、商务功能核心；

(3) “五区”指枢纽交通核、机场功能区、公共设施区、整治协调区和闵行动迁基地。

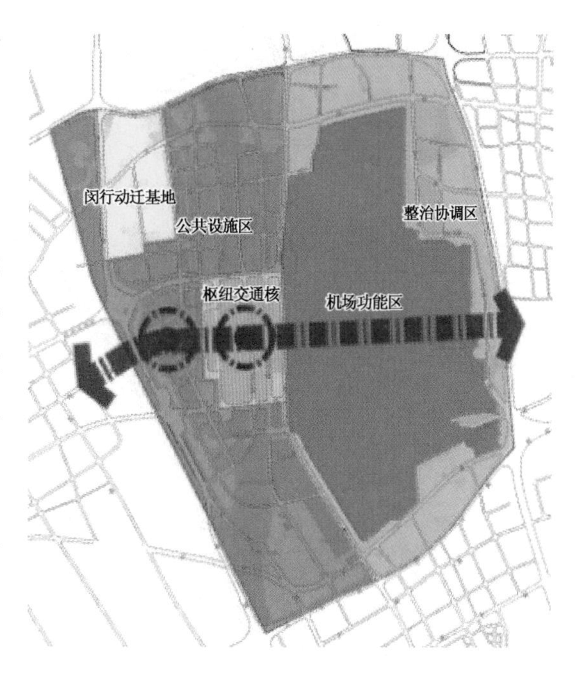

图 5-23 上海虹桥综合交通枢纽地区的总体布局

2) 规划范围

虹桥商务区的规划范围东起外环线(环西大道)，西至铁路外环线，北起北翟路、北青公路，南至沪青平高速公路，区域面积达 26.3 km^2。其中商务核心区的规划范围北起青虹路，南至徐泾中路，东接交通枢纽，西临铁路外环线，总用地面积约 1.4 km^2，如图 5-24所示。虹桥商务区核心区紧邻虹桥综合交通枢纽，给商务区的发展带来巨大交通区位优势和商业价值，但同时由于虹桥机场的限高要求，商务区核心区地面建筑不得高于 48 m，地上实际可开发的空间因此变得极为有限，进一步加剧了地面空间资源的供需矛盾。因此在边界和高度限定的客观条件下，开发利用地下空间的必要性和优势便十分明显。

图 5-24　虹桥商务区核心区总平面图

对于地下空间开发利用，虹桥商务区提出高强度、等价值、大连通的规划建设要求，围绕交通功能及公共活动功能开展地下空间综合利用，规划建设了完整的地下公共步行系统，通过中轴线地下空间、南北向地下街、地块内公共通道和地块间连通道，将核心区地上、地下空间连成一个整体，进一步提升了虹桥商务区的开发品质，创造了上海地下空间开发的典范。

2. 地下步行系统规划

地下步行系统首先要满足行人的交通需求，通过分析交通枢纽、商业中心、办公楼宇和开放空间等人流吸引和发生点的人流量，并考虑出行方式分配和路径分配，得到步行人流分布图(图 5-25)。结果显示，人流量和人行流线以公交枢纽和地铁站为中心向外辐射，日均人流量大于 2 万人次时便可设置地下步行通道。

规划的地下步行系统以中轴线地下空间为主轴，通过南北向地下街向两侧辐射，结合地块地下空间设置公共步行通道，地块之间以地下过街通道形式连接，共布置了 21 条人行过街通道，总长度约 737 m(图 5-26)。

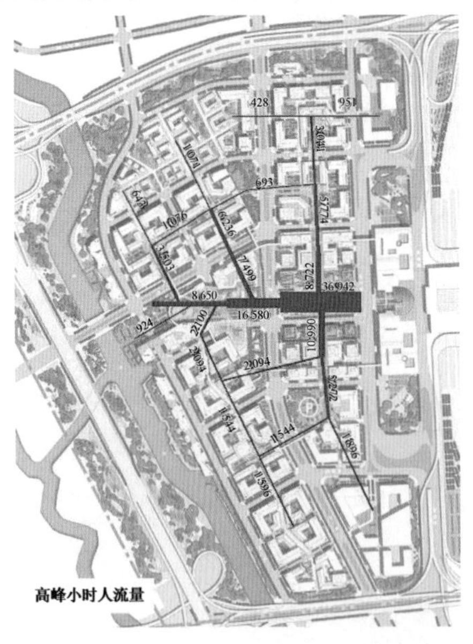

图 5-25　核心区地下步行人流分析图
(虹桥地下空间规划 2009)

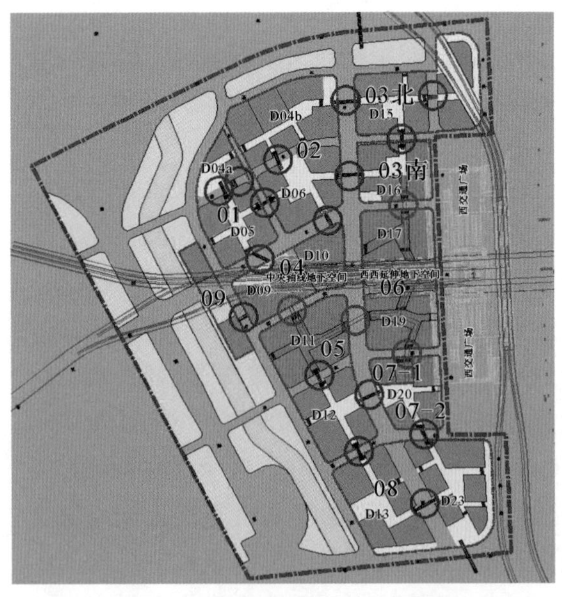

图 5-26　核心区人行过街通道分布图
(人行通道工程可行性研究,2012)

规划形成一个四通八达的、全天候的、安全舒适的地下步行系统，衔接地铁车站、公交枢纽、公共建筑、地下商业和地面开放空间，方便和鼓励更多的出行人群选择步行方式和公共交通方式，提高地区低碳出行比例。

地下步行系统对人流有组织和引导的作用，对商业及公共空间也会产生影响。核心区公共空间呈层次化布局(图 5-27)，中轴线是最主要的公共开放空间，结合地下一层公共主通道布置商业文娱配套服务功能，并向南北两侧地块地下空间拓展。次要公共开放空间结合部分街坊开发布置，街坊间通过地面和地下步行通道连接，通过在重要节点设置露天下沉广场和垂直交通设施，加强与地上空间的联系，形成公共开放空间的立体化布局(图 5-28)。

图 5-27　核心区公共开放空间布局

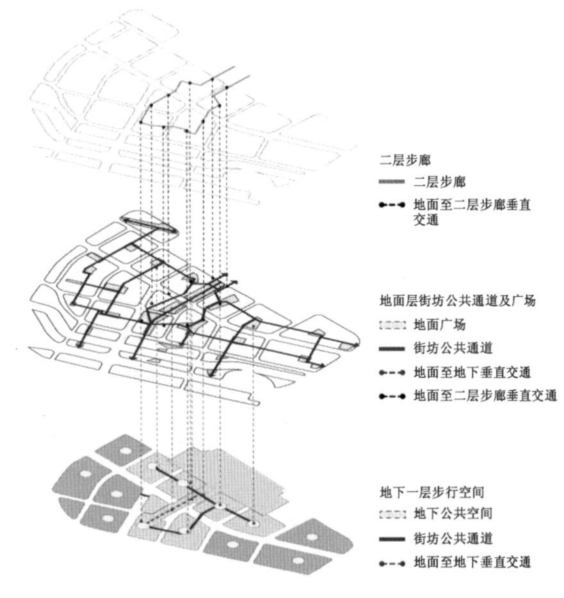

图 5-28　核心区立体公共空间设计指引

开放的公共空间与地下步行系统结合，提供更多用于公共活动的场所，塑造丰富多样、更具吸引力的步行空间，使得人们乐于在其中行走，促进步行活动、商业活动和休闲娱乐活动进行不同程度的渗透，丰富和激发城市空间的活力，体现“商务社区”的规划理念。

3. 中央轴线公共地下步行通道(地下公共空间)方案

1) 中央轴线公共地下步行通道位置

中央轴线公共地下步行通道位于虹桥交通枢纽的中轴线上地下公共空间内(图 5-29)。

2) 功能布局分析

中央轴线公共地下空间西延伸段的地面功能布局包括休闲景观、文化娱乐、中央商业和交通枢纽等几部分，属于虹桥枢纽地区的核心商业区，如图 5-30 所示。在地下布置轨道交通设施，可直通交通枢纽；同时考虑地上地下交通一体化，在地面设置短驳巴士车站，以达到吸引人群到达，增加商业效益的目的。

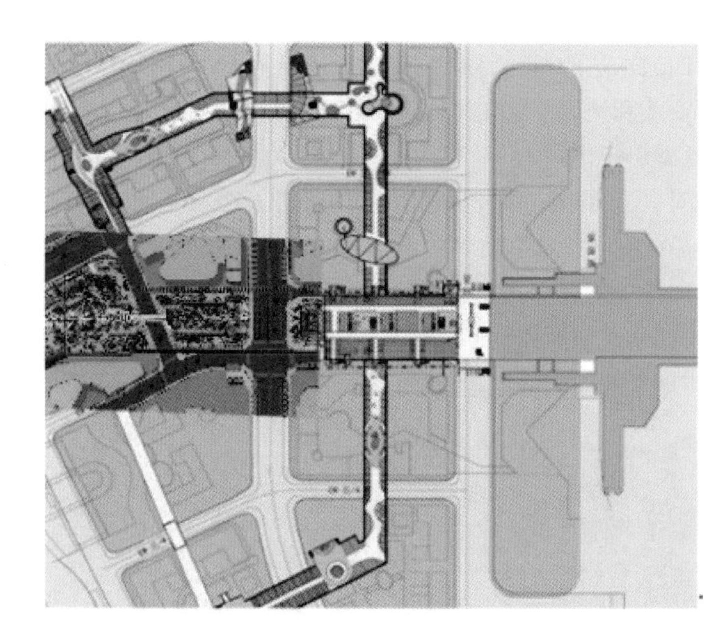

图 5-29　中央轴线公共地下步行通道总平面图

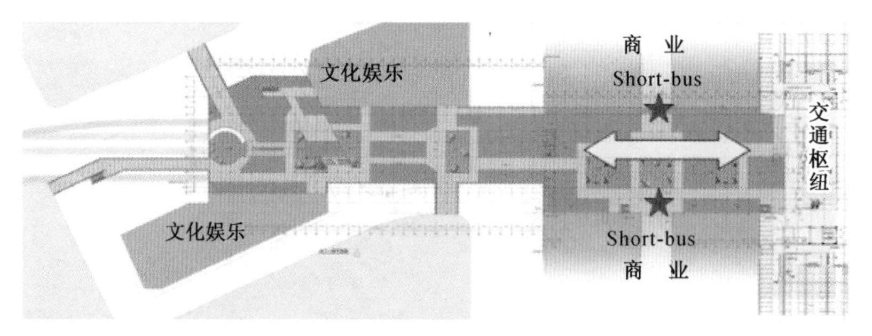

图 5-30　中央轴线地下公共空间功能布局

3）地下步行道

在中央轴线公共地下空间内的地下步行通道需满足核心区大容量人流步行交通的需求、开发区与交通枢纽步行网络衔接的需求和实现人车分离、改善交通环境的需求，中央轴线地下步行道如图 5-31 所示。步行交通的规模为长约 580 m，宽 8～22 m。

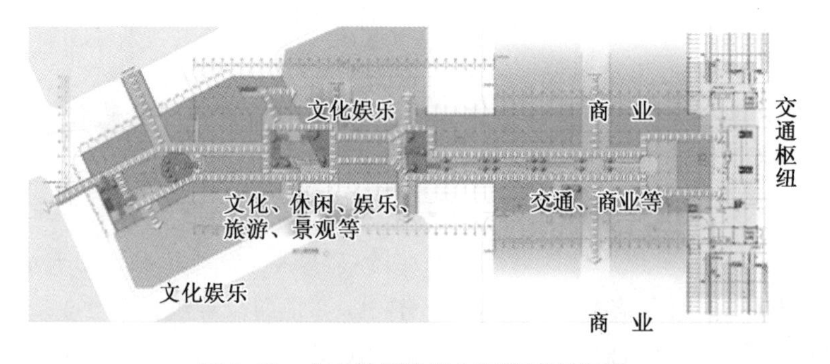

图 5-31　中央轴线地下步行道平面布置

4）平剖面布置

中央轴线公共地下步行道平剖面布置如图 5-32—图 5-34 所示。

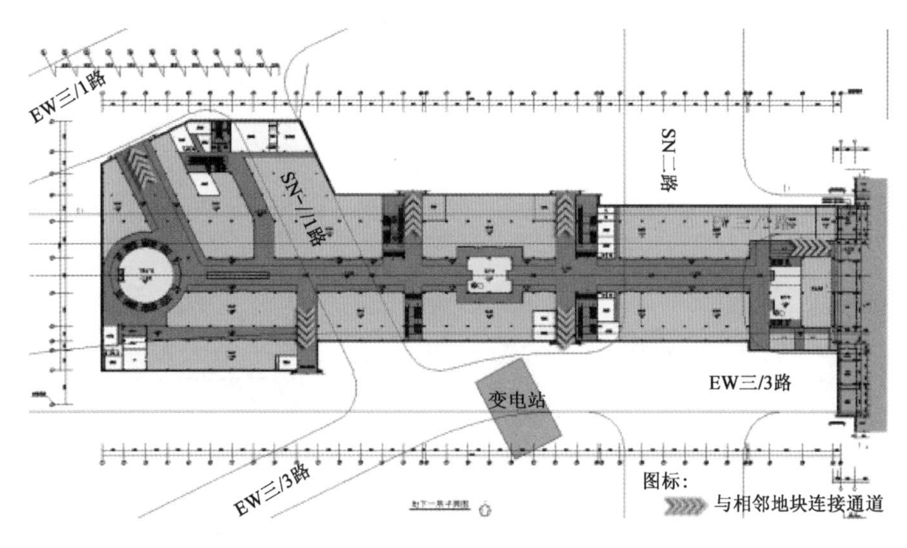

图 5-32 中央轴线公共地下步行道地下一层平面图

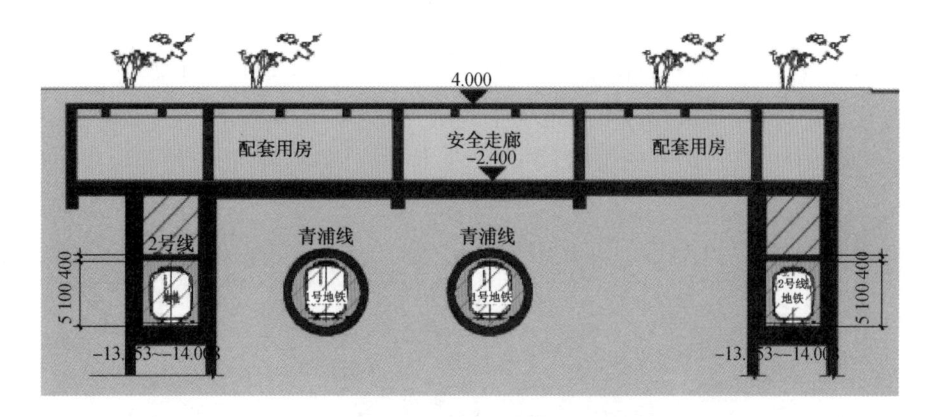

图 5-33 中央轴线地下步行道横剖面

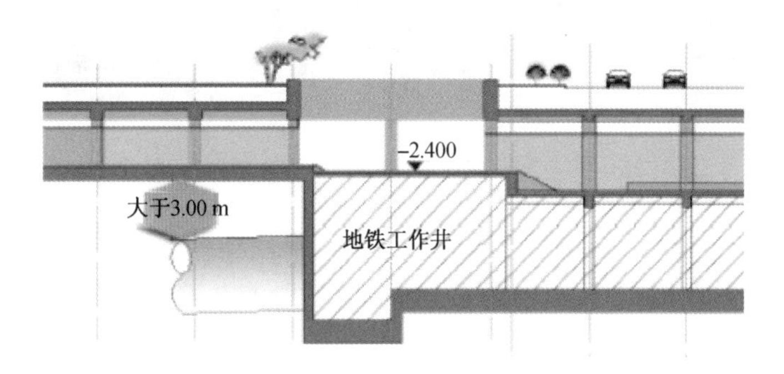

图 5-34 中央轴线地下步行道纵剖面

5）地下空间与周边地块的连通

在规划西延伸段与周边地块地下空间分层及衔接关系时，以 SN2 路为东西分界线。如图 5-35 所示，SN2 路以东的西延伸步行通道标高为－4.2 m，与周边商业地块地下二层相接；SN2 路以东的西延伸步行通道标高为－1.9 m，与周边商业地块地下一层相接。

图 5-35　中央轴线地下空间及其与周边地块衔接

5.5.2　济南西客站片区核心区地下空间地下步行系统

1. 项目概况

1）规划背景

济南西客站片区核心区是济南“一城三区”中西部新城的 CBD，已开展了总体规划和控制性详细规划层面的规划、城市设计以及地下空间研究工作。本规划是在已有规划成果（尤其是清华规划院开展的城市设计）基础上（图 5-36），对地下空间规划进行梳理和深化。

图 5-36　济南市西客站片区核心区综合规划（清华规划）

2）规划范围

地下空间控制性详细规划范围为核心区的 6 km^2，如图 5-37 所示。

3）现状条件

核心区部分地块建成或在建，将作为本规划的现状条件。部分已有方案地块，在规划深化中尽量协调推进。核心区现状分布如图 5-38 所示。

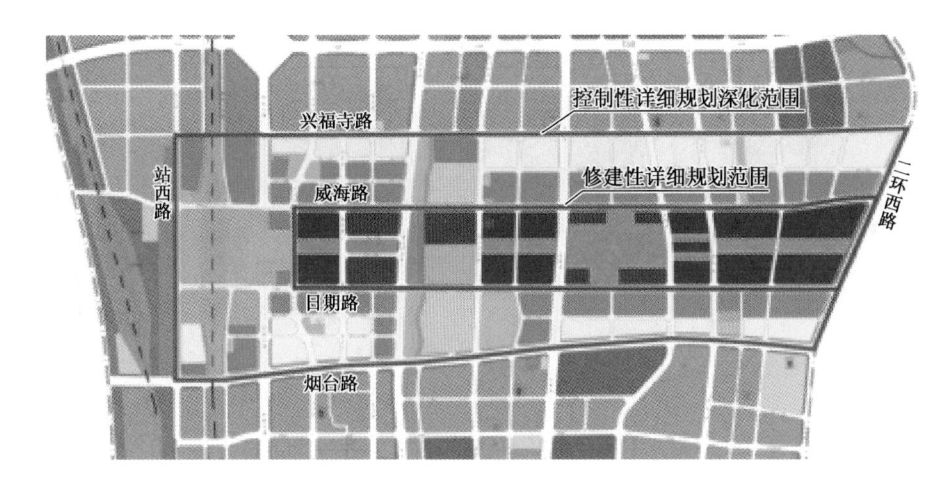

图 5-37 济南市西客站片区核心区规划范围

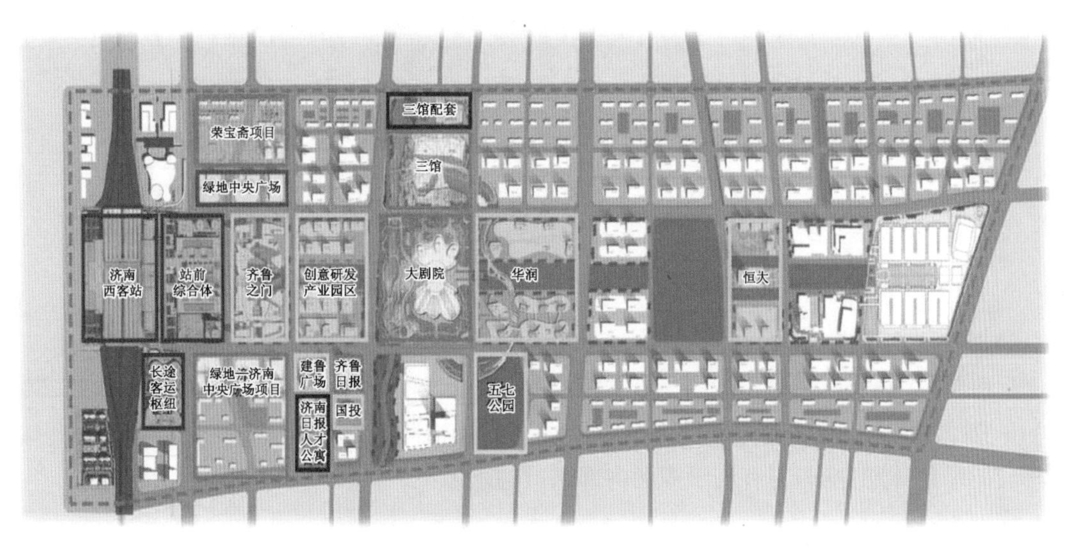

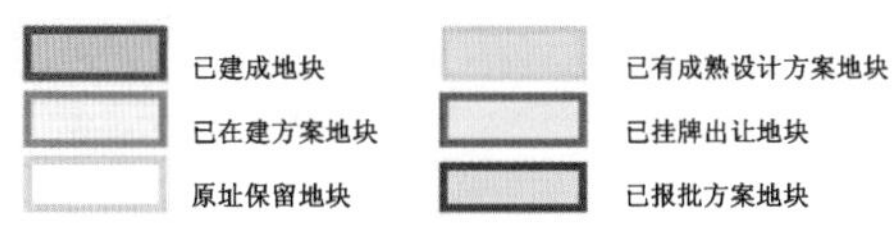

图 5-38 济南市西客站片区核心区现状分布

2. 总体规划方案

1）地下步行系统的流线分析

地下步行流线有效地连接了地铁、地上及周边地块的地下通道，构成了快速便捷的地下步行系统，见图 5-39。整体步行流线结构沿地铁 M1 线形成东西向的主流线，沿主要城市道路形成若干南北向的次流线。两种流线结合，达到便捷购物和快速集散的双重功效。

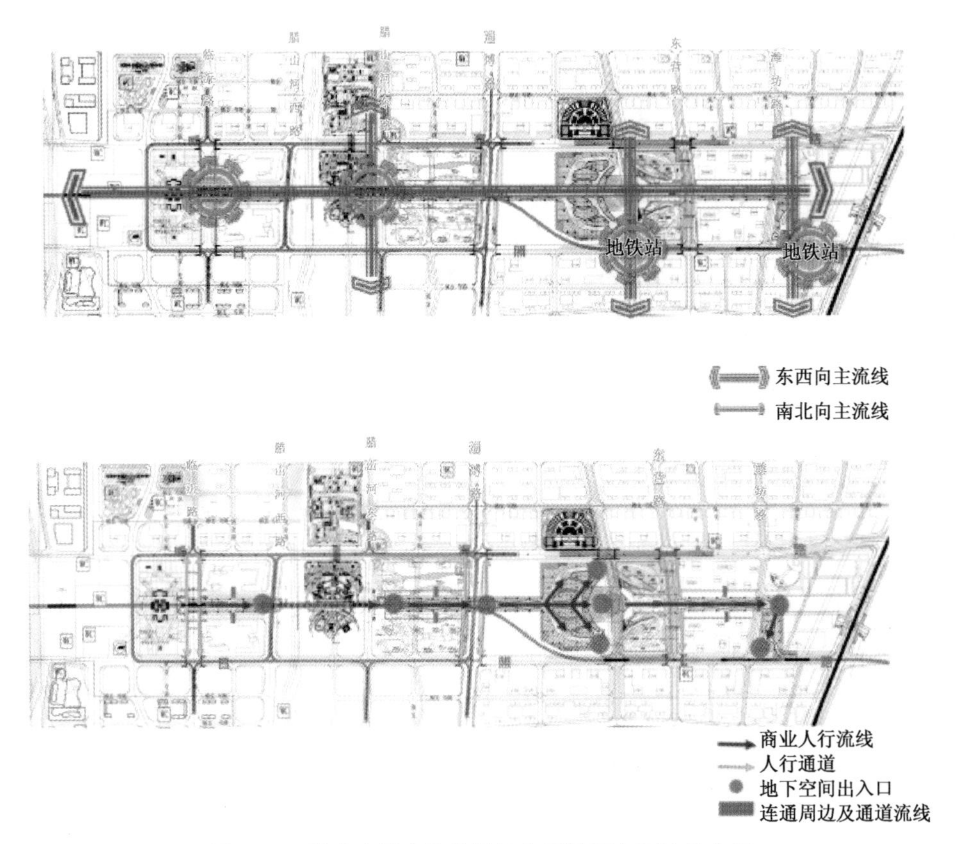

图 5-39 济南市西客站片区核心区地下人行流线分析

2）地下步行系统节点分析

在每超过 600 m 步行距离内设置下沉广场，减少客户步行疲劳度。在每个地块 250～400 m 步行系统内设置中庭空间及下沉广场提高商业空间生态环境，见图 5-40，创造出与自然呼应的绿色休憩空间，也有利于商场内部人员的疏散。

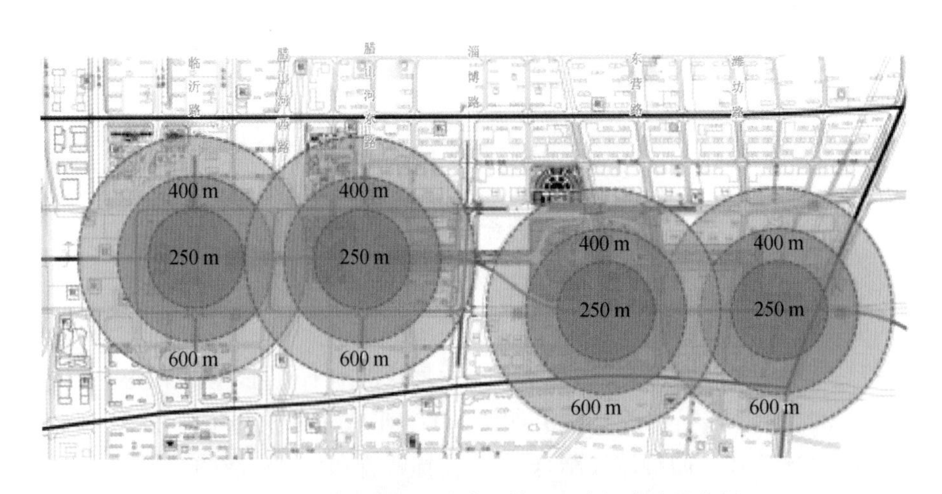

图 5-40 济南市西客站片区核心区步行者路网分析

商业人行流线串联地下空间四大板块及地下空间主要出入口，将吃、喝、玩、乐、购、游、娱、休联成一体，见图 5-41。将游览式购物理念引入地下空间。通过地下空间主题的多样变化，带给购物人群不同的购物体验。人行通道作为地下空间不可或缺的一部分，起到引导人流过街及快速疏散的作用。

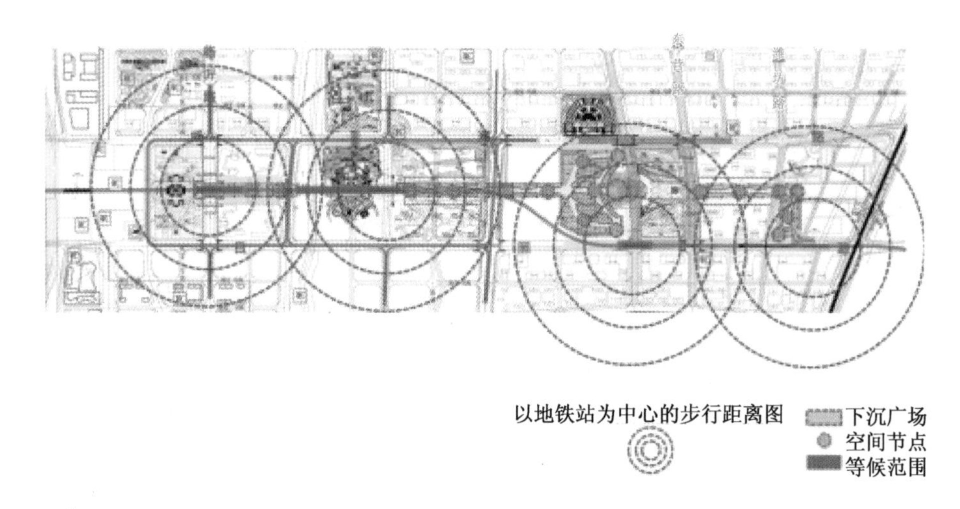

图 5-41　济南市西客站片区核心区地下步行系统节点

3）地下步行系统功能特点

地下步行系统的功能是有效沟通交通枢纽节点、商业中心、办公楼宇、开放空间等人流吸引和发生点，满足人行交通要求。

地下步行系统与地面人行道系统相比，具有舒适、连贯、安全、全天候的优点，见图 5-42。

图 5-42　济南市西客站片区核心区地下步行系统意向图

4）地下步行系统规划原则

(1) 实现“人车分离”，构筑人性化、立体化的步行交通空间；

(2) 对应不同的行人需求，提供多样化的地下空间；

(3) 提高换乘的便捷性；

(4) 在重要的人流集散节点设置广场空间;

(5) 结合建筑物与公共空间的布置特征设置能够迅速避难的人防设施网络。

5) 地下步行系统规划布局

以地铁站点为核心,通过地下街、下沉广场和过街通道组织地下步行系统,见图 5-43。

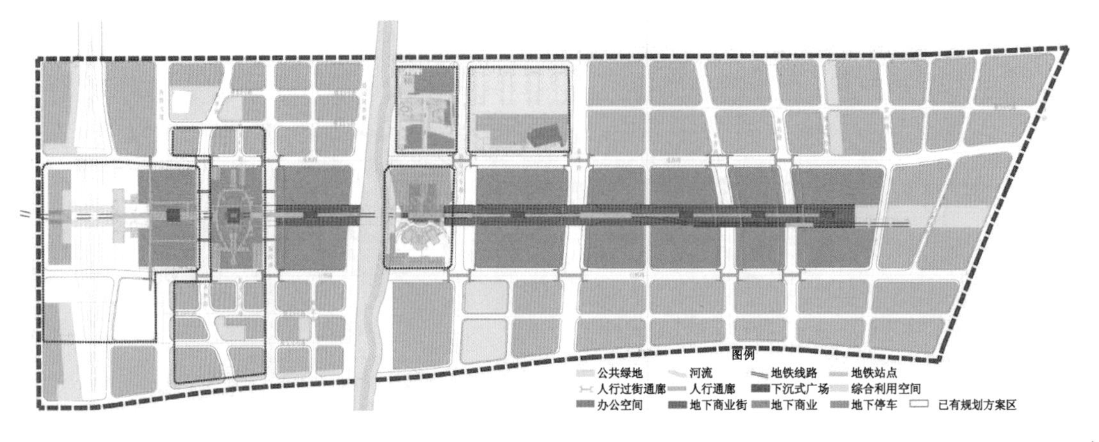

图 5-43 济南市西客站片区核心区地下步行系统规划

沿中央绿轴形成东西向地下步行主通道。路口据交通要求设置过街地道,并与地铁站联系,形成南北向步行次通道。地下步行系统总体上呈现纵横交错的鱼骨状形态。

从景观和防灾安全角度,中轴线每隔一定距离和大型商业连接处设置下沉广场。

地下步行系统兼顾主要道路人流密集处的过街功能。地下步行系统通过下沉广场及主要地面出入口与地面步行系统相互联系。

6) 地下步行系统规划建设需求

(1) 安全:按消防要求设置疏散口和下沉广场等,设置保安监视探头等;下沉广场最小尺寸不小于 15 m×15 m。

(2) 便捷:流线组织顺畅,全天候开放或在地铁运营时间内开放。

(3) 舒适:主通道宽度≥10 m,次通道宽度≥8 m,净高≥3 m,坡度平缓,配置无障碍设施。

参考文献

REFERENCES

[1] 王玉北，陈志龙. 世界地下交通[M]. 南京：东南大学出版社，2010.
[2] 钱七虎. 城市交通拥堵、空气污染以及雨洪内涝的治本之策[J]. 科技导报，2014，33(12)：12.
[3] 俞明健. 城市地下道路设计理论与实践[M]. 北京：中国建筑工业出版社，2014.
[4] 刘小凯. 地上地下空间过渡[D]. 上海：同济大学，2003.
[5] 陈志龙，张平. 城市地下停车系统规划与设计[M]. 南京：东南大学出版社，2014.
[6] 上海市政工程设计研究总院. 城市地下立体停车系统规划与设计技术研究[R]. 住房和城乡建设部，2015.
[7] 上海市政工程设计研究总院. 武汉永清街地下立体停车系统工程可行性研究报告[R]. 2015.
[8] 钱七虎，郭东军. 城市地下物流系统导论[M]. 北京：人民交通出版社，2007.
[9] 北京市规划委员会. 地铁设计规范(GB50157—2013)[S]. 北京：中国建筑工业出版社，2013.
[10] 庄荣. 城市地铁车站设计[J]. 时代建筑，2000(4)：18-21.
[11] 赵红茹. 西安城市轨道交通线网规划研究[J]. 规划师，2014(1)：111-115.
[12] 周瞬华. 城市轨道交通设备系统[M]. 北京：人民交通出版社，2013.
[13] 上海申通轨道交通研究咨询有限公司，上海市隧道工程轨道交通设计研究院. 上海城市轨道交通工程技术标准(试行)(STB/ZH—000001—2012)[S]. 上海申通地铁集团有限公司，2010.
[14] 杨京帅. 城市轨道交通合理规模与布局方法[D]. 西安：西安交通大学，2006.
[15] 冯伟，杨旭旭，贾澎波. 浅谈地铁车站总体设计[J]. 企业技术开发(下半月)，2010(4)：16-17.
[16] 王文卿. 城市汽车停车场(库)设计手册[M]. 北京：中国建筑工业出版社，2002.
[17] 张竹，郭白莉，刘柯，等. 地下汽车库建筑设计导则[R]. 上海市政工程设计研究总院(集团)有限公司，2012.
[18] 中华人民共和国住房和城乡建设部. 车库建筑设计规范(JGJ100—2015)[S]. 北京：中国建筑工业出版社，2015.
[19] 中华人民共和国公安部. 建筑设计防火规范(GB 50016—2014)[S]. 北京：中国计划出版社，2014.
[20] 中华人民共和国公安部. 汽车库、修车库、停车场设计防火规范(GB 50067：319—2014)[S]. 北京：中国计划出版社，2014.
[21] 凌志强. 城市公共交通枢纽交通设计方法研究[D]. 南京：南京林业大学，2010.
[22] 王有为. 城市公共交通枢纽规划研究[D]. 西安：西安建筑科技大学，2001.
[23] 刘曼曼. 城市综合交通枢纽地下空间功能布局模式研究[D]. 北京：北京建筑大学，2013.
[24] 王建军，王军锋. 城市公共交通枢纽规划应用研究[C]//第五届交通运输领域国际学术会议论文集，2005.
[25] 陈富昱. 城市公交枢纽布局方法研究[J]. 城市交通，2004(4)：32-35.
[26] 杨娟. 城市公共交通枢纽规划策略探讨[J]. 城市建筑，2014(2)：30.

[27] 罗建晖,周鸣,徐方晨. 城市地下客运交通枢纽的规划设计——以上海市外滩交通枢纽为例[J]. 地下空间与工程学报,2016,2(Z1):1208-1213.
[28] 林卫,刘秉镰,等. 关于城市公共交通枢纽规划设计的讨论[J]. 城市交通,2006,4(5):26-28.
[29] 区志勇. 地铁一体化立体化开发模式人行流线组织[J]. 中外建筑,2013(3):66-67.
[30] 上海市交通运输和港口管理局,上海城市交通设计院. 上海市工程建设规范:公共汽车和电车首末站、枢纽站建设标准(DG/TJ08—2057—2009)[S]. 上海市建筑建材业市场管理总站,2009.
[31] 上海泰孚建筑安全咨询有限公司. 上海莘庄地铁上盖综合开发项目消防性能化评估报告[R]. 2013.
[32] 齐宇. 城市综合体地下车库寻路问题初探[J]. 四川建筑,2013,33(2):45-46.
[33] 杨靖,岳文昆. 住区阳光地下车库设计[J]. 建筑与文化,2012(11):56-57.
[34] 曹瑞林,田晨曦. 城市地下空间的环境品质营造 [J] 大众文艺,2013(1):128,245.
[35] 中华人民共和国住房和城乡建设部. 城市公共交通站、场、厂设计规范:CJJ15-2011 [S]. 北京:中国建筑工业出版社,2011.
[36] 刘柯. 佘山水上中心配套停车及服务设施设计[J]. 城市建设研究, 2014(15).
[37] 李霞明. 生态地下车库设计建筑探讨[J]. 房地产导刊, 2013(6):87-88.
[38] 何智龙. 城市人防工程项目与地下空间开发利用相结合的研究[D]. 湖南:湖南大学, 2009.
[39] 王陈媛,张平,陈志龙,等. 地下停车场系统布局形态探讨[J]. 地下空间与工程学报, 2008, 4(4):615-619.
[40] 崔禹. 城市中心区空间复合化研究[D]. 哈尔滨:哈尔滨工业大学, 2008.
[41] 陈志龙,姜毅,茹文. 城市中心区地下停车系统规划探讨[J]. 地下空间与工程学报, 2005, 1(3):343-346.
[42] 贾雪芳. 保定站消防性能化设计方案与评估[J]. 铁道建筑技术,2011(4):91-94.
[43] 冯好涛,庞永师. 浅谈我国地下空间现状与发展前景[J]. 四川建筑, 2009, 29(5):26-27.
[44] 邱丽丽,顾保南. 国外典型综合交通枢纽布局设计实例剖析[J]. 城市轨道交通研究, 2006, 9(3):55-59.
[45] 周鸣,罗建晖,徐方晨. 地下客运交通枢纽交通组织研究[J]. 城市道桥与防洪, 2008(4):6-11.
[46] 李春燕,田丽君. 公交场站标准化研究中若干问题探讨[J]. 城市建设理论研究:电子版, 2013(24).
[47] 徐方晨,王敏. 石家庄新客站广场及地下空间工程方案设计[J]. 山西建筑, 2012, 38(16):6-7.
[48] 张琦,颜颖,韩宝明. 北京动物园公交枢纽规划设计与换乘组织分析[J]. 城市交通, 2005, 3(3):4-7.
[49] 张平,陈志龙,侯占勇. 国内外综合交通枢纽站地下空间开发利用模式探讨[C]//生态文明视角下的城乡规划——2008 中国城市规划年会论文集, 2008.
[50] 宋百超. 城市公共交通枢纽布局规划研究[D]. 合肥:合肥工业大学, 2007.
[51] 黄晓虹. 以交通一体化为导向的城市客运枢纽模式研究[D]. 南京:南京林业大学, 2006.
[52] 程婕. 城市客运交通枢纽规划研究——以陕西省西安市为例[D]. 西安:西安建筑科技大学, 2005.
[53] 黄文娟. 轨道交通与常规公交换乘协调研究[D]. 西安:长安大学, 2004.
[54] 邓媚. 南宁市轨道交通与地面交通的衔接站点规划问题研究[D]. 南宁:广西大学, 2009.
[55] 陈志龙,刘宏. 城市地下空间总体规划[M]. 南京:东南大学出版社,2011.
[56]蔡夏妮. 城市地下步行系统规划设计初探[J]. 山西建筑,2006(20):35-26.
[57] 兰觅,李明燕. 拓展公共空间 激发城市活力——城市中心区地下步行系统规划要点研究[J]. 四川建筑, 2012(1): 35-38.
[58] 上海城乡建设和管理委员会办公室. 国际城市建设和交通科技资料集[R]. 2014. 10.
[59] 李春. 城市地下空间分层开发模式研究[D]. 上海: 同济大学,2007.
[60] 徐正良,王炯,刘伟杰,崔勤,张中杰. 徐家汇综合交通换乘枢纽与地下空间一体化开发利用[J]. 城市道桥与防洪,2006(4):23-27.
[61] 刘坤. 挖掘地下空间潜力,治理城市交通拥堵[J]. 城市建设理论研究,2014(14):1-5.

[62] 杨卫.重庆轻轨曾家岩车站人行通道与人防工程结合的设计概况[J].重庆建筑,2007(11):18-19.
[63] 鹏立敏,王薇,余俊.地下建筑规划与设计[M].长沙:中南大学出版社,2012.
[64] 耿永常,赵晓红.城市地下空间建筑[M].哈尔滨:哈尔滨工业大学出版社,2001.
[65] 季翔,田国华.城市地下空间建筑设计与节能技术[M].北京:中国建筑工业出版社,2014.
[66] Transporation Research Board. National Research Council Highway Capacity Manual[R]. Washington D C: The National Academy of Sciences, 2000.
[67] 上海申通轨道交通研究咨询有限公司.轨道交通地下车站与周边地下空间的衔接研究(一期)[R].2011.
[68] 上海申通地铁集团有限公司,上海市民防科学研究所,上海市消防局. 上海市工程建设规范:DG/TJ 08-2169-2015:轨道交通地下车站与周边地下空间的连通工程设计规程[S]. 2015.
[69] 上海市政工程设计研究总院(集团)有限公司.上海虹桥商务区中央轴线地下空间初步设计[R].2008.
[70] 上海市政工程设计研究总院(集团)有限公司.济南西客站片区核心区地下空间规划[R].2014.

索 引

INDEX